天津市哲学社会科学规划研究项目（TJZXHQ1403）结项成果
中共天津市委党校、天津行政学院学术著作出版专项经费资助

# 当代中国社会转型期道德知行问题研究

白燕妮◎著

The Research of Moral Cognition
and Actions During the Period
of Contemporary Chinese Social Transformation

天津出版传媒集团
天津人民出版社

## 图书在版编目（ＣＩＰ）数据

当代中国社会转型期道德知行问题研究 / 白燕妮著
. -- 天津 : 天津人民出版社, 2017.8
ISBN 978-7-201-12243-4

Ⅰ.①当… Ⅱ.①白… Ⅲ.①道德—研究—中国
Ⅳ.①B82-092

中国版本图书馆 CIP 数据核字（2017）第 206691 号

## 当代中国社会转型期道德知行问题研究
DANGDAI ZHONGGUO SHEHUI ZHUANXINGQI DAODE ZHIXING
WENTI YANJIU

| | | |
|---|---|---|
| 出 版 | 天津人民出版社 | |
| 出版人 | 黄 沛 | |
| 地 址 | 天津市和平区西康路35号康岳大厦 | |
| 邮政编码 | 300051 | |
| 邮购电话 | （022）23332469 | |
| 网 址 | http://www.tjrmcbs.com | |
| 电子信箱 | tjrmcbs@126.com | |

责任编辑 林 雨
装帧设计 卢炀炀

印 刷 高教社（天津）印务有限公司
经 销 新华书店
开 本 787×1092毫米 1/16
印 张 16.25
插 页 2
字 数 230千字
版次印次 2017年8月第1版 2017年8月第1次印刷
定 价 52.00元

# 目 录

# 导　论

## 0.1　研究对象及其界定

本书从当代中国社会转型这一背景来确立研究对象。

其一,理论篇。在理论篇中主要从以下方面界定研究对象。

第一,明确道德认知的因素,从而为道德知行合一提供必要条件与逻辑前提。孟子、董仲舒等都认为道德是存在于人脑中的先验之物,但道德认知是在实践中逐渐形成的,有其经验基础。因而,孟子、康德等都认为道德是人头脑中固有的先验结构,但孟子最终只能走向内求的养"浩然之气"之道德修养论,而康德只能借助上帝来实现先验世界与经验世界的沟通。当然道德认知有自身的认知结构,这在普通心理学与道德心理学中都有相关的证明和阐述。

瑞士心理学家皮亚杰和美国心理学家、教育学家科尔伯格的道德心理学与道德教育学,已经为主体道德认知的获得作出了说明。皮亚杰认为,道德认知是人的行为品德发展的必要条件,而主体与环境的相互作用是儿童的情感等心理发展变化的重要条件。科尔伯格的"三水平六阶段"说①,认为

---

① 主要包括三个水平阶段。前世俗水平阶段、世俗水平阶段、后世俗水平阶段。前世俗水平阶段包括惩罚和服从阶段、手段性的相对主义定向阶段。世俗水平阶段,包括人与人之间的定向阶段、维护权威或秩序的道德定向阶段。后世俗水平阶段,包括社会契约的定向阶段和普遍的道德原则的定向阶段。

儿童的道德发展是其认知发展的一部分。美国心理学家班杜拉认为,德性的形成与发展主要在于社会学习。

本书所涉及的道德认知,突出强调了道德认知的因素,即道德认知能力主要包括哪些方面,具备哪些认知因素,道德认知才能成为道德领域中知行合一的必要条件。本书不在心理学层面探讨人脑的结构,研究人脑如何认识事物;亦不会脱离现实,在无中生有的先验观念中,揭示道德认知的机制。

第二,关于道德知行关系的理解。有的人重视道德认知的作用,有的人重视道德行为的意义。比如理性主义强调道德认知对道德的意义,情感主义强调道德情感对道德的意义,非理性主义强调人的非理性、性格等对于道德的意义,功利主义则强调行为的后果对于道德的意义。近代以来,西方的理性主义陷入了危机,而非理性主义在19世纪达到了高潮,生命哲学、存在主义和意志主义就是非理性主义的典型代表。它们强调人的本能、情绪、潜意识、直觉等在人的思想和行为中的意义,认为人的认知能力主要取决于人的本能。但无论各个学派强调的核心内容是什么,都告诉我们影响道德行为的因素是什么,但它们将德知、德行以及由知到行的过程作了片面化的理解,并没有深刻理解和把握道德的本质。实际上,道德作为一种实践精神,是在指导人们行为的过程中实现自身价值的,道德体现了知行合一,是道德认知与道德行为的统一。

其二,实践篇。每一次社会生产力和生产方式发生变化,或者说每一次社会变革都会引起人们在思想上的大转变。对于本书而言,我们主要讨论当代中国社会转型期,社会进步和变革所引起人们在道德上的讨论与思考,也就是说,本书旨在解析中国社会的现代化所伴随的人们在道德上的困惑和疑问,与此同时,试图针对特定的时代背景对这一时代的困惑和难题提出对策和思路。

本书的实践篇重在以当代中国社会转型期这一环境为大背景,分析作为调节社会关系重要依据之一的道德,及其在转型期所体现出的主要特点;

社会转型期道德困境在社会公德、职业道德、家庭美德和个体品德方面的表现及其背后的原因;原因分析方面,重点从小农伦理、城市文明等方面作出分析。本书以转型期的多元价值观为视角,最终指出由其所造成的道德认知混乱(道德观的凌乱破碎),引发道德行为复杂多样的道德知行困境。本书从道德知行合一的背景角度分析, 以转型期中国在知行方面的负面问题为基础,突出了转型期道德价值观确立的紧迫性,最终提出只有在社会主义核心价值观的引导下,努力使国人建立正确的价值观,突出正确的道德认知对于道德知行合一的意义,才能解决当代中国社会转型期出现的道德知行困境。

## 0.2 选题依据和研究思路

### 0.2.1 选题依据

第一,在哲学发展中具有重要的学术地位和价值。道德知行合一,在中国传统哲学中的影响最为突出,尤以王阳明"知行合一"的提出为标志。这一命题,所涉及的范畴不仅包括知与行:道德认知与道德行为,而且也关涉道德知行合一如何可能的问题。在西方,从苏格拉底"知识即美德"始,西方伦理学的研究向度便从此展开。对于转型期道德知行问题进行研究,再次论证了道德的特征,明确了道德的本质,即道德作为一种实践精神、一种高尚的社会理想,必须在实践中才能体现自身的价值。对于道德知行合一理论的研究,不仅可以使道德学在自身的发展中不断丰富夯实,而且能促使后起学者将中、西哲学史中关于道德知行合一的问题,作一综合评定与深入发展,为道德在现实生活中的实现,将道德的力量真正发挥出来作出理论思考。

第二,对道德知行合一问题的研究,亦是对原有理论与学说的进一步完善。知行问题不仅是伦理学中的重大问题,而且也是教育学、心理学、社会学等关注的理论问题,对于这一问题的推理论证,不仅能不断修正与完善中国传统道德中,关于道德修养、道德实践、道德认知方面的证成,而且对于西方伦理学中,一直困扰人们的"道德何以可能"给出一定的诠释。比如,苏格拉底"知识即美德"作为理性主义的鼻祖,为道德的实现提出了一种开天辟地之宣言;康德则在"善良意志"下,为道德人何以可能作了一种"关照自我"的道德主体论证。但感觉与理性仍然无法实现连接,实际上促使"道术将为天下裂"局面的出现。①如何实现这种不同领域的再次沟通,似乎是当代哲学不能回避的问题。而黑格尔在这个问题上,表现出了"以绝对精神贯穿一切"的态势,黑格尔哲学无法达到现实层面的具体性发挥。而"以现实世界的承诺和知、行过程的历史展开为前提,面向具体包含多重向度:它既以形上与形下的沟通为内容,又肯定世界之'在'与人自身存在过程的联系;既以多样性的整合拒斥抽象的同一,又要求将存在的整体性理解为事与理、本与末、体与用的融合;既注重这个世界的统一性,又确认存在的时间性与过程性。相对于超验存在的思辨构造,具体的形而上学更多地指向意义的世界。在这里,达到形而上学的具体形态(具体形态的存在理论)与回归具体的存在(具体形态的存在本身),本质上表现为一个统一的过程"②。与此同时,在中西方的历史与现实环境中,对于青少年以至成人的道德教育一直是备受瞩目的,如何进行道德教育? 道德教育的内容是什么? 道德教育的方式方法是什么等,西方学者的研究已经深入人的神经、心理层面。但是人们对此颇有争议,哲学家彼得斯(R.S.Peters)就认为:"科氏理论在道德情感方面'特别薄弱',尤其是缺乏对'同情和考虑别人'的积极情感及其他消极情感的具体关注"③。批评科尔伯格道德认知理论太过忽视了人的社会、文化等环境因素对人道德认知走向道德行为的影响。我们寄希望于通过对道德由知到行的实现机制的研究,通过分析转型期道德知行合一的问题,最终使得人类的道德教育

---

① 杨国荣.伦理与存在——道德哲学研究[M].北京:北京大学出版社,2011:2.

② 同上,2011:3.

③ 彼得斯R.S.道德发展与道德教育[M].邬冬星,译.杭州:浙江教育出版社,2000:189-196.

继续向前推进。

第三,转型期道德知行合一的研究,在实践中也有重要意义。改革开放后,中国在政治、经济、文化等各方面开始了重建和思考,人们在转型期的社会变革中,有了权利与利益意识。然而我们看到的实际情况是,中国人在争取自身权利的同时,却丢弃了道德。在实践中,我们也发现了知德并不等于行德。同时,中国人在道德上也面临着很多诘难。一方面来自于"道德无用论""有德之人反受侮辱,无德之人受益""德福不一""道德滑坡论"等对道德的质疑;另一方面在金钱至上价值观指引下,人们对市场经济条件下出现的道德欺诈行为和腐败现象,总是疾呼道德沦丧和人心不古,但在行为上却选择了自我独立和明哲保身;有些人对道德持否定和鄙夷的态度,认为道德高高在上,不接地气,甚至在日常生活中根本不屑于也不愿遵守道德准则,但在实际操作中却又往往出于盈利或者外力的影响,会高举道德的旗帜,在"道德"的幌子下为所欲为,而这种人更加促使道德虚无缥缈,成为一种谎言和牟利的工具;有些人则承认道德在现实生活中的规范意义与实用价值,但对实施道德行为缺乏足够的决心与勇气,瞻前顾后,体现在行为中便是置道德于不顾,甘愿充当旁观者。总之,现实生活总是充满了各种矛盾与挣扎,有些人满口仁义道德,其行为却选择了男盗女娼;有些人则看似和善可亲,实则虚伪透顶;有些人苦口婆心,对他人极尽道德教化之事,对己却放任自流,表现出口是心非、知行背离的明显特征。

总之,现代社会处于转型时期,各种社会问题和矛盾凸显,很多人的内心充满了种种不解和不适应。具体到道德方面,由于受到市场经济的影响,人们对于利益的理解愈发敏感,所以道德这个貌似"不食人间烟火"般的存在,其在现代社会的合理性和意义就会遭到人们的质疑。然而在现实生活中,关于各种失德和败德的社会问题的讨论却一直没有停息,这也反映了人们对于道德问题的关注和重视。在一定程度上,也反映出了人们在道德意识方面的觉醒以及对于社会失德、败德行为的痛恨。如何解决人们在实际生活中，由于道德知行不一而陷入的困境，是当代中国社会转型期所面临的难题。如何克服这种道德知行困境，我们认为需要从教育涵养、制度设置与社会舆论等方面入手，而且要从根源上抓住社会转型这一特殊时期促使道德知行困境产生的"价值观"冲突这一最为核心的问题。我们坚信，道德的意义，绝非仅仅在于其理论性和规范性价值，道德更是一种对于行为的指导，只有与行为相结合才具有其社会价值。因此，本书将道德认知与道德行为相统一，力图通过对知行合一实践机制的研究，为中国转型期道德知行困境问题的解决建言献策。

## 0.2.2　研究思路

本书包括理论与实践两部分。理论篇主要论证道德的知行合一性以及道德知行合一的机理。具体而言：首先，对中西传统哲学中的道德知行观作一梳理和对比；其次，对伦理学视域中的"知"与"行"作了分析，即对道德认知和道德行为的概念、特点等要素进行了说明；最后，对道德知行合一的机制进行了阐明。本书主要从社会需要道德，而理想的道德应该是知行合一的；道德主体为什么要追求道德知行合一，道德主体如何做到道德知行合一两个维度入手，力求阐明人们的道德实践应追求知行合一。实践篇主要论证了在中国社会转型大背景下，社会生活与社会结构发生了全方位、多角度的深刻变化，由此带来社会道德在知行方面的深刻变化和一系列困境。通过总结当代中国社会转型期价值观的多元、多变、多样的特点，并深入剖析道德知行困境现象在社会公德、职业道德、家庭美德和个体品德方面的表现、原因等，力图有的放矢地针对具体的道德知行困境的表现和原因，提出解决当代社会转型期道德困境的一些对策和思路。

本书坚持运用马克思主义伦理学的立场、观点与方法，分析当代中国社会转型期道德知行问题，主要从五个方面研究。

第一，"道德知行合一的概念及历史流变"，主要是概念的界定和历史的梳理。以不同的历史分期为隔断,分别考察了中国传统的道德知行观与西方传统的道德知行观。并将中西道德知行观进行对比分析,认为中国传统哲学的道德知行观侧重主体人的道德教育与道德修养,强调人应形成良好的道德品性,重视道德行为实践方面的研究;西方传统哲学的道德知行观则侧重于对"道德何以可能"的分析上,重视人的理性、道德知识及理性与经验能否合一。

第二,"德性之知与道德践履",主要是对于具体概念——道德认知与道德行为的概念、特点等的界定和梳理。其一,对"善之体悟"——道德认知进行解析。它分为两部分:第一部分主要阐述认识、认知与道德认知的关系[1],道德认知的特点,道德认知的功能。第二部分主要阐述道德认知的五要素——实然认知(事实认知与社会、环境的认知)、应然认知(道德规范的认知、道德价值的认知、道德自我的认知),能够进行道德推理和道德判断,最后是道德认知的最高层面,可以进行道德创造。其二,对"善之践行"——道德行为进行解析。第一部分是对道德行为的概述,分别阐明了行为与道德行为的含义、特点;道德行为与道德实践的关系。第二部分是道德行为的模式,分别是义务型、良心型、价值目标自导型。第三部分是介绍道德行为的品质养成,即道德行为如何成为人的一种稳定的道德品质与德性特征。

第三,"道德主体道德知行合一的机理",主要论证道德主体为什么要追求道德知行合一以及道德由知到行的机制原理。在阐释道德主义为什么追求道德知行合一前,本书还重点对社会为什么需要道德进行了解析,目的在于解释清楚道德对于人类的重要意义和价值。在对这个问题解释清楚以后,接着阐释了道德主体为什么要追求道德知行合一, 主要从道德的规范性和

---

[1] 本书对道德认知与道德认识不做区分,但道德认知更符合知行合一中知的意义,故而选用道德认知,而非道德认识。也有的学者用道德意识来解释道德知行合一,但本书中的道德认知主要强调认知的内容,而不是道德意识是如何产生、发展的,因此,用道德认知与道德行为的合一来说明道德知行合一。

主体性本质、道德的意识和实践精神特点、道德的动机和效果的科学评价标准三个方面进行了论证。道德由知到行的机理,主要从其逻辑起点——道德认知,源泉动力——道德情感,关键环节——道德意志,重要补充——兴趣、性格等个性特征,必要保障——客观社会伦理环境以及知行合一的实现——道德习惯的养成几个方面来说明由知到行的过程。每一环节紧紧相扣,主要解释了社会为什么需要道德,道德具有知行合一性,如何实现道德的知行合一三个方面的内容。

第四,"社会转型期的道德状况及知行困境"。首先,对当代中国社会转型期道德变迁的背景进行概述,以此为基点,进一步分析中国社会转型期价值观多元、多样、多变的特点。在这一部分内容中,对一些思想道德和价值观方面的负面问题进行了分析,比如,功利主义和拜金主义,个人主义及极端利己主义的不良社会影响;道德意识的混乱及道德行为的失范等。其次,对转型期道德知行困境在社会公德、职业道德、家庭美德以及个体品德四个方面的表现作一说明。最后,对转型期道德知行困境产生的原因进行了分析。紧扣人们的道德价值观在转型期的变化,以及由此引发的一系列道德活动的变化,来分析转型期道德知行困境的原因。

第五,"社会转型期道德知行问题的对策思考"。根据道德知行合一的机理以及转型期道德知行困境的原因分析,我们认为,首先,在道德教育方面多做功,主要针对转型期多元、多变、多样价值观对于人们道德认知的影响,从而在道德行为上的犹豫等不作为现象,在教育中应该着重道德认知能力等方面的培养,这里面教育的主体包括学校、社会、职业、家庭等各个环节;其次,制度规导方面,建立道德激励机制、信用机制、评价机制、监督机制,以制度性这个管根本、管长远的方式来解决人们的道德知行困境;在非制度规导方面,充分发挥和应用社会舆论、新老媒体以及乡规民约等软性约束和监督的作用。

## 0.3 国内外研究现状

### 0.3.1 知行问题的研究情况

第一,知行观的哲学专著研究。赵纪彬先生的《中国知行学说简史》(中国文化服务社,1943)最早阐述了中国的知行观。他从认识论角度,以历史分期为基本划分,将中国哲学知行观发展的最高成果归结为孙中山提出的知难行易说。由于赵纪彬先生所著书籍的时代局限性,他不能在哲学意义上将毛泽东的《实践论》也收入其知行学说简史中,而且孙中山的知难行易说本身也是特定时代的产物,严格地说,不属于哲学中的认识论范畴。但赵纪彬先生的《中国知行学说简史》,为后人深入思考知行关系问题提供了有益的理论借鉴。

方克立先生的《中国哲学史上的知行观》(人民出版社,1982),作为中国知行学说的第二部著作,依托于毛泽东的《实践论》,系统地清整了中国哲学史中的知行观,并认为实践论是正确的认识。因此,他在以历史分期为基点考察知行观的过程中,一方面论述了前人的知行观,并肯定了他们探讨知行观的意义;另一方面以马克思主义实践论这一科学的认识论为前提,评述了前人知行观的错误及不科学之处。但方克立先生认为,前人在知行观方面的失足为后人的研究提供了丰富的经验教训与论证方法。

傅云龙先生的《中国知行学说述评》(求实出版社,1988),作为一部专门论证中国知行学说的力作,用辩证唯物主义和历史唯物主义的观点来分析中国哲学史上的知行观,力求做到历史与逻辑的统一,历史阶段与知行观发展的统一。主要以唯物主义与唯心主义两条路线的斗争作为主线,将中国哲学中知行观的特点、发展规律以及知行合一作了客观阐述与评价。这本专著对于中国哲学知行观的发展具有重要意义。

《中国哲学史研究》编辑部的《中国哲学史上主要范畴概念简释》（浙江人民出版社，1988），其中一节专门对知行范畴作了说明。该书以历史分期为视角，概述了不同历史时期典型代表人物的知行观，线索简明，举重若轻，对于初学者了解和认识中国哲学史上的知行范畴意义非凡。

总之，对于知行范畴进行了较深探讨的中国哲学专著主要就是上面提到的这些。它们探讨知行观的主要角度是对中国知行观的历史追溯与述评。它们为后人完整呈现了中国哲学史上的知行观，为后起学者在认识论方面的深入研究作了重要的理论铺垫。但它们的研究都是在哲学意义上对知与行的叙述或者评价，迄今为止，还没有一本专门在伦理道德意义上，对于人的道德知行合一问题作深入研究的专著，因此，后来人需要在道德知行合一问题的研究上继续努力。

第二，知行问题在心理学、教育学等领域的发展。严格说来，西方学者中没有人专门研究道德知行合一问题，也就是没有道德知行合一之提法。但类似道德认知与道德行为的研究理论却庞大而丰富，其独到与深刻的论述为我们所叹服。在道德教育与心理学领域中，关于道德认知与道德行为的研究，目前有研究认知活动心理过程的认知心理学。它们主要是将道德认知看作对于道德知识、道德环境等道德活动的积极的思考、判断，强调主体在道德教育中的意义，代表性的著作有皮亚杰、科尔伯格的《道德教育的哲学》《道德发展心理学：道德阶段的本质与确证》。它们主要论证了道德推理（道德认知能力）与道德行为的关系。但是皮亚杰与科尔伯格的研究，主要重视道德认知的心理形式，而不关心道德形成的综合因素，比如社会环境、文化等，这也是皮亚杰和科尔伯格理论备受质疑的地方。早在20世纪60到70年代，英国的一些道德教育专家如彼得斯和威尔逊就认为，在注重道德认知的同时，将知—情—意—行统一起来，是培养真正道德高尚的人的重要方式。

自20世纪七八十年代以来，西方的道德心理学、道德哲学、道德教育学的专家学者，对于道德认知的研究已经突破了科尔伯格建构主义的路径，他们更多地结合社会学、教育学、哲学（伦理学）等，将道德认知理解为对于道德知识、道德环境等的积极判断与选择，重视道德情感、意志对于道德行为的意义，从而将个体人的道德品格判断又向前推进了一步。比如，美国从事道德教育的专家托马斯·里克纳（Thomas Lickona）教授对道德认知的内容进行了归纳："道德意识、认知道德价值、设身处地去认识、道德推理、决定过程和自我认知，作为构成道德认知的基本要素皆不可或缺。道德的认知即了解所生活的环境的道德尺度；要树立客观的、有价值的道德观，例如爱心和责任感等；设身处地去认识的前提是能够听取别人的观点；能够进行道德推理，知道为什么有些行为比其他行为更富于道义；能够作出符合道义的决定，特别是在危急关头，考虑事情的各方面及后果；具备自我认知的能力，包括自我批评的能力"。[①]当代的道德教育学、道德哲学对于科尔伯格的理论比较赞同，它们同意道德需要在一定的认知条件下进行判断、推理、选择并最终付诸行动，且认为认知是情感、意志、行为得以统一的核心因素，当前道德教育的方向就是培养人的道德思维，人的道德认知能力。中国学者在心理学与教育学中对于知行问题的研究，是在西方心理学、教育学的框架下，继续发展和完善的。

第三，伦理学视域中对于知行问题的研究。

其一，相关著作中有专门的内容阐述了伦理学视域中的知行问题，比如罗国杰教授所著《伦理学》（中国人民大学出版社，1989），夏伟东教授所著《道德本质论》（中国人民大学出版社，1991），姚新中教授所著《道德活动论》（中国人民大学出版社，1990），魏英敏教授所著《新伦理学教程》（北京大学出版社，2012），王海明教授所著《新伦理学》（商务印书馆，2001）。他们分别对道德认知（认识）与道德行为进行了论证。杨国荣教授所著《伦理与存在——道德哲学研究》（北京大学出版社，2011），主要为道德的形上性作论证。他以人存在的价值，成人（认识与成就自我）与成物（认识与改造世界）为切入点，重

---

① 　Thomas Lickona. What is good character[J]. *Reclaiming Children and Youth*, 2001, (9): 239–251.

点说明了道德这一形上物与人的存在的关系，其中包括道德认知、道德规范、道德理想等对于人存在意义的研究，并认为只有在成物与成己中，通过知和行，才能使现实世界成为意义之城。杨国荣先生在此书中，对于道德自我、知善与行善、道德知行如何可能、德性、幸福的阐述，对于本节道德知行合一的研究有重要的参考价值。

吴瑾菁教授所著《道德认识论》（社会科学文献出版社，2011），就伦理学中道德认识这一基本论题作了思考。她从中西伦理思想家对道德认识的历史考察中进一步进行了归纳与思考，提出了道德认识的概念、特征、本质、道德认识的基础，道德认识的过程以及由道德认识到道德行为等由知到行的诸多问题。其专著的特点在于紧紧围绕现实生活，在伦理学基础理论的框架内，理论联系实际，既免于空泛浮华，又直面了现实生活中的"知行不一"的道德问题，为本书道德知行合一的研究的开展提供了丰富的资料。

曾钊新所著《道德认知》（湖南人民出版社，2008），属于中南大学伦理学研究书系中的一部，它没有专门的论证体系，仅仅是诸多学者研究的组合。该书的内容包括道德认知的概念："个体在原有的道德知识的基础上，对道德范例的刺激产生效应感应，而获取道德新知的心理活动过程"①，道德认知的功能及阶段的证明。

以下书籍，罗国杰教授所著《中国伦理思想史》（中国人民大学出版社，2008），陈瑛教授所著《中国伦理思想史》（湖南教育出版社，2004），陈少峰教授所著《中国伦理学史》（北京大学出版社，1996），朱贻庭教授所著《中国传统伦理思想史》（增订本）（华东师范大学出版社，2003）等都对知行问题作了较为详尽的说明。通过以上分析，我们可以发现知行观几乎贯穿于整个伦理学史及伦理学原理中，然而在这种理论体系庞杂的大环境中，我们却未发现专门研究道德知行合一问题的论著或者学者出现。学界关于道德知行合一

---

① 曾钊新.道德认知[M].长沙:湖南人民出版社,2008:97.

的理解似乎还一直停留在王阳明(王守仁)"致良知"中所意指的知行合一。

其二，相关研究文章从知行如何合一的视角对道德知行问题进行了研究，主要将知行合一与人的认知、意志、情感等理性与非理性因素联系起来，代表性的文章有：①李洪卫的《知行合一与自由意志》(《华东师范大学学报》，2007年第5期)。他以康德所设定的"自由意志"与主体抽象的自由在人身上付诸实践为基本立足点，认为康德无法将他们沟通的原因在于没有将道德意志真正的内在化。结合中国哲学中王阳明的"致良知"，作者通过自由意志将生命之良知与行统一起来。在王阳明那里，道德理性与情感所源之本心是同一的，这就实现了人在知行、身心方面的统一，也是道德意志和理性的真正现实化，自由意志的实现。②方旭东的《意向与行动——王阳明"知行合一"说的哲学阐释》(《社会科学》，2012年第5期)。通过述评王阳明"知行合一观"中有关念动属知亦属行，意为行之始，揭示了意向和行动二者之间的关系。③方旭东的另外一篇《道德实践中的认知、意愿与性格——论程朱对"知而不行"的解释》(《哲学研究》，2011年第11期)。该文的研究焦点在于朱熹、程颐的有关"知而不行"的解释，主要从意愿、性格、认知等方面来探讨他们对于道德行动的启示，同时也是对苏格拉底强调认知，奥古斯丁强调意愿以及戴维斯强调非理性的一种综合解释。④张传有的《人为什么知善而不行，知恶却为之——论一个道德动力学问题》(《东南大学学报》，2013年第1期)。从亚里士多德与康德对于知识与行为的关系角度，认为人知而不行的问题属于道德动力学问题等。

## 0.3.2 转型期道德知行问题的研究情况

关于社会转型期的研究成果主要有：

刘祖云教授所著《中国社会发展三论：转型·分化·和谐》(社会科学文献出版社，2007)。该书第一部分主要阐述了社会转型的概念、中国社会转型的历史发展及基本特征；第二部分主要阐述了中国社会转型所引起的社会阶层分化;第三部分探讨了社会转型与社会和谐的关系,主要是从社会转型引起不和谐的角度切入,比如社会转型带来社会的失序、失调、失衡等,其中对于社会转型和道德的关系也有一定的阐述。

吴潜涛所著《当代中国公民道德状况调查》(人民出版社,2010)。该书主要通过社会调查的方式,分别考察了中国社会三大领域的道德状况。并从当代中国社会转型期这一社会背景中,揭示了当代中国社会道德问题出现的原因、表现以及对策解决。该书对当代中国社会的道德状况作了客观的分析和说明,第一次用客观的数据回答了当代中国现实的道德状况。

南山所著《当代中国社会的转型与发展》(四川人民出版社,2007)。该书主要从社会学角度,分析了当代中国社会转型期出现的所有问题和难题,其中涉及转型期思想文化等方面的变化。

葛晨虹所著《中国社会道德发展研究报告:2011—2012》(中国人民大学出版社,2013)。主要针对当代中国社会发展中出现的道德问题进行研究,囊括了公务员道德的伦理分析、食品安全问题的伦理思考、政府权力与腐败的原因透析、当代中国的传媒责任等。

秦英君所著《东西方道德的转型与比较》(首都师范大学出版社,2002)。该书主要对东西方一些重要的、正在进行或者已经进行道德转型国家的道德状况和模式与中国社会转型期道德的变迁,作了对比研究。这一研究对于传统道德的现代转型具有重要的意义启示。

主要从社会转型期道德的出路对策、道德悖论、道德变迁、道德发展、道德教育等角度对当代中国社会转型期道德问题进行分析的文章主要有:陈进华的《自律与他律:公民道德建设的实践路径》(《道德与文明》,2003年第1期)。文章从道德的本质自律性和他律性统一的本质出发,提出了主要注重"内修"与外部制度相结合的道德建设路径。

陈桂蓉的《转型期道德典范效应常态化的思索:依据与路径》(《思想理论教育》,2013年第5期),强调从外在的制度设置方面,实现道德典范效应的弘扬和发展。

于冰的《转型期大学生思想道德教育面临的困境及其对策》(《伦理学研究》,2013年第3期)。从社会转型背景下,大学生道德教育面临的困境入手,即从道德认知、道德情感、道德信念、道德行为四方面分析了大学生面临的道德困境,并针对原因提出了道德教育应该注意的内容和事项。

硕士毕业论文有陶应军的《当代中国社会转型期道德失范及重构》(苏州大学硕士学位论文,2007),主要从工业化、市场化、全球化的角度论述了中国当代社会转型的背景,并指出当代中国社会转型带来了道德失范的发生,最终提出了解决路径。

博士毕业论文有李彬的《走出道德困境——社会转型下的道德建设研究》(湖南师范大学的博士毕业论文,2006),主要论证了改革开放以来,社会转型背景下产生的道德困境及路径解决,认为道德困境就是道德认知方面的混乱不清、道德行为方面的动力薄弱及知行不一等。他的博士论文已作为专著出版,书名为"走出道德困境——社会转型期的道德生活研究"(湖南师范大学出版社,2011)。

## 0.4 创新之处及研究方法

### 0.4.1 创新之处

本书尝试通过对道德知行观的历史梳理与整体考察,力图在中西哲学对于道德知行观异同的对比中,指出传统的中西道德知行观的不合理之处。本书认为,在伦理学领域中,我们应该坚持"道德知行合一",即在马克思主义伦理思想的框架系统建构中,实现道德认知对道德行为的指导,最终达到知行合一。本书的创新之处有以下几点。

第一,写作内容较为全面。本书试图全面地整理道德知行观,包括中国哲学思想与西方哲学思想中关于道德知行观的阐述。可以说,这是第一部专门研究道德知行观的专著。本书从中国哲学的历史分期中,抽取和提炼伦理道德意义上的知行观,使道德知行观与从哲学形而上学的意义上来论证谁决定谁、谁产生谁的本体论视角截然分开。在研究西方哲学史时,学者们常常以古希腊、中世纪、近现代为历史节点,从理性主义、情感主义等视角,来为道德知行观作证明。尽管西方哲学中几乎没有知行合一的提法,但西方哲学却始终关注道德认知与道德行为的关系、道德情感与道德行为的关系等问题,其研究思路和研究范式都可以用中国哲学中的"知与行"来统一概括。

第二,选题角度较有新意。本书将道德知行问题置于当代中国社会转型期这一宏观背景中,避免了单纯研究道德知行观在内容和思路上空泛与枯燥。这种研究思路,不仅使道德知行观有了实现载体,有了现实的背景支撑,而可从更深层上把握道德由知到行所需的过程,从而为社会转型过程中道德知行困境的解决提出了更为有力的建议和对策,是一种以现有的理论解释现实问题、理论与现实相结合的典型。

第三,研究价值较为突出。当代中国社会处于全面深化改革的转型阶段,我们遇到和克服了大大小小不同的风险和困难。而道德亦不例外,它同样面临一些难题和困境。中国共产党新闻网上的《中国以核心价值观化解转型期道德建设难题》一文就提到,现代人之所以陷入一种"道德纠结"状态,主要在于对核心价值观的迷茫与困惑。①尤其是一些影响特别恶劣的事件,直接颠覆了传统中国社会的职业道德、家庭美德等伦理道德观念。而转型阶段中西价值观的激烈碰撞、利益主体多元化引发的价值取向多元化、多元价值标准等,进一步加剧了民众的日常生活行为、思维方式、价值选择以及行为选择中的困惑。因此,本书以转型期道德知行问题作为研究对象,从根本上指出了在当代社会转型期道德多元、多样、多变的环境下,民众道德知行

---

① 中国以核心价值观化解转型期道德建设难题[EB/OL].〔2014-02-28〕.中国共产党新闻网http://www.chinanews.com/gn/2014/02-28/5896432.shtml。

困境的根源——价值观冲突。因此,解决当前社会转型期的道德知行困境,应该积极培育民众的社会主义核心价值观,使民众在价值塑造和价值选择中,明确善恶对错,从而积极践行道德,实现知行合一。因此,本书以转型期道德知行问题作为研究主题,为当前中国社会转型期的道德建设提供了一些思路。

## 0.4.2 研究方法

第一,文献诠释法。在道德知行观的历史溯源、道德知行合一的概念厘清与提取时主要采取的方法是文献诠释法。即回归到原著本身,通过对文献的收集和整理,来解读概念与历史发展脉络。本书的研究在很大程度上依托于对古典文献的分析和考察,包括《论语》《孟子》《道德经》《荀子》《传习录》等古籍,对这些文献的收集和整理是整个研究得以开展的基础。采用文献诠释法对道德知行观进行整理与分析,将有助于对书中道德知行问题的发展状况作哲学和思想层面的深入分析。

第二,历史唯物主义的方法。历史唯物主义方法是在特定的社会历史条件下分析对象。即从当时的社会、经济、文化、政治等角度,来深入地剖析道德现象。具体到本书,首先是对道德知行观在不同时代的发展、演变进行分析,指出此道德观的历史局限性;其次针对当代中国转型期所出现的道德知行不一现象的缘起、发展与解决路径,作一横向动态的考察;最后,在与道德知行观的历史互动中,在理论与实践层面,实现道德的知行合一。

第三,内部原理与外部现实相结合的方法。"内部原理"是指本书依托于伦理学原理、马克思主义伦理学、马克思主义全集(选集)等基础性原理,将道德的知行合一性作了内在说明;"外部现实"是指当代中国转型期对道德知行不一问题的审视。由于道德知行合一问题在中国传统社会中一直与身心修养相关联,若仅采取"内部原理"的方法,则无法具体细致地解释其当代价值。只有将其与"外部现实"相结合,才能全面深刻地解析和阐释本书的主要研究内容及其当代价值。

第四,综合研究法。社会转型时期的道德知行困境,其出现的原因不是单一的,解决方式亦是复杂多样,这就需要不同学科、不同研究方向的综合会诊。因而,本书对于道德知行困境的研究,综合了心理学、哲学(中西哲学)、社会学等学科的研究成果,并在此基础上,较为全面地阐释和把握了社会转型时期道德知行困境产生的原因及道德知行合一的实现机制。这不仅从各个侧面对现有理论进行了把握和应用,而且通过各学科知识的综合应用,较为全面地提出了当代中国社会转型时期道德知行困境如何解决的途径问题。

# 第1章 道德知行合一的概念及历史流变

## 1.1 道德知行合一的概念界定

"知""行"范畴不仅是认识论中的重要组成部分,亦是伦理学中不可回避的一对矛盾。它关涉"知""行"概念的提出、发展以及在不同历史阶段围绕这两个问题所展开的认识论上的斗争与冲突,同时也是中西伦理思想史关于道德认知与道德实践、道德教育与道德修养的核心。在中国哲学史上,对于"知""行"关系的论述,早在《国语》与《左传》中就有提及。"《国语·周语(上)》记载,召公谏厉王时,曾说过'夫民虑之于心而宣之于口,成而行之',在《左传·昭公十年》中,也曾提出过'非知之实难,将在行之'的关于知行关系的命题"①。但直至宋明时期,专门针对知先行后,知难行易、知行合一等二者关系的讨论才正式出现。那么何为知,何为行呢?

在甲骨文中,"行"字如图 ，金文中的"行"字如图 。从图中我们可以看出,行最初的含义为十字路口,本义为路。在说文中的意思是:"人之步趋也。从彳从亍。凡行之属皆从行。"②即行引申为走路、行走。总之,"关于知

---

① 傅云龙.中国知行学说述评[M].北京:求实出版社,1988:11.

② 臧克和,王平校订.说文解字新订[M].北京:中华书局,2002:117-118.

行中的'行',在当时主要是指人们的生活行为和社会伦理道德行为"①。比如,管子说:"质信极忠,严以有礼,慎此四者,所以行之也。"(《管子·小问》)质朴、忠信、严格、礼义是人的行为中所应该遵守的四种品格,这与现代意义上的行为、行动等含义大体上是一致的。"行"在《易经》《荀子》等中也有提及,比如,"庸言之信,庸行之谨"(《易经·乾》),这里的"行"是对日常行为的指称;"夫行也者,行礼之谓也"(《荀子·大略》),此时的行指道德之行。"行"在中国传统哲学中,与学知(礼义道德)相联,行即学、学即行。比如,孔子认为:"贤贤易色:事父母,能竭其力;事君,能致其身;与朋友交,言而有信,虽曰未学,吾必谓之学矣。"(《论语·学而》)这里的学与行便是一个统一的过程,所以他言之未学,然实为学,行就是学。因此,在中国古代哲学中,学—知—行的过程是统一的,知与行总相伴发生。

汉代扬雄提出了:"学,行之,上也;言之,次也;教人,又其次也;咸无焉,为众人。"(《法言·学行》)实际上是在阐释行即学,强调了学习与行为的关系,有行动、行为的学才是"真正的学"。"行"的含义不仅仅包括人类学习新知获取知识的过程,还包括"出自一个能思维的人的故意,不仅含有单一性,而且实质上含有上述行为的普遍方面,即意图"②,也就是说,"行"中包括人的意图,行本身也具有知的内涵。明朝哲学家王守仁也将学看作知行的统一。他说:"如言学孝则必服劳奉养,躬行孝道,然后谓之学,岂徒悬空口耳讲说,而遂可以谓之学孝乎?学射则必张弓挟矢,引满中的;学书则必伸纸执笔,操觚染翰,尽天下之学,无有不行而可以言学者,则学之始固已即是行矣。"(《传习录中·答顾东桥书》)孝不是口头恭敬,而要亲身践行孝道。

"知"的出现较晚于"行",金文与甲骨文中均没有记载。说文中,"知,词也。从口从矢"③。方克立教授认为"知"的含义不甚明确。但中国古代有"求

---

①　傅云龙.中国知行学说述评[M].北京:求实出版社,1988:11.

②　黑格尔.法哲学原理[M].北京:商务印书馆,2010:122.

③　臧克和,王平校订.《说文解字新订》[M].北京:中华书局,2002:344.

知"之学。只不过其所指的"知"往往与仁、义、礼等社会道德规范相关,求知的内容不外乎是封建的伦理纲常。在西方,从古希腊开始,便在寻求一种具有普遍必然性的知识。这种知识虽然包括道德法则,但更主要的是一种科学理性或者经验对于对象的把握。在现代,"知"有认识、知识、认知等含义,"行"有实践、行动、行为和践履的意思。

总之,"知"总是与"求""获得""学习""把握"等动词相伴出现,而且学习作为获得知识的方式,是必须要践行的,否则就无法学到知识。从学的角度看,知识与行为实践就是统一的,"知"就是"行","行"就是"知"。而"'知'本身也包含有'行'的倾向,但必须以发展的'行'为根本目的"①。知是一种获得性的品质,相较于行,道德的"知"本身蕴含着实践与行为的含义。王守仁认为,"知"还是一种决心实行"行"的意志,即"知是行的主意",道德上的知是包含意志在内的。"一个人之所以能够对双亲服老奉养,就是因为他由知识而形成情感,由情感而形成意志,并最后由意志而付诸行动。"②可见,道德知行关系,蕴含着道德认知、道德情感、道德意志等一系列心理因素。

但"知"与"行"作为相对应的范畴,二者的关系如何呢？石峻先生在《石峻文存》伦理学研究栏目中, 对于知与行的关系作了四种归纳。"第一种,'知'是见闻之知,是知其然而不知其所以然,'行'是身体动作之行,行其然,而不行其所以然。这种的'知'与'行'是常识的'知'与'行',是一种感官的动作,无任何理性法则可言。这里的'知'和'行'可分,常常是生理学与心理学等研究的对象。第二种,'知'是科学上的原则,'行'是科学上的应用。二者都是有理性基础的、有系统、有计划的行为,'知'与'行'不可分性。第三种,'知'是内在的身体活动,'行'是外在意识活动。就这种'知行'说,同是一体的两面,无难易可说,仅有等级之差,在理论上高级之'知行'较低级之'知行'为难。'知'与'行'合一是自然的合一。第四种,'知'是指良知,'行'是指

①　陈根法. 心灵的秩序——道德哲学理论与实践[M]. 上海:复旦大学出版社,1998:20.

②　罗国杰. 中国伦理思想史[M]. 北京:中国人民大学出版社,2008:561.

表现,乃是王阳明的'知行合一'学说。此知是良知(心之体)。'知'与'情'不可分,或人之一种根本立场与态度,知行合一即表示体用合一之义。用不可离体,离体之用乃偶然的事态,无必然性。体用合一的知行合一乃是最高级的知行合一,需要努力,非自然的知行合一可比。"①从石峻先生对于知行关系的界定中,我们大体可以得出,知与行的几种关系,第一种是知而不行或行而不知,知行无必然联系;第二种即为知行合一,但知并不必然导致行,然行必知,实际上是指知为行的必要前提;第三种是自然意义上的知行合一,是从自然生理结构上论证知行关系的,在伦理意义上不会使用;第四种知行合一则是绝对不能分开的。这里的知不是科学意义上的工具知识,而是具有价值和目的意义的伦理之知,因此,第四种意义上的知行关系是伦理学所研究的内容。毛泽东在总结马克思主义实践与认识的关系时认为:"通过实践而发现真理,又通过实践而证实真理和发展真理……而实践和认识之每一循环的内容,都比较地进到了高一级的程度。"②这就意味着,科学的认识论,在知行关系的问题上,不应该表现为知行合一、知先行后、知难行易等。即在认识论中,知行合一是绝对不能成立的。

但在道德领域中,知行的关系范畴却表现为知行合一。道德的特征就是知行合一,这是伦理学中所特有的。"真知即所以为行","知是行之始,行是知之成,若会得时,只说一个知,已自有行在;只说一个行,已自有知在"。(《传习录上》)"知之愈明,则行之愈笃;行之愈笃,则知之益明。"(《朱子语类·卷十四》)无可置疑,道德知行合一作为道德哲学的基本原则,是一个人道德人格内在灵魂的外化。"即知即行,内外一致,主客合一,这正是一个完美人格所以兼摄诸端的特性之所在。"③在中国哲学史上,知行问题就是认识与学习、认识与道德修养、认识与道德教育的关系问题,属于认识论,它包括

①　石峻.石峻文存[M].北京:华夏出版社,2006:425-427.
②　毛泽东选集:第1卷[M].北京:人民出版社,1991:296-297.
③　陈根法.心灵的秩序——道德哲学理论与实践[M].上海:复旦大学出版社,1998:20.

道德认识的内容、来源、获得、过程等。尽管知行关系复杂多样，但典型的关系是知先行后与知行合一。但由于知和行是平行关系，知难还是行难，行易知难等并不存在比较问题。①

那么道德知行合一的合理性依据是什么？由于"道德是人类社会中这么一种特殊的社会现象，它通过善恶规范、准则、义务、良心等形式，来反映和概括人类共同生活、共同发展、共同完善的客观的秩序需要，并用人类自我觉醒、自我约束的实践精神方式，来表现人类对现有或实有世界的价值评估，表现人类对未来或应有世界的价值追求，从而以人类自我需要的内驱力的方式，激励和推动人类上升到更高的文明境界"②。即道德作为一种特殊的社会现象，是以实践精神的方式，通过对行为的指导，来促进人们形成正确的行为方式的。但"有了正确的道德认知，只是在内心自赏而不实行，那么这种认知再正确、再高尚也没有实际意义"③。评价一个行为是否属于道德行为，评价一个人是否具有道德，只关注他或她说了什么，没有多大意义。而"实践精神要成为道德的，就必须转化为一定目的和在这目的支配下的行动"④。即判断一个人是否是道德的人，只有将道德的实践精神转化为实现价值之行为，转化为行为目的并积极实践，才称得上是道德的人。只有在"行"中道德才能得以实现。

本书中所提到的道德知行合一，主要是指道德主体在正确道德认知的基础上，积极地践行道德，将道德认知与道德行为在实践中统一起来，从而实现主体的道德内化。简言之，道德知行合一强调的是正确的道德认知在具体实践中的应用，体现了道德的实践性与自律性特点。即道德认知是道德行为的初始阶段；道德行为是道德的完结，是善的真正实现。道德哲学的本质

①　石峻. 石峻文存[M]. 北京：华夏出版社，2006：429.

②　夏伟东. 道德本质论[M]. 北京：中国人民大学出版社，1991：275.

③　罗国杰. 伦理学[M]. 北京：人民出版社，1989：391.

④　同上，1989：54.

为实践哲学。实现道德知行合一就是从道德认知到道德实践（行为）的动态过程。道德知行合一也是评价人的道德品质的最终标准。

关于道德知行合一，需要指出的是，第一，"知行合一"并非"知即行或者行即知"，而是指知和行的统一，强调的是在道德认知基础上所进行的实践活动，与日常生活中所提及的道德规范实现统一，即言行一致、表里如一等；第二，"知行合一"是现实的合一，不是潜在的合一，"知行合一"不是理论上倡导合一，而是实践中践行合一；第三，表面上做到了道德知行合一，不一定就是道德的人，因为有的人做人做事表里不一，还有的人是道貌岸然，但背地里却是另外一副面孔。所以道德知行合一一定是一个人长期的行为表现，或者说道德知行合一是一个人已经成型的、稳定的道德品质。

## 1.2 传统道德知行观的历史流变

### 1.2.1 中国传统的道德知行观

#### 1.2.1.1 先秦时期的道德知行思想

中国哲学史上的知行学说，虽然在宋明时期才作为一种专门的关系系统被提出，但实际情况是，知行关系在先秦时期已经以萌芽的形式出现了。尤其是春秋战国时期，出现了百家争鸣的"思想大解放"的局面，很多哲学问题都被提上历史日程加以讨论，知行观亦不例外。它加剧了古人的思想交流与火花碰撞，一时间，知行观的讨论异常活跃。但中国古代对于知行问题的讨论，往往与道德认知与道德行为交织在一起。

春秋时期的孔子提出："生而知之者，上也；学而知之者，次也；困而学之，又其次也；困而不学，民斯为下矣。"（《论语·季氏》）即他将人分为三等：分别是"生知者""学知者""不学不知者"。"生知者"，是圣人，生来便具有知识与道德观念；"学知者"，是经过后天学习所获得的知识的人，这里的知识主要是关于道德的知识；"不学不知者"，是那些没有知识（道德知识）并且不愿意进行后天学习的人。但孔子的"学"是包括道德行为与道德实践在内的，已涉及了知与行的关系。"君子食无求饱，居无求安，敏于事而慎于言，就有道而正焉，可谓好学也已"（《论语·学而》）。孔子在一定程度上认为"行"的意义大于"知"，行在学前，评价学的好坏标准就在于行。但我们不能孤立地看待学，学实则兼有"知"与"行"双重含义。只不过，此时的知与行都是在道德修养的意义上谈论的。"知"包含一般的知识与道德的知识，但孔子所谓的"知"更多是指仁、义、忠等奴隶主贵族的道德原则，"子以四教：文、行、忠、信"（《论语·述而》）。行是为了实现忠、孝等个人修身养性之行为。孔子也十分重视知对行的意义，提出"未知，焉得仁？"（《论语·公冶长》）这里，孔子已经提到了知行的问题，只不过他的知、行与道德修养、言行合一完全一致，为儒家知行观的后期发展奠定了格调。

战国初期的墨子对于认识与实践的关系的解释，已接近现代科学的理论水平。比如，他提出了判断真理标准的三表法："上本于古者圣王之事；下原察百姓耳目之实；发以为刑政，观其中国家百姓人民之利。"（《墨子·非命上》）但由于科技发展水平等历史局限性，他无法懂得认识与实践的关系，所以其三表法属于经验论而非实践论。他对道德认知、道德认识的阐述较少，如："言足以迁行者常（尚）之，不足以迁行者勿常。不足以迁行而常之，是荡口（空谈）也。"（《墨子·贵义》）墨子用言行关系来阐述知行关系。后期墨家则在墨子唯物主义经验论的基础上，对墨子的认识论进行了发展。

战国中期的孟子，直承孔子的"生而知之"说，认为："人之所不学而能者，其良能也；所不虑而知者，其良知也。孩提之童无不知爱其亲也，及其长也，无不知敬其兄也。亲亲，仁也；敬长，义也；无他，达是天下也。"（《孟子·尽心上》）即人生来即有"不虑而知""不学而能"的良知与良能，生来就懂得尊敬兄长，孝敬父母，这是一种天赋之本性。在一定意义上，孟子的人性论是对人的道德观念或者道德认识(知识)天赋来源的一种阐述。与此同时,孟子进一步认为,人所具有的道德知识即仁、义、礼、智:"非由外铄于我也,我固有之也"(《孟子·尽心下》)。人要获得关于道德的知识或者普遍的知识,只要体问自己本心即可,是源于内而不在外。人只要通过认识自己的天性,"尽其心者,修其性也"(《孟子·尽心上》),通过修养内心,就能实现本心。"学问之道无他,求其放心而已。"(《孟子·告子上》)

但提及孟子的哲学思想绝不能跨越其人性论。孟子认为:"恻隐之心,仁之端也;羞恶之心,义之端也;辞让之心,礼之端也;是非之心,智之端也。人之有是四端也,犹其有四体也。"(《孟子·公孙丑上》)他应用异物类比的手法,诡辩地将"四端"比附为"四体",认为道德认知与人的身体相同,而他这样做,只是为了告诉人们道德知识的天赋性。所以,孟子理解的修养观是即知即行的修养观,而行就是"良知"心的发展,这种"良知""良能"说也成为宋明时期陆王心学的理论渊源。

道家的道德知行观,是直觉主义知行观,具有消极颓废的特点。老子提出了精神实体"道",认为它是化生万物之根本,而人类终极的认识目的就在于体认"道",这是老子知行观的前提。然而,这个虚无缥缈的道,却并不需要与外界沟通便能实现,他的知行说具有"不行而知"的特点。"五色令人耳盲,五音令人耳聋……使人心发狂"(《老子·十二章》)。因此,对于一切知识,包括道德认识、道德规范等,"不出户,知天下……不见而明,不为而成"(《老子·四十七章》)。它不仅否定人类的一切道德认知及一切道德规范,而且认为正是人类的这些道德认知阻碍了社会道德的进步。所以他鼓励"不行而知"(《老子·四十七章》)。当然,老子的哲学观点是由其社会地位决定的,"道德始终是阶级的道德"①。他宣扬的"常德不离,复归于婴儿"(《老子·二十八章》),是政治与思想上愚民政策的重要体现。庄子继承了老子的"道",但由

---

① 马克思恩格斯选集:第 3 卷[M].北京:人民出版社,2012:134.

于庄子没落奴隶主阶级的处境,所以他的思想较老子的更颓废、更消极。他完全反对认知,反对实践,其知行观是最为反动、最为退步的,其知行观具有消极厌世的特征。他从根本上否认人的认识能力,认为"道"是外在于人的认识,所以"吾生也有涯,而知也无涯,以有涯随无涯,殆已"(《庄子·养生主》),是一种相对主义与怀疑主义认识论。而其践行的所谓"逍遥游",是一种绝对的个人精神自由,将这种"遨游"当作行,实为"不行",即完全否定道德实践的意义,坚信通过"内心玄览""静观"与"坐忘"的所谓不作为的"道德实践"方式,便可以察道、体道。总之,庄子的消极厌世情绪较老子走得更远,因此,他最终也只能在所谓精神的神游中,继续过避世的生活。

战国末期的荀子,其道德知行观,继承了孔子"学而知之"的说法;同时,其知行观也是对先秦时期知行观的一种总结。荀子的道德知行观不同于孟子,首先表现在对孟子天赋道德观的回答上。荀子认为:"凡性者,天之就也,不可学,不可事。礼义者,圣人之所生也,人之所学而能,所事而成者也。不可学、不可事而在人者谓之性,可学而能,可事而成之在人者谓之伪,是性伪之分也。"(《荀子·性恶》)荀子认为,孟子将人的自然属性与社会属性混淆了,并不能真正解释道德观念与知识的来源。道德认知的真正来源在于后天的学习、培养以及主观的努力。如"积善"与"求之而后得,为之而后成"(《荀子·儒效》)。但荀子的道德认知,最终也止于具有通国之术与知晓人伦物理的封建"义礼",人类在道德认知的道路也就停滞不前了。如荀子说:"王也者,尽制者也。"(《荀子·解蔽》)但荀子的道德认知观之缺陷,在当时社会经济发展水平低下、人类认识能力较差的情况下体现出的朴素性和片面性,是可以理解的。荀子很重视人的行,在伦理学意义上讲,就是重视道德修养活动。比如他给予"行"的定义是:"正义而为,谓之行。"(《荀子·正名》)又言"夫行也者,行礼之谓也"(《荀子·大略》)。这里的行就是践行封建道德。"不闻不若闻之,闻之不若见之,见之不若知之,知之不若行之,学至于行而止矣。"(《荀子·儒效》)这里不仅包含了哲学意义上的知行观内涵,而且是对伦理学意义的道德修养观的阐述。主要包含了两层意思。第一,任何知识都来源于人之"见闻",包括人的道德认知与道德知识;第二,行为知的目的。具体在伦理学领域,就是道德实践为道德认识的最终目的与归宿。但是荀子的知行观,有一定的局限性,突出表现为:过分崇拜封建地主阶级"礼义"道德的作用,并把它们作为判断行为、言论是非的标准。如荀子强调学习的内容无非是:"始乎诵经,终乎读礼。"(《荀子·劝学》)学问之始在于诵经古史,研读礼法是为终,另还有"学至乎礼而止矣"(《荀子·劝学》)。可以说,荀子是封建剥削阶级的卫道士,在道德实践的问题上,终归是离开了人类社会与历史去研究知行问题,道德认知的最终目的是成为通晓人伦道德的"圣王"。

法家的代表人物韩非子,其知行观不是在伦理范围内加以讨论的,而是为统治者统治人民服务的。比如,他提出的"循名以定是非,因参验而审言辞"(《韩非子·奸劫弑臣》)要求做官之人名实相符。总之,韩非子的知行观由于阶级和历史的局限性,是朴素的。

### 1.2.1.2　汉唐时期的道德知行观

两汉至隋唐,由于神学倾向,魏晋名教玄学大行其道,南北朝隋唐儒、释、道的斗争和合流,知行问题发展比较缓慢。西汉时期的董仲舒认为人的认识能力与内容是"天赋"的,所以认识的对象与目的就在于体察"天之意",又根据"天人感应"说,提出"凡人欲舍行为,皆以其知先规而后为之"(《春秋繁露·必仁且智》),此外,"内视反听"也是"知天"的方式。总之,董仲舒的知行观是知先行后,而且他的"知行"观是用"名实"关系加以阐述的。他所指的"名",是反映阶级性质的封建伦理纲常,"故号为天子者,宜视天如父,事以孝道也。号为诸侯者,宜谨视所候奉之天子也。号大夫者,宜厚其忠信……五号自赞,各有分;分中委曲,曲(各)有名"(《春秋繁露·深察名号》)。东汉学者王充,以"疾虚妄"反对一切所谓的圣人先知,将圣人神化等的说法。他认为一切知识都来源于"闻见学问"。魏晋学者多重哲理、轻实际,很少论及道德知行问题。总之,汉朝学者在道德知行问题上,始终存在着两条路线,一条是董仲舒的"生知",一条是王充的"学知"。

隋唐时期的学者在这方面也未能做出很大的贡献,佛学则连篇累牍地论述宗教教义与道德实践的关系,总是教导人如何避世,但无论是哪个宗派,其佛教思想都是在唯心主义内部展开的。

由于佛教对于道德知行观的影响远不止于汉唐时期,魏晋玄学、宋明理学以至近现代之中国哲学都在一定程度上受到了佛教思想的影响,因此我们有必要对佛教知行观作一简单总结。即无论哪派宗教,都否认世界之客观存在,坚信只有脱离现实世界,才有可能进入天国。但在知行观上,对于知的理解,都"不是指人们对客观世界及其规律的认识,而是一种神秘的智慧,指他们用来论证客观世界虚幻不实的一套理论和方法;佛教所说的'行',也不是指人们改造客观物质世界的活动,而是指戒律、禅定等宗教的修行"①。对此,本文不作过多阐述。

### 1.2.1.3　两宋时期的道德知行观

两宋时期是中国哲学又一繁荣昌盛的重要时期,此时对于知行观的系统研究相对比较成熟,各种理论纷繁并起。但我们需要明确程朱理学的知行关系,完全是从伦理学意义上的道德修养角度来进行阐述的。将知放在首位的传统,中国历来就有:"大学之道,在明明德,在亲民,在止于至善……物有本末,事有始终,知所先后,则近道矣。古之欲明明德于天下者,先治其国;欲治其国者,先齐其家;欲齐其家者,先修其身;欲修其身者,先正其心;欲正其心者,先诚其意;欲诚其意者,先致其知;致知在格物"(《礼记·大学》),这反映了为学的"三纲领、八条目"。南宋以后,它们成了儒者实行道德教育与道德修养之基本纲领。而在知行关系方面,二程首先肯定了"知"是人所固有

---

① 方克立.中国哲学史上的知行观[M].北京:人民出版社,1982:116.

的,是主观产生的先天禀赋。"知者吾之所固有,然不致则不能得之。"(《河南程氏遗书·卷二十五》)程颐强调了人的道德认识本身的先验性。"万物皆备于我,不独人尔,物皆然,都自这里出去,只是物不能推,人则能推之。"(《河南程氏遗书·卷二上》)后又提出了"知先行后","故人力行,先须要知。非特行难,知亦难也"(《河南程氏遗书·卷十八》)。二程提出了知对于行的意义及知的重要性。知为行之基,"须是识在所行之先。譬如行路,须的光照"(《河南程氏遗书·卷三》);"君子之学,必先明诸心,知所养,然后力行以求至,所谓自明而诚也"(《河南程氏遗书·卷十二》);"不致知,怎生引得? 勉强行者,安能持久,除非烛理明,自然乐循理"(《河南程氏遗书·卷十八》)。"始于致知,智之事也。行所知而至其极,圣之事也。《易》曰:'知至至之,知终终之'是也。"(《河南程氏遗书·卷十八》)"饥而不食鸟喙,人而不蹈水火,只是知;人为不善,只是不知。"(《河南程氏文集·第八》)即人深刻地知道鸟喙为有毒之物,因而不吃;人亦深刻地知道水火很容易丧生,因而会不蹈水火,所以人善源于知,反之,不善因不知。同时,他们还提出了"潜知","人知不善,而犹为不善,是亦未尝真知;若真知,决不为矣"(《河南程氏粹言·第一》),深知定能行。但是"致知,但知止于至善,为人子止于孝,为人父止于慈之类,不须外面只务观物理"(《河南程氏遗书·卷七》)。格物的实质在于认识天理与善的道德本性,以及人的封建伦理修养。这里的"知"实际是指"多闻前古圣贤之言与行,考迹以观其用,察言以求其心,识而得之"(《伊川易传》)。也就是说,"孔子言语,句句是自然;孟子言语,句句是实事"(《河南程氏遗书·卷五》)。所以"凡看《语》《孟》,且须熟玩味,将圣人之言语切己"(《河南程氏遗书·卷二十二》)。他们认为知就是读孔孟之书,最终反映了其阶级性质,旨在践行封建伦常。在格物致知与格物穷理方面,又提出了:"君子之学,将以反躬而已矣"(《河南程氏遗书·卷二十五》)。最后,二程又主张"入道莫如敬,未有能致知而不在敬者"(《河南程氏遗书·卷三》),将主敬与格物的关系直接归结到了主体的道德修养层面。

　　朱熹继承了二程的思想。他的知行观首先将知的内容限定在"为人君便当止于仁,为人臣便当止于敬"(《朱子语类·卷十五》)。也就是将认识封建的道德原则作为践行的理。同时,他的道德知行观主张知先行后:"义礼不明,如何践履……如人行路,不见,便如何行?"(《朱子语类·卷九》)"如平时知得为子当孝,为臣当忠,到事亲事君时则能思虑其曲折精微而得所止矣。"(《朱子语类·卷十四》)朱熹反对"只说践履,不务穷理",坚信"义理不明,如何践履?"然在实际生活中,人们并非知理便能行,即面对生活中所谓的知而不行现象,朱熹又提出"浅知"。"论知之与行,曰:方其知之,而行未及之,则知尚浅。"(《朱子语类·卷九》)"人于道理不能行,只是在我之道理未有尽耳,不当咎其不可行,当反而求尽其道"。在周震亨问知的回答中,我们亦能看出朱熹对于"浅知"的观点,"周震亨问知至诚意云:有知其如此而行又不知此者,是如何?曰:此只是知之未之至"(《朱子语类·卷十五》)。

　　朱熹还提出了"行为知终""行为知功"(功,功能)"行为重"的思想。"故圣贤教人,必以穷理为先,而力行以终之"(《朱文公文集·卷五四》);"论先后,当以致知为先;论轻重,当以力行为重";"欲知知之真不真,意之诚不诚,只看做不做如何。真个如此做地,便是知至、意诚"(《朱子语类·卷九》);"学之之博,未若知之之要;知之之要,未若行之之实"(《朱子语类·卷十三》)。朱熹看来,知先与行重并不矛盾,相反,"行是行其所知之行"[1],即以知为先,然后行,知之后,必能行。"但为学之功,且要行其所知。"(《朱文公文集·卷四六》)"先行其言,一云行者不是泛而行,乃行其所知之行也。但先行其言,便是个活底。"(《朱文公文集·卷二三》)朱熹重行,有一定的合理性,但朱熹的错误在于将行建立在"先知"的基础上,而这里的"知"只是其所谓的"理"(封建伦理道德),"行"也并非实践的含义,而是践行先验的道德原则、先验之理的行。朱熹还主张"知行相须"。也就是说,在现实生活中的朱熹,将认识、体

① 方克立.中国哲学史上的知行观[M].北京:人民出版社,1982:178.

察封建义理与践行封建道德看作不能偏废其一的两方面。

"知行常相须,如目无足不行,足无目不见。"(《朱子语类·卷九》)"知与行工夫,须着并列……二者皆不可偏废。如人两足,相先后行,便会渐渐行得到;若一边软了,便一步也进不得。"(《朱子语类·卷十四》)无论朱熹的知行并进理论是对还是错,其思想对封建统治者实施统治的意义确是重大的。他要求人们从小就将认识与实践封建道理作为其生活的主要内容,其时代性与流行性,必然是被统治阶级乐于接受并强力推销的。

陆九渊对于道德知行观也有一定的论述。"《乾》以易知,《坤》以简能。先生常言之云:吾知此理即《乾》;行此理即《坤》。知之在先,故曰《乾》知太始。行之在后,故曰《坤》作成物。""博学、审问、慎思、明辨、笃行,博学在先,力行在后。"(《陆九渊集·语录上》)

南宋晚期的陈亮与叶适,在知行观上,反对空谈义理的道问学,主张"适用""功利"等实用主义。这与他们生活在阶级矛盾与社会问题异常突出的"积贫积弱"的南宋有关系,他们不能忍受道学"安坐感动"的祸国殃民实质,要求在行动中进行积极反抗。但陈亮并没有在理论上对儒学之知先行后作剖析,最后也往往沦为狭隘的经验论。叶适则有着非常丰富的关于知行关系的认识论思想。但尽管其对儒家之认识论批判得力,被称为"智勇之人",在实践与战斗中表现不凡,在认识论中关于知行观的阐释对于后世之人而言,其意义不可低估,但在道德知行观方面论述极少。

### 1.2.1.4 明清时期的道德知行观

明代王守仁的知行合一说,将在后文"知行合一"观中加以论述,这里不再讲述。与王守仁同时代的王廷相,其知行观又比陈、叶向前进了一步。他首先批判了宋明时期儒家的"徒然讲说"及虚静的内心体验之认识论,认为人的认识能力需要"借外之资",即人在与外物的接触中形成认识。"夫圣贤之所以为知者,不过思与见闻之会而已。"(《雅述·上篇》)同时,他区分了"天性之知"与"人道之知",认为,人的孝、亲等伦理观念都是后天学来的,"婴儿在胞中自能饮食,出胞时便能视听,此天性之知,神化之不容已者。父母兄弟之亲,亦积习稔熟然耳"(《雅述·上篇》)。食、色、听等能力是人生来即有的,而人之后天的知识都来自于经验与学习。而且他认为先前儒者对"德性之知"的解释是心性禅学,"世之儒者乃曰思虑见闻为有知,不足为知之至,别出德性之知为无知,以为大知。嗟呼! 其禅乎! 不思甚矣。殊不知思与见闻必由吾心之神,此内外相须之自然也。德性之知,其不为幽闭之孩提者几希矣! 神学之惑人每如此"(《雅述·上篇》)。即一切"知"都是人思虑与见闻的结果,没有除此之外的知识。他将思虑与见闻对于认识而言的不同阶段作了理解,突出强调了"行"对于认识的意义。"当然,王廷相所讲的'行''力行''履事''习事''实历',以至他提出的'实践'概念,都不是我们今天所讲的科学的社会实践的含义,不是指人民群众的生产斗争和阶级斗争,而主要是指个人的日常生活、政治活动和道德修养方面的活动。"[1]"深省密察,以审善恶之几也;笃行实践,以守义理之中也;改过徙义,以极道德之实也。三者尽而力行之道得矣。"(《慎言·潜心篇》)

明清之际的王夫之,在道德知行观上的论述,可谓将道德知行观的理解推到历史最高水平。"夫人知之,而后能行之,行者皆行其所知者也。"(《四书训义·卷二十》)也就是说,在一般的认识意义上和伦理学意义上,王夫之都坚持了"行先知后"说。而且他还批判朱熹所谓的"生而知之说",认为:"朱子以尧、舜、孔子为生知……而夫子之自言曰:'发愤忘食'……亦安见夫子之不学? "(《读四书大全说》)总之,王夫之认为人后天的学习与实践是人认识的来源与深化。王夫之还认为:"行可兼知。""凡知者或未能行,而行者则无不知。且知行二义,有时相为对待,有时不相为对待。如'明明德'者,行之极也,而其功以格物致知为先焉。是故知有不统行,而行必统知也。"(《读四书

---

[1]　方克立. 中国哲学史上的知行观[M]. 北京:人民出版社,1982:235.

大全说》)上述知行观是王夫之道德知行观的铺垫。在道德知行观上,王夫之区分了"人心"与"道心"。人心即知觉,也就是一般的意识与思维的活动;道心就是道德意识,对于道德规范的认识。但在道德意识的来源上,王夫之又坚持"然仁义自是性,天事也;思则是心官,人事也"(《读四书大全说·卷一》)。而且他所指的"行"也主要是:"乃讲求之中,力其讲求之事,则亦有行矣"(《读四书大全说·卷三》),也就是日常待人接物中的涵养工夫。

颜元的知行观有行先于知的意蕴。他认为:"人之为学,心中思想,口内谈论,尽有百千义理,不如身上行一理之为实也。人之共学,印证《诗》《书》规劝功过,尽有无穷道德,不如大家共行一道之为真也。"(《颜元集》)并以知礼乐为例,论证其观点。"譬如欲知礼,任读几百遍礼书,讲问几十次,思辨几十层,总不算知;直须跪拜周旋,捧玉爵,执币帛,亲下手一番,方知礼是如此,知礼者斯至矣。"(《四书正误》)但在践行的方法上,颜元又主张"习恭",即"游马生学,教之习端坐功:正冠整衣,挺身直肱,手交当心,目视鼻准,头必直,神必悚,如此则扶起本心之天理,天理作主,则诸妄自退听矣"(《颜习斋先生言行录》)。即在德性修养上,颜元同宋明理学家的观点基本相同,尤其是在知行观上是殊途同归的。实际上,这个时期的哲学家,其知行观思想,有很大一部分已接近科学的理解,然在道德领域,在修养的方式方法上,却又陷入了道德先验论。

### 1.2.1.5　近代的道德知行观

1840 年,鸦片战争是中国近代史的开端,近代中国一步步沦为半殖民地半封建社会。同时一批批志士仁人也展开了不屈不挠的抗争。知行问题也历史地成为中国思想界激辩的一个重大问题。近代的主要代表人物有:魏源、谭嗣同、章太炎、梁启超等,其思想重在启发民智。此时的知行观回答的是中国何去何从的问题。比如梁启超着重考察了自我认知,"我有耳目,我物我格;我有心思,我理我穷"(《近世文明初祖二大家之学说》);章太炎强调"竞争生智慧,革命开民智"(《驳康有为论革命书》)。总之,改良派讲求的是知重于行;革命派偏向行重于知。

近代在认识论领域的最高成果是孙中山的"知难行易"说,他在广东省学界欢迎会的演说《国强在于行》中提出:"行之非艰,知之惟艰。"如果说魏源、谭嗣同、章太炎等人对于知行观的讨论仍没有脱离主观认知的意义的话,那么孙中山的知行观则是对于中国传统知行观的一种真正突破。这个阶段的知行观,摆脱了宗教与道德修养意义上的知行关系论述,也脱离了古代认识论意义上关于知行关系的纠缠,知与行都不局限于道德方面,而是侧重于科学观察与资产阶级革命方面,知行关系进入了新的阶段。孙中山在企图建立资产阶级共和国的一系列尝试失败后,认为一切都是"思想错误"所致,因此其知行学说走向了知难行易说。但他的"知难行易"主要强调,行为致知之途径,鼓励人民破除不敢行之迟暮心理,鼓励革命朝气;同时重视知对行的指导意义。近代的知行观较少涉及道德领域,因此本书仅作简单概述。

毛泽东于1937年发表了《实践论》,其副标题为:"论认识和实践的关系——知和行的关系",将中国革命实践与辩证的唯物论原理相结合,对中国传统哲学的知行关系作了彻底科学的清算和解决。实践论的任务有二:其一为批判传统中国哲学知行观,尤其是孙中山的知行观不了解实践的意义,站在实践活动外抽象地理解知行关系;其二为科学地阐明马克思主义实践观与其他一切哲学的区别,在实践这一总原则基础上,关于道德修养、道德教育等科学的实现方法,都可以在其基础上展开。总之,"毛泽东的实践观在总结了中国革命胜利和失败的反复经验,从认识论的意义辩证地论述了主观与客观,认识与实践,知与行的具体历史的统一的观点,把认识论放在了社会历史实践的基础上,并提出了认识运动的总规律,这不仅是对传统知行理论的根本转换,而且是对中国实践观发展的历史性贡献,中国传统实践观走上了现代化的发展轨道,伦理化的知行观由此转变为现代科学的实践观和认识论"①。

总之,中国的道德知行观,大体可以归纳如下:

其一,中国哲学史上的道德知行观,除个别神秘主义观点外,大都强调言行一,知行一,只是唯物主义的知行观所强调的知行一的基础是行即道德实践;唯心主义认为统一的基础是知,即内心反省与自我修养。

其二,中国哲学史上的知行观在一定程度上都是道德知行观。"就知与行的具体含义或内容来讲,在孙中山以前,对它们的理解基本上是狭义的。就是说,所谓的行,主要是指个人的伦理道德修养、践行封建道德义理。这一点,无论是对唯物主义哲学家还是唯心主义哲学家来说都概莫能外。或者说,只有程度的不同,而没有实质上的区别。而所谓的知,也大都指感性认识,或者指与感性认识相脱离的理性认识,也有的是指感性认识与理性认识朴素或者直观的统一。"②而且强调知行不分,知的目的在于行。

其三,中国哲学史上的道德知行观,都是不完善的,都不是对知行观的科学解释,但它们却在知行学说的发展链条上,对于实践论,马克思主义的认识论的理解,具有积极意义。其中,王阳明在道德领域中提出的"知行合一",其论证深刻,是值得现代人反思与学习的。主要包括几层含义:一是知行合一为知行关系中的本体解释, 其他一切关于知行的关系都从此基本含义出发;二是真知必行,不行实不知;三是真知蕴含着人的行之含义;四是向内求,无需借助外力。

## 1.2.2 西方传统的道德知行观

在西方伦理学体系中, 伦理学家在中国哲学意义上来谈道德知行合一问题相对较少, 甚至几近没有。但对于中国而言,情形却与此大不同。如果说

---

① 欧阳英.关于毛泽东实践观的双重历史地位[J].武汉大学学报(哲学社会科学版),1998(4).

② 傅云龙.中国知行学说述评[M].北京:求实出版社,1988:199.

中国研究的是知行观,那么西方人对此问题的研究主要是认识论方面,只不过国人常常在西方的研究范式下来看待中国哲学和伦理学,因而,在实际生活中,国人的知行观在相当普遍的程度上被混同于认识论了。总之,尽管西方对于认识论的研究影响了国人对于知行观的理解,但并不等于西方学者没有类似的研究,他们或多或少地用另外一种方式研究中国式的"道德知行观"。西方学者主要是从以下五个方面入手:①道德知识与实践的关系,②情感、理性对于道德行为的影响,③道德意志的强弱对于道德行为的意义,④道德知识或者道德认识的来源,⑤道德行为如何可能的问题,等等。

### 1.2.2.1　古希腊罗马时期的道德知行观

在古希腊伦理史中,最初讨论人的道德价值与意义的是苏格拉底。苏格拉底所信仰的"知识即美德",使西方哲学走向了对道德知识的理性把握,即从知识论推论出了:一个人之所以行恶是因为不知恶,知善必能行善(无知而为恶)这一新的命题,实际将知善与行善等同起来,强调了道德知与行的合一,"真和善"的一体化,根本上否认了知而不行这一现象存在的可能性。从这个意义上,道德知行关系被界定为道德知即是道德行,这同中国明代哲学家王守仁"知行合一"如出一辙。这种"主知"主义,是理性主义的思维模式的主要应用方法。当然,苏格拉底的这种论证手法,隐射出了他寻求客观真理的努力,却与中国人"天人合一"的论证方式截然不同。他的研究对象外在于人,最终需要借助科学与理性实现道德知行合一的目的。"人要从善,就需要关于'善的'知识,不知怎样的行为是'善',如何'从善'也就不得而知"①。重要的是获取知识,获取关于德性的知识;无知则产生不幸。"没有人故意为恶",就是鼓励人们获取关于善美的知识。

对于具有普遍意义的德性之知又是如何来的问题, 苏格拉底的学生柏

---

① 宋希仁.西方伦理思想史[M].北京:中国人民大学出版社,2004:29.

拉图作出了回答,他提出了"回忆"说,即"知"与"不知"的中间状态,即灵魂在进入肉体之前忘却了曾经知道的东西。实际上,"回忆"说和苏格拉底的"助产术"异曲同工。在解决了关于德性知识的来源问题后,就需要直面一直困惑苏格拉底的德性的知识是什么的问题, 即在事物的各种形相中的共相是什么?他提出了"理念"论—— 一种超感觉的永恒的存在。人要获得真正的关于德性的知识,不能从形相中得到,而要从万事万物之上的一个共同的本质的基础——"善理念"中获得。事物的本质只要"模仿"或者"分有"它,认识了"逻各斯",就能实现对普遍性的认识,就能获得关于德性的知识。在柏拉图这里,苏格拉底所寻求的共相便彻底地实现了。因此,对于人而言,只要认识了灵魂中固有的"逻各斯",就能实现对于道德知识的理解与把握,从而成就道德人。对于现实中存在的知而不行现象,柏拉图较自己的老师前进了一步。他肯定了这种现象的存在,但也是在"德知"主义的基础上,提出了知而不行非"真知",是对"意见"的表象的现象世界的认知与理解。若为"真知"必能行,"真知"为最高善。所以苏格拉底同柏拉图一样,都将知行绝对地统一了起来,恶行是出于对善的无知。

亚里士多德则与苏格拉底、柏拉图不同,他走向了另外一条通往德性的道路。他认为德性要比获得知识更加重要,德性不等于知,但德性包含知,德性"都是同行为和现实的活动相关的品质"①。因此,亚里士多德更关注人的德性,或者是人的德行(道德行为)。这里需要明确一点,人所特有的活动或者说人的德行,是在积极"应用"人的理性的过程中具体实现的。人的德性或人的道德是在应用理性的过程中"获得"的一种品质。"德性是既使一个人好又使得他出色地完成他的活动的品质。"②强调人的道德行为或者道德实践。"德性的价值在于从事符合德性的活动。"③比如,一个人要获得健康,必须通

① 宋希仁.西方伦理思想史[M].北京:中国人民大学出版社,2004:61.
② 亚里士多德.尼各马可伦理学[M].廖申白,译.北京:商务印书馆,2003:45.
③ 韩震.西方哲学史[M].北京:北京师范大学出版社,2012:40.

过合理饮食与锻炼,而一个人要获得德性,需要有道德认知,包括道德选择、道德判断以及一些道德实践活动中的道德修养等行为活动。亚里士多德提出了道德实践,但他对于理性的作用并不排斥。相反,他认为只有思辨的人生和省察的人生才是值得我们过的。亚里士多德还分析了由于人的无知与强制所导致的行为。"无知,是某人对行为对象、使用手段和行为目的一概不知的情况下有所为。然而,是不是所有无知情况的行为都是被动的行为呢?当然不是。亚里士多德进一步对造成无知行为的原因进行了具体分析:第一种情况,因为他人有意欺骗、隐瞒或环境偶然所造成某人对行为基本情况的无知,事后此人知道实情,对行为产生后悔,说明已完成的行为不符合行为者本意,所以是被动行为。第二种情况,如果事后知道实情,却并不后悔,则不是被动行为, 因为行为符合行为者本身的意愿, 只是事后才意识到这一点。第三种情况,行为者故意造成自己的无知。"①也就是说,亚里士多德在分析人的行为的过程中,不是单纯依据行为的后果来看行为本身,他已经意识到了行为的动机对于行为的意义, 也只有第一种情况才是严格意义上的真正的无知。总之,古希腊的哲学家,在道德认知与道德行为的理解上,偏重对于道德知识的理性把握,认为道德知识即道德认知,道德知识即道德行为。这也为后来人开创了一条寻求道德知识普遍性的认识之路, 而且是用"主知"主义和"理性主义"相结合的方式来理解知识的普遍必然性。但亚里士多德与苏格拉底、柏拉图不同,他强调人的行为,强调人在实践中形成自身的品格和德性,从而成为人本身。

## 1.2.2.2　中世纪与文艺复兴时期的道德知行观

古希腊的哲学家都走向了对知识普遍有效性的探寻, 试图借助理性实现这一目的,但苏格拉底之后的怀疑主义以及黑暗的中世纪,粉碎了理性主

---

① 宋希仁. 西方伦理思想史[M]. 北京:中国人民大学出版社,2004:67.

义的梦想,整个中世纪,最主要和最重要的任务就是为宗教神学、为上帝存在、为信仰作辩护。其代表人物是托马斯·阿奎那以及奥古斯丁,尽管他们的论证是为信仰留地盘,然而其关于意志、情感、信仰等非理性对于道德的意义之阐述却是比较深刻的。而且宗教大部分是道德戒律,这对于教徒的道德有一定的规范意义。

奥古斯丁对于知识的有效性与普遍性作了论证,认为我们不能怀疑我们在思维本身,这是一个普遍的真理。同时,他认为,感性世界是复杂多变的,因此人需要借助上帝来认识世界。上帝是永恒的,且高于理性,因此对于上帝的认识只能通过信仰。奥古斯丁还论述了自由意志对于人为善为恶的作用。他认为上帝在造人的时候,赋予了人理性的认识能力以及自由意志,他们都是善的,但是他们都不是完满的善,是中等的善,有被误用之可能,只有"当意志指向和追求较高之善,或靠近上帝时,就是行善;相反,当它指向和追求较低之善或远离上帝之时,即为犯罪,也就是伦理上的恶……善用自由意志的人便存在着幸福"[1]。实际上,奥古斯丁论证了上帝给予人的自由意志通过信仰对于善与恶的影响。而对于上帝作为至高的存在的证明,才能实现对于善恶的区分。[2]

托马斯·阿奎那认为伦理学就是以研究人的行为为目的[3]的。而人的行为与意志(行为时的根本的能力)密不可分,如图所示:

① 宋希仁.西方伦理思想史[M].北京:中国人民大学出版社,2004:133.
② 韩震.西方哲学史[M].北京:北京师范大学出版社,2012:65.
③ 李国山,王建军,贾江鸿,郑辟瑞.欧美哲学通史精编本[M].天津:南开大学出版社,2012:173.

```
                        ┌─────────┐
                        │  人性行为  │
                        └─────────┘
                       ↙            ↘
              ┌──────┐              ┌──────┐
              │  目的  │              │  手段  │
              └──────┘              └──────┘
              ↙      ↘              ↙      ↘
        ┌──────┐  ┌──────┐  ┌──────┐  ┌──────┐
        │  意志  │  │  理智  │  │  意志  │  │  理智  │
        └──────┘  └──────┘  └──────┘  └──────┘
        ↙   ↓   ↘              ↙          ↘
  ┌──────┐┌──────┐┌──────┐ ┌──────────┐┌──────────┐
  │  意动  ││  愉悦  ││  意向  │ │ 选择是否行动 ││ 选择如何行动 │
  └──────┘└──────┘└──────┘ └──────────┘└──────────┘
```

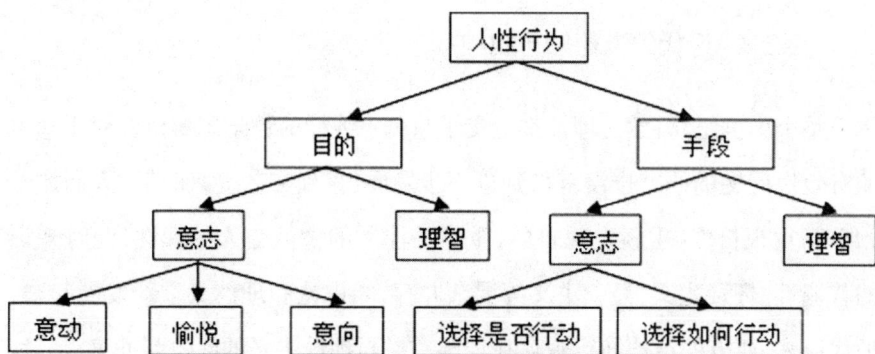

托马斯·阿奎那描述的人性行为的行为结构

　　与此同时,他在亚里士多德德性论的基础上,将德性分为人的德性与神的德性,人的行为因为有善恶之分,具有德性。他与亚里士多德的观点一致,认为人的德性是一种获得性品质,通过人的努力与学习,可以实现。具体而言:"德性的培养包含三个要素:一是人应当在知识的指导下自觉地开展行动;二是人应当经过深思熟虑自主地开展行动;三是人应当根据一条牢固而颠扑不破的原理开展行动。"①也就是说,人通过活动,将知识应用到行动中,从而实现德性。

　　经过漫长的中世纪,14世纪末,欧洲进入了大转折时期,精神文化中的文艺复兴成了时代的主题。他们高扬理性与科学,以科学反对宗教,以理性反对信仰,对教会神学进行了激烈的无情的批判。总之,在以宗教哲学为主干的中世纪,哲学是神学的婢女,一切都在神学的光环下才能得以发展,直至文艺复兴时期,人的价值、人的意义、世俗化的道德才真正被重新重视起来。如果没有文艺复兴以及宗教改革,近代哲学的发展便是无从想象的,它们为近代哲学登上历史舞台,使哲学从天上回归人间作了重要的前期准备。

---

① 宋希仁.西方伦理思想史[M].北京:中国人民大学出版社,2004:143.

### 1.2.2.3 近代的道德知行观

整个中世纪,科学与理性都遭受了重创。纯粹的哲学思辨以及对于知识的有效性问题的研究也没有得到进一步发展,直到文艺复兴时期,人们才开始重新重视自然、重新发现自然,重新关注人的价值与人的理性,此时知识的普遍性、怀疑主义、经验主义等混杂并存,知识论和理性又重新发展起来。近代以来,西方的道德知行观存在经验主义与理性主义的斗争与冲突。

英国的培根铿锵有力地提出了"知识就是力量"这一口号,将知识的意义发挥到了极致。在道德知识的来源上,培根认为:"知识就是道德"①,"知识可以洗涤和改良人的心灵,人的理性在知识的指导下,使人能够明辨是非,区别善恶,并从善弃恶,获得幸福和快乐"②。他认为人的道德知识建立在对自然事物认识的基础上。从知识即道德出发,认为通过道德修养(习惯和良好的教育),人最终可以成为有道德的人。在道德修养上,培根认为最好的途径就是教育和良好习惯的养成。"教育其实是一种从早年起始的习惯。而习惯是人生的主宰,人们就应当努力求得好习惯"③。培根继承了苏格拉底提出的"美德即知识"这一命题,认为知识是道德的来源与基础,人行动力量的获得就在于对知识的把握。④然而,培根也批评传统哲学关于德性的分类只是告诉人们何为善,并没有告诉人们达到善的方法。培根认为:"伦理学就是研究人类的欲望和意志的科学,它要给人们提出行为和相互关系的指导,最终实现人生的自律,达到自由的境界。"⑤培根重视研究人的情感对于道德行为的意义,并赞同马基雅维利关于人恶行丑事的揭露,认为这种揭露可以使人们了解善恶,从而扬善去恶,培养德行。

---

① 章海山.西方伦理思想史[M].沈阳:辽宁人民出版社,1984:251.
②③ 宋希仁.西方伦理思想史[M].北京:中国人民大学出版社,2004:180.
④ 李国山,王建军,贾江鸿,郑辟瑞.欧美哲学通史精编本[M].天津:南开大学出版社,2012:173.
⑤ 宋希仁.西方伦理思想史[M].北京:中国人民大学出版社,2004:177.

笛卡尔也赞同科学的普遍性,并认为科学知识必然是在普遍性、必然性的基础上发展起来的,科学知识就像数学与逻辑推理那般可靠。只是对知识的来源方面,笛卡尔认为"天赋观念"是知识的源泉,认为科学知识是由推理而来,只有理智才能认识事物之本质。理性是判断是非、改造一切之标准。知识既然具有普遍性和必然性,便不能在经验中实现,只有上帝才具有完满的理智。笛卡尔在理性的基础上分析了人的情感,认为如果人的理性控制了情感,便能做出善行,成为道德之人。对于如何控制情感实现道德行为的问题,他认为理性可以被视为人之良知,要经常应用它,"那些伟大的心灵既可以做出最伟大的德行,也同样可以做出最重大的罪恶;那些只是极慢地前进的人,如果总是遵循着正确的道路,可以比那些奔跑着然而离开正确道路的人走在前面很多"[1]。

霍布斯的立场与笛卡尔相对,他认为:"一切观念最初都是来自事物本身的作用,观念就是事物的观念。当作用出现时,它所产生的观念也叫感觉,一个事物的作用产生了感觉,这个事物就叫做感觉对象。"[2]当然,霍布斯认为感觉没有告诉我们事物之所以呈现这种规律的原因,只有理智才能回答为什么。但霍布斯的理性是狭隘的,他将理性归结为"推理","我所谓'推理'是指计算。计算或者是把要加到一起的许多东西聚成总数,或者是求知从一件事情中去取另一件事物还剩下什么。所以推理是与加和减是相同的"[3]。在伦理学方面,霍布斯认为人的本性是自我保存和追求幸福的,因此,人能够为善的原因也是因为欲求幸福。

洛克作为英国唯物主义的集大成者,对经验主义作了全面的证明,阐述了经验之于观念、知识的意义。他认为知识是后得的,而人的认识能力是天

---

①　十六—十八世纪西欧各国哲学[M].北京大学哲学系外国哲学史教研室,编译.北京:商务印书馆,1975:103.

②③　西方哲学原著选读:上卷[M].北京大学哲学系外国哲学史教研室,编译.北京:商务印书馆,1981:396.

赋予的。"我们对于外界可感物的观察,或者对于我们自己知觉到、反省到的我们心灵的内部活动的观察,就是供给我们的理智以全部思维材料的东西。这两者才是知识的源泉,从其中涌出我们所具有的或者能够自然地具有的全部观念。"①也就是说,对于知识而言,经验可以反映外界事物,反省则对人的心灵产生作用,它们是相互间独立的知识的源泉。但对于知识的普遍性的证明,并没有因为其来源于具有差异性与个体性的感觉经验便失去了其客观必然性。洛克认为判断道德行为的标准是外在的法和内在的良心。在道德法的基础上,洛克认为评价人的行为需要考察人的道德关系、道德规则和道德性质。意志问题也是近代伦理学所关注的重要问题,在这个问题上,洛克认为意志是不自由的,因为意志作为人心的选择能力,在主体内部是受意欲指导的,在外则受外部世界的支配,所以"自由只能是心理思想选择和行为动作的统一"②。总之,洛克关于自由的观点对于我们思考道德问题有重要的启发意义。

斯宾诺莎也是唯理论的代表人物,他提出了"真观念"。他在对知识普遍性的证明中拒斥人的感觉经验,认为理性与直观到的知识才是知识,"单纯的感性认识而没有理性的指导,甚至不能给人以任何印象"③。斯宾诺莎对于道德的认识首先源于其对于人性"自保"的理解,"每一自在的事物莫不努力保持其存在"。④因为自我保存,所以在人的情感中,就趋向于人性的自私自利。而只有在理性控制下的情感,才能产生善的行为。此时,他看到了利益对于道德的影响。理性就是要处理个人利益与他人利益之间的关系。他认为自由意志对人的行为具有重要意义,只不过不是绝对的自由,而是对自然必然

①　西方哲学原著选读:上卷[M].北京大学哲学系外国哲学史教研室,编译.北京:商务印书馆,1981:450.

②　宋希仁.西方伦理思想史[M].北京:中国人民大学出版社,2004:215.

③　耿洪江.西方认识论史稿[M].贵阳:贵州人民出版社,1992:231.

④　参见斯宾诺莎.伦理学[M].北京:商务印书馆,1958:91-98.

性的认识。"在心灵中没有绝对的或自由的意志,而心灵之有这个意愿或那个意愿乃是被一个原因所决定,而这个原因又为另一个原因所决定,而这个原因又同样为别的原因所决定,如此递进,以至无穷。"①所以斯宾诺莎认为人的行为,无论是一般行为还是道德行为,都需要在理性的指导下,依理性而生活。

当然,对知识普遍性的质疑者也有,主要代表人物为休谟与莱布尼茨。他们对经验主义和理性主义对知识普遍必然性的证明产生了怀疑。休谟认为知识来源于感觉经验带给人的印象,但感觉经验之外的知识又是从哪里来的? 休谟认为无从解释。他说:"至于由感觉所发生的那些印象,据我看来,它们的最终原因是人类理性所完全不能解释的,我们永远不可能确实的断定,那些印象还是直接由对象发生的,还是被心灵的创造所产生,还是由我们在造物主那里得来的。"②休谟对于经验论的批判是其怀疑论产生的标志。但休谟首先是一个经验论者,然后才是怀疑论者。他认为人处于因果关系的经验中,"我承认一个命题可以从另一个命题正确的推断出来,而且我知道事实上它经常是这样推论出来的"③。即经过多次重复的经验,可以以一定的方式影响到人的心灵,所以习惯是人生的恒常指南。与此同时,休谟还是一个情感主义者,他认为引发人行为的原因在于情感而非理性,因为理性所考虑的是抽象的观念世界,而人的情感在直接与外物的接触中产生欲望,从而才会引发人行为的愿望。在休谟难题的解决中,他认为:"道德价值判断是人们在对行为或品质进行思考时,由于预知到行为和品质的自然倾向,而在心中引起了赞扬或厌恶情感的情况下,产生的某种行为和品质是善抑或恶的道德认识。"④也就是情感是最终能够使人产生满足感,从而产生行为的原因。莱布尼茨认为经验是个别的,不能穷尽世间万物,因而是不可靠的,不能

---

① 斯宾诺莎. 伦理学[M]. 北京:商务印书馆,1958:80.

②③ 张志伟. 西方哲学史[M]. 北京:中国人民大学出版社,2002:458.

④ 宋希仁. 西方伦理思想史[M]. 北京:中国人民大学出版社,2004:238.

建立真理的普遍必然性。

情感主义伦理学家沙甫慈伯利认为善恶源起于人的道德感，但道德感对于人的道德判断的影响方式是由哈奇森论证的。他认为道德善恶属于情感的问题，与人的理性无关。他十分看重人的情感——仁爱，作为动机而产生的道德的行为。也就是，他一方面重视人的道德动机；另一方面对于行为的结果是否具有利他性，对于行为结果的善恶也十分关注。斯密作为情感主义的重要代表人物，其道德知行观强调了道德认知中情感，尤其是人的同情心所产生的情感共鸣，对于道德行为的意义。他说："按照完美的谨慎、严格的正义的合宜的仁慈这些准则去行事的人，可以说是具有完善的美德的人。"[①]功利主义在道德行为的理解上认为，能够最大限度地增进人类的幸福是人类行为的原因与目的，其代表人物是边沁与密尔。

怀疑论者并非绝对否定知识的普遍性与必然性，相反，他们希望通过自己的方式对知识的普遍性与必然性作出更为合理的说明，而这种方式恰恰为康德的认识论提供了基础。康德试图调和经验论与唯理论，认为经验是个别的、偶然的，科学知识不可能在经验基础上具有普遍必然性，而理性与经验又是不能沟通的，理性只能在先天中证明自己的客观性。因此，康德在"如何先天的经验对象"中，通过认识主体先天的认识形式，使经验对象（知识）符合人类固有的认识形式，从而使知识的普遍必然性得到了证明和解决，这就是著名的"哥白尼革命"。康德是典型的动机论者，认为判断行为是否具有道德价值需要先证明其行为的动机。因为人作为自然存在物与理性存在物，其自然存在物的那一面始终要受到自然必然性质限制的，是不自由的，而作为理性存在物的人，完全由理智自身决定自身，因此人能够遵守理性自己为自己所制定的法，在这个意义上而言，自由就是自律。它的系词是应该，是主体自律的结果。因此，人的道德行为之所以是可能的，源于人的理性自己为

---

①　亚当·斯密.道德情操论.蒋自强,钦北愚,等译[M].北京:商务印书馆,1998:308.

自己制定的法,源于人的意志自律。因此,康德实际上解决了道德行为能够实现的原因,即善良意志为人的道德行为作了担保,但康德并没有解决道德行为有效性的原因,一旦将善良意志落实在现实生活中,它便变得那么软弱无力。黑格尔在论证思维与存在的统一性时,主要也是在思想与概念的自我符合中绕圈子,这已经不是我们本书所讨论的范围。

从西方的知识论以及对道德的研究轨迹来看,对于知识的普遍性和有效性的证明是一以贯之的,无论何种学派,都是如此。对于理性的重视,也是西方哲学的传统。黑格尔认为:"理性是世界的灵魂,理性居住在世界中,理性构成世界内在的、固有的、深邃的本性,或者说,理性是世界的共性。"①直至现代,非理性的作用开始被关注,然理性并没有被遗忘,人们只是在研究非理性的过程中, 对理性进行了更深入的思考。把知识论放在道德认知领域,仍然是有效的,只是道德认知的范围属于伦理学范畴。

## 1.3　道德知行合一观的历史流变

在道德上,对于知行相资、知行相即的知行关系,大多数思想家都一致赞同,即道德上的知与行,二者是相伴相依、不可分离的关系,它们的功用各不相同,然却"并进有功"。道德上的知行关系,往往又是道德修养中的重要内容,他们提倡致知与力行两个不能分离的方面。

中国古代的知行观,并非单纯地在探讨"知难行易"或者"行易知难",而是注重研究了认识论中谁决定谁的问题,即人的正确认识是从哪里来的,人心可以先验的知觉善恶吗,人的见闻之知(相当于感性认识)与德性之知(相当于理性认识)的关系问题等。换言之,对于知行问题的关注点在于,"知先还是行先";"行决定知"抑或"知决定行"等。但在道德知行合一观上,中国历

①　黑格尔. 小逻辑[M]. 贺麟,译. 北京,商务印书馆,1980:80.

来就有此观点。如孔子自己对自己的要求："盖有不知而作之者。我无是也"（《论语·述而》），在知行合一问题上，自己首先要知行统一；"君子耻其言之过其行也"（《论语·宪问》）。这里说的是言行一致的问题。"君子欲讷于言而敏于行"（《论语·里仁》），这里指的是多行少言的问题。"听其言，观其行"（《论语·公冶长》）；"君子名之必可言也，言之必可行也。君子于其言，无所苟而已矣"（《论语·子路》），它们是讲看待一个人看其言行是否一致。

在中国古代，言行一致与知行合一往往是在同等意义上使用，如孔子说："修身践言，谓之善行。行修言道，礼之质也"（《礼记·典礼上》），这里的言行与人的伦理行为直接等同，"言而当，知也"（《荀子·非十二子》），这里的言与知是统一起来使用的。可以说，言行一，就是知行一，归根到底，言行问题就是知行关系问题。所以在下文中，我们不再区分言行与知行。以上言论反映了孔子生活的奴隶社会瓦解的后期，统治者竭力通过一些思想、理论要求被统治阶级，将忠、孝等道德规范付诸行动的事实。他们要求知行统一，反对言行不一。自孔子始，知行的伦理学意义便成为讨论的一个重要主题。

战国初期的墨子，主要不是在伦理学意义上谈二者的关系，而是在认识论的意义上加以探讨。如在认识的来源问题上，他说："是与天下之所以察知有与无之道者，必以众之耳目之实，知有与之为仪者也，请惑（或）闻之见之，则必以为有；莫闻莫见，则必以为无"（《墨子·明鬼下》）。即知识来源于耳目的直接感觉。但墨子所提倡的"言必行，行必果。使言行之合犹合符节也，无言而不行也"（《墨子·兼爱下》），是指人在品德上面的言行一致，也是道德知行合一思想的一种表达。对于为政者，墨子认为："政者，口言之，身必行之"（《墨子·公孟》），"信身而从事"（《墨子·尚同下》），也就是言行一致。

荀子高度地肯定了"行"对于"知"的作用，但也说："知明而行无过"（《荀子·劝学》），高度肯定理性知的作用，同时，人需要"明"的是"当是非，齐言行"（《荀子·儒效》），实现知与行的统一。在用人问题上，"口能言之，身能行之，国宝也。口不能言，身能行之，国器也。口能言之，身不能行，国用也。口言善,身行恶,国妖也。治国者敬其宝,爱其器,任其用,除其妖"(《荀子·大略》)。这里展示的是在治国问题上,要根据言行是否一致来判定用人的四种情况。最后的结论为:"是故知不务多,多审其所知;言不务多,多审其所谓;行不务多,多审其所由。故知既已知之矣,言既已谓之矣,行既已由之矣,则若性命肌肤之不可易也"(《荀子·哀公》),要求在"所知""所谓""所由"基础上,将言行、知行统一起来,建立知行合一观。

韩非子说:"不听其言也,则无术者。不任其身也,则不肖者不知。听其言而求其当,任其身而责其功,则无术不肖者穷矣。"(《韩非子·六反》)这里,韩非子的观点是就考核任用官吏而提出来的,但是这种选拔标准却是言行是否一致,注意实际功效。

贾谊提出了士的三种类型,其根据就是关于言行一致的知行合一观。"故士能言道而弗能行者谓之器,能行道而弗能言者谓之用,能言之能行之者谓之实。"(《新书·大政下》)

东汉王充,在反对西汉董仲舒思想的基础上,强调"知物由学,学之乃知,不问不识"(《论衡·实知》)。也就是说,他提倡后天的学习与努力,认为知识是学来的,不是董仲舒所谓的"法天"所获。在知行观上,他认为"取其行则弃其言,取其言则弃其行"(《论衡·问礼》)是错误的,坚持"以言而察行"。他通过这种方式反对"疾虚妄"与"浮华虚伪"的董仲舒的"先知"说。

二程提出了"能知必能行"的观点,认为行与知相联,且"人谓要力行,亦只是浅近语。人既有知见,岂有不能行?"(《二程遗书》)"知之明,信之笃,行之果"(《伊川文集·颜子所好何学问》)而且"知之深,则行之必至,无有知而不能行者"。然而在现实生活中,往往有知行脱节的情况发生,二程认为:"人知不善,而犹为不善,是亦未尝真知;若真知,决不为矣。"(《遗书·第十五》)"知而不能行,只是知得浅。"二程是在"知为本"的前提下,主张知行合一,并且认为只要有真知,必能做到行,所以二程是"知行合一"的提出者,正如黄宗羲所言:"伊川先生已有知行合一之言也。"(《宋元学案·卷十五》)

朱熹也发挥了二程"能知必能行"的观点,"既知则自然行得,不待勉强,却是知字上重"(《遗书·第十五》),"若讲得道理明时,自是事亲不得不孝,事兄不得不弟,交朋友不得不信"(《遗书·第二上》)。这种心与理的合一,是真知得理的原因,在现实中就表现为知行的合一。之所以在现实中不行善,在于"不知善""知尚浅""未真知"(具体证明见第一章中国哲学道德知行观历史分析)。"致知以明之,持敬以养之,此学之要也,不致知则难于持敬,不持敬亦无以致知,二者交相为用。"(《朱文公文集·卷四十一》)"学者功夫,唯在居敬、穷理①二事,此二事互相发。"(《朱子语类·卷九》)"知、行常相须,如目无足不行,足无目不见。论先后,知为先;论轻重,行为重"(《朱子语类·卷九》);"知与行,功夫须著并到。知之愈明,则行之愈笃;行之愈笃,则知之益明。二者皆不可偏废。如人两足相先后行,便会渐渐行得到。若一边软了,便一步也进不得。"(《朱子语类·卷十四》)"行之力,则知愈进;知之深,则行愈达。"(《朱文公文集·卷六十》)朱熹认为:"大抵学问只有两种用途,致知、力行而已。"(《朱文公文集·卷四十》)"只有两件事:理会、践行。"(《朱子语类·卷九》)那些将做学问与做人相统一的人,必然是知行兼备的。"致知力行,用功不可偏,偏过一边,则一边受病。"(《朱子语类·卷九》)

知行合一说亦为明朝王守仁认识论与修养论中的重要命题,其思想独树一帜影响深远。"和程颐、朱熹等人一样,王阳明的知行学说主要讨论的也是人的道德意识和道德行为的关系问题。"②陈淳言:"致知力行二事,当齐头着力并做,不是截然为二事,先致知然后行,只是一套底事。"(《宋儒学案·北溪学案》)谢复提出:"知行合一,学之要也。"(《明儒学案·谢复传》)但是他们二人在知行合一的道路上并没有走远,都未对此命题作详细的论述。

王守仁不满当时社会重知轻行的社会风气,于是他对知行关系作了充

---

① 居敬与穷理,分别是朱熹眼中的道德行,道德上的知。二者关系就是道德修养中的知行关系。
② 方克立.中国哲学史上的知行观[M].北京:人民出版社,1982:200.

分的发挥。他强调"知行合一""知行并进""知而必行"，"知是行的主意，行是知的工夫；知是行之始，行是知之成"（《传习录上》）。即知是人的意志、思想与动机；行是人的行为、行动或践履等，知与行是一个事物的两个阶段，行为才是知的真正实现或者现实。又说："知之真切笃实处，即是行，行之明觉精察处，即是知……只为后世学者分作两截用功，失却知行本体，故有合一并进之说"（《传习录中》），即知的真切笃实，能够通过行为表现出来；而从行中可以觉察出是否真正地领会了知，也就是说，在行为中所表现出的知才是真知。在这个意义上，知行是合一的。

但"今人却将知行分作两件去做，以为必先知了然后能行，我如今且去讲习讨论做知的工夫，待知得真了，方去做行的工夫，故遂终身不行，亦遂终身不知，此不是小病痛，其来已非一日矣。某今说个知行合一，正是对病的药"（《传习录上》）。现如今，人们以为知道了然后才能行，将知与行看作两件事，而不是一件事情的两个阶段，王守仁提出知行合一，是对当时空知无行学风的一剂良药。

总之，王守仁的知行观，是对当时一些道学家满口忠义仁道，自己却不亲行，且只是读书记诵的社会风气的一种激烈的批评。"如称某人知孝，某人知弟，是其已曾行孝行弟，方可称他知孝知弟，不成是只晓得说些知孝知弟的话，便可称为知孝知弟？"（《传习录上》）一个人读了圣贤书，明白了孝悌之理，如果不去亲身实践，怎么能算是懂孝悌呢？如果只是知，而不去行，根本就"只是未知"。又如"夫问思辨行，皆所以为学，未有学而不行者也。如言学孝则必服劳奉养，躬行孝道，然后谓之学，岂徒悬空口耳讲说，而遂可以谓之学孝乎？"（《传习录中》）也是对当时时弊的一种批评。上述思想辩证地揭示了道德认识与道德行为的关系，是科学合理的。

但王守仁将"知行合一"的理论基础看作"心即理"。"夫物理不外吾心，外吾心而求物理，无物理矣"（《传习录中》），认为一切事物都是吾心之存在，没有独立于心而能存在的事物，所以是"心包万理"。而"理"也不外乎是那些封建的道德律令。"礼字即是理字"(《传习录上》),将"理"归为"礼",其阶级实质就很明显了。而正是这个"心即理"作为知行合一的基础,成了后人对其进行诟病的原因。王守仁对于知行合一路径——"致良知"的论述,即"知"就是"致吾心之良知","行"是"致良知于事事物物","知若离开良知是'悬空思索',行若不以良知为准则则是'冥行妄作'"①。"我今说个知行合一,正要人晓得一念发动处即是行了。发动处有不善,就将这不善的念克倒了,须要彻根彻底,不使那一念不善潜伏在胸中,此是我立言宗旨。"(《传习录下》)此时,王守仁的思想离真理愈发遥远了。

　　总之,王守仁的知行合一说,从认识论范畴来讲,是用"知就是行"抹杀了实践与认识的区别,不能用科学的马克思主义实践观正确认识二者的关系,是一种错误的认识论。然而,王守仁的知行合一说,更主要的不是探讨哲学认识论上谁决定谁、谁产生谁、谁先谁后的问题,他想要告诉我们的是伦理道德意义上的知行合一。作为一种伦理思想与学说,他强调要端正人们行善的动机,在"一念"处下功夫,将善的意念作为动机,用善念指导行为实践。他的"知行合一"说将道德认识与道德修养以及人在道德上的躬亲实践相结合,是一种科学合理的观点,道德本来就应该是知行合一的。而且他强调人应该具有行善的动机,用善的动机指导人的行为,反对著空文,要求将道德认识、道德修养与道德践履相结合,其意义重大。但他后来主张"一念发动处,便即是行了",这变成了对行的否定,从而陷入谬误中。王夫之批评其:"若夫陆子静、杨慈湖、王伯安之为言也,吾知之矣。彼非谓知之可后也,其所谓知者非知,而行者非行也。知者非知,然而犹有其知也,亦惝然若有所见也,行者非行,则确乎其非行,而以其所知为行也。以知为行,则以不行为行,而人之伦、物之理,若或见之,不以身心尝试焉。"(《尚书引义·卷三》)

　　"知之进则行愈有所施,行之力则知愈有所进,以至于圣人人伦之至"

---

①　陈瑛,许启贤.中国伦理大词典[Z].沈阳:辽宁人民出版社,1998:609.

(《南轩集·卷一》),"知行不是两截事,譬如行路,目视足履,岂能废一？"(《宋元学案·北溪学案》)"致知、力行二事,当齐头着力并做,不是截然为二事。先致知然后行。只是一套底事,行之不力,非行之罪,皆知之者不真。须见善真如好好色,见恶真如恶恶臭,然后为知之至,而行之力,即便在其中矣。"(《宋元学案·北溪学案》)王夫之提出了"知行始终不相离",但不是强调道德实践中的知行合一,而是说,知从行中来,二者相互包含,知中有行,行中亦有知。"盖云知行者,致知、力行之谓也。唯其为致知、力行,故功可得而分,则可立先后之序,而先后又互相为成。则緣知而知所行,緣行而行则知之,亦可云并进而有功。"(《读四书大全说·卷四》)

　　从中西方对于道德知行观的研究路径我们很容易发现,中国哲学强调天人相合,因此其哲学思想往往将人与宇宙视为一物,因而没有将人与人之外的物相区分,又加之,中国传统社会的小农经济与血缘政治的特点,中国哲学往往与伦理学密不可分,它关注的是人们如何成为一个顶天立地的、以德配天的君子。但由于时代与阶级的局限性,其思想最终只能流于一种为统治阶级统治辩护的道德修养观,要求人民服从先验之道德法则,潜心静养。而西方则将人从宇宙中抽离出来,从天人相分的角度,突出人的价值与意义,且认为:"人是自然的产物,但他又在创造自然"[①]。所以西方哲学总是与当时的物理、数学等实验科学研究相联系,是用科学的方法认识一切问题,坚持的是理性主义与科学主义的认识路线。而中国哲学重在改造人本身,用方克立先生的话说:"中国历史上的唯物主义知行观反对唯心主义知行观、辩证法知行观反对形而上学知行观的斗争经验,对于建立和发展具有中国作风和中国气派的辩证唯物主义认识论学说是必不可少的"[②]。通过对中西传统道德知行观的梳理,我们发现,尽管中西哲学在道德知行观上存在明显

---

① 朱德生,冒从虎,雷永生.西方认识论史纲[M].南京:江苏人民出版社,1983:8.
② 方克立.中国哲学史上的知行观[M].北京:人民出版社,1982:301.

不同,也各有其研究特点,但它们都是不完善的,这主要体现在:

第一,中国传统的道德知行观强调道德知行合一、知在行先等,但道德的最终归宿为如何实现自身的道德修养,重视个人品格的养成方式。正如焦国成教授所指出的,中国人从来就有"为己"意识,"中国古代的以应当为实质内容的思维,是'为己'的而非'为人'的思维。所谓'为己',是指所思维的应当首先是为自己立法,而不是为人立法"①。而且总是通过向内求的"内省"方式,将道德的实践性特征抛掷一边。而道德必须在社会实践中才能加以实现,但强调"为仁由己""向内做功"的中国传统道德,实际上是一种脱离了社会实践抽象的认识与把握世界的思维方式与行为方式。

第二,西方传统的道德知行观,有的太过重视道德认知对于道德行为的意义,比如苏格拉底"没有人故意为恶";有的过分重视理性思维对于道德行为的意义;有的又将道德认知与道德行为截然分开,比如休谟难题的提出,"事实何以应该",有的则在主观思维中实现道德的知行合一,比如康德的"理性为自己立法",认为自己制定、认可的规范,自己一定能够遵守;黑格尔之后以至现代西方,其哲学思想要么需要超越黑格尔,要么需要沿着黑格尔的道路继续深入下去,但最终走向了非理性……这些思想都忽视了道德由知到行的环节,将道德认知与道德行为看成相互孤立的主体,或者说西方哲学在知行的关系问题上,往往从认识论角度思考问题,而很少谈论认识和行为的统一问题。西方传统伦理割裂了理性与经验、认知与行为的统一,或者最终走向了怀疑论,或者如同康德一样,需要借助上帝的力量才能得以实现。②

马克思主义哲学在对待知行观的问题上坚持辩证法和唯物论的特点,"即把唯物又辩证的观点应用于认识的过程和发展,关于认识的发展过程,

①　焦国成.中国古代人我关系论[M].北京:中国人民大学出版社,1991:243.

②　美国现代哲学家约翰·杜威的《对确定性的寻求——关于知行关系的研究》,比较系统地考察了传统西方的道德知行观。他认为西方的道德知行观偏重理论理性的探讨,往往将知与行分开探讨,只注重观念世界的哲学探讨,不关心现实世界中人们实际的行为。他们认为现实的行为世界和人的经验、个体性等相关,因此,表现不确定,只有在观念世界中,才有确定性可言。

马克思恩格斯在谈到政治经济学的研究方法和一般的科学研究方法时已有所涉及,但尚未作出明确而又系统的概括,列宁在总结前人的经验和成果的基础上,提出了从生动的直观到抽象的思维,并从抽象的思维到实践是认识真理、认识客观实在的辩证途径"①。尽管马克思没有直接谈及关于知和行的问题,但其认识论思想,在一定程度上就是对于中国传统的知行观的具体表述。他还认为:"人的思维是否具有客观的真理性,不是一个理论问题,而是一个实践的问题"②,"哲学家只是用不同的方式解释世界,问题在于改变世界"③。在对待认识和实践的关系问题上,马克思始终坚持着实践和革命的观点。具体到伦理思想上,尤其是马克思主义伦理学在对待道德知行观的问题上,其将知—情—意—行统一起来。坚持用历史唯物主义的观点,在一定的社会物质生活条件下,认识道德的本质及其意义。在道德认识与道德行为的研究方面,马克思主义揭示了道德认识与道德行为的特点及其形成规律,旨在根据人们的道德认识与道德行为的规律进行道德教育和修养,最终提高人类社会的道德水平。

---

① 黄辉.论毛泽东知行观对中国传统知行观的扬弃与发展［J］.中国井冈山干部学院学报,2013(3).

② 马克思恩格斯选集:第 1 卷[M].北京:人民出版社,1995:16.

③ 同上,1995:57.

# 第 2 章　德性之知与道德践履

## 2.1　"善之体悟":道德认知解析

道德无论以规范形式出现,还是以内在品性形式发挥作用,它都需要通过道德主体外显的实践行为加以实现。而道德主体的行为实践需要一定的认知,即在一定道德认知的基础上,结合道德意志、情感等因素,通过主动地对自己与他人的行为有一定的认知,在道德行为中加以表现。但这种认知不是单纯地认识道德现象、机械学习知识,它需要主体自觉的理解、判断、诠释,道德认知是主体的一种精神与气质。在道德认知中,还有对道德知识的理解与把握,具体指:"对有关道德领域中各种直接经验和间接经验及其活动过程的了解和认知。是人们在社会实践中对道德关系和道德生活的理性反映和经验积累,以及对行为及其社会价值的总结和概括。大体包括:关于社会道德理论和道德实践中一切有关问题的知识;有关说明或表述各种道德现象或道德观点的概念、术语等含义的知识等。是人们道德认识的重要内容,也是人们形成道德意识的重要基础"①。一个人要具有德性,首先需要树立正确的道德认知。"从善的选择,从知善到行善,道德认识展开于道德领域的各个方面。当我们在真与善、知与行等关系上对善如何可能做进一步考察

① 冯契.哲学大辞典:修订本[Z].上海:上海辞书出版社,2001:237.

时,道德认识便成为不能不关注的问题。"①而道德认识(知)的过程,很重要的就是对于善恶的分辨。那么实现道德的知行合一,成为一个有德性的人,需要认知哪些内容呢?

### 2.1.1  认识与道德认知

#### 2.1.1.1  认识与认知

"认识是人脑在实践基础上对客观事物的能动反映,是意识的表现形式之一。"②"认识论是研究人类认识的本质、来源及其发展规律的哲学理论,是哲学体系中的一个重要组成部分,其研究的主要内容包括认识的本质、结构、认识与客观实在的关系;认识的前提和基础,认识发生、发展的过程及其规律;认识的真理性及其标准等等"③。在《现代汉语词典》中,认识的含义有二,一是相识、认得,一是人脑对客观事物的反映。近代行为主义学派认为,认识主要指主体对外界刺激所产生的反映。即认识发生的原因,一方面源于主体自身的需要,一方面源于外界对主体的刺激性反映。建构主义认为认识并非来源于外界,是源于主体自身的一种建构。"主体以自我原有的知识对外界进行解释与理解的过程就是认识,知识是认知主体积极建构的,主体在人际互动中通过社会性的协商进行知识的社会建构。"④总之,"认识"一词有两个词性,一为动词词性,一为名词词性。作为动词的"认识"是指对客观事物及其规律的一种能动的反映过程,作为名词的"认识"则标示着认识之全部过程。从认识的内容上看,认识具有广义和狭义之分,狭义的认识主要就是一种人理智的认知活动。从以上的解释我们可以看出,认识论是一种反映

---

① 杨国荣. 伦理与存在——道德哲学研究[M].北京:北京大学出版社,2001:17.

② 冯契. 哲学大辞典[Z]修订本.上海:上海辞书出版社,2001:1191.

③ 同上,1192.

④ 吴瑾菁. 道德认识论[M].北京:社会科学文献出版社,2011:82.

论,是对客观事物的一种感觉的、能动的反映。

"认知:从知觉到推理的一切过程;信息处理过程;认知主要是指思维。"①
"认知,英文 cognition,即认识,在现代心理学中通常译作认知,指人类认识客观事物,获得知识的活动。包括知觉、记忆、学习、言语、思维和问题解决等过程。"②人的认知结构广义地说,"是某一学习者的观念的全部内容和组织;狭义地说,它是学习者在某一特殊知识领域内的观念的内容和组织"③。主要有如下三个变量:其一,认知者本身固有的知识结构;其二,认知者本身固有的知识结构与新的认知内容的相关性;其三,固有知识的稳定性。在《心理学大词典》中,"认知,有广狭两种含义。广义的认知与认识是同一概念,是人脑反映客观事物的特性与联系、并揭露事物对人的意义与作用的心理活动。狭义的认知是指记忆过程中的一个环节,又叫再认,指过去感知过的事物在当前重新出现时仍能认识"④。《认知心理学》中的认知是:"Cognition touches all parts of the perceptual, memory, and thinking processes and is a prominent character-istic of all people."⑤大意是说,认知是指知觉、记忆和思考的全过程,是所有人的突出特点。也有人认为:"'认知'是近几十年来由心理学家提出的一个描述人的认识能力的新概念。它有广义和狭义之分,当从广义的角度使用'认知'这个概念时,其含义与'智力'的含义等同;当从狭义的角度使用时,其含义与'思维'等同……'认知'——认识与知识,它既包括了一种动态性的加工过程(认识),也包含了一种静态性的内容结构(知识)……'认知'具体是指那些能使主体获得知识和解决问题的操作和能力。"⑥综合上述,关于

① 冯契. 哲学大辞典[Z]修订本. 上海:上海辞书出版社,2001:1195.

② 辞海编辑委员会. 辞海[Z]. 上海:上海辞书出版社,1989:1004-1005.

③ 曾钊新. 道德认知[M]. 长沙:湖南人民出版社,2008:97.

④ 朱智贤. 心理学大词典[Z]. 北京:北京师范大学出版社,1989:536.

⑤ 罗伯特·索尔索,金伯利·麦克林,奥托·麦克林. 认知心理学[M]. 北京:北京大学出版社,2005:2.

⑥ 陈英和. 认知发展心理学[M]. 杭州:浙江人民出版社,1996:2-3.

认知的含义,我们可以得出,认知是主体通过理智,对在实践中所感受的现象进行更深层的加工、理解、消化吸收甚至创造的过程,它也是一个由感性认识到理性认知的升华过程,而且无论是感性认识还是理性认识,都统一于人的实践过程中。

总之,认识与认知两个概念是能够通用的。只是认知更强调了人思维对于行为的意义,属于人的理智活动范围,或者说,认知是人的理性活动,是一种类的特有活动。"人是唯一意识到自己生存问题的动物,对他来说,自己的生存是他无法逃避而必须加以解决的大事。他不可能退回到人类以前的那种与自然和谐共存的状态,他必须优先发展自己的理性,使自己成为自然和自身的主人。"[①]认识则更侧重于人脑对于客观事物的反映,但二者都有反映论的意味在里面。本书主要采取了道德认知这个概念,因为在道德知行合一的论证中,我们突出的是人们的道德心理与道德行为的统一,强调人的心理活动对于行为的意义。而且在西方,knowing,cognitive 都有认知、认识、知识的含义,道德认知与道德认识都用 moral cognition 表示,所以,本书不会对道德认知与道德认识进行区分,而是在同一含义里使用。

### 2.1.1.2　道德认知的概念及特征

首先,"知"有两层含义。

一种"是关于对象、事物、关系的知识。这种知识包括关于自然、社会和人自身的知识"[②]。它们相当于对事实或者实然事物的认知,是关于"是什么"的知识。事实上,任何一种行为,都是复杂关系的综合。它常常是在与外界发生作用的过程中,作为一种社会行为来实现自身目的的。而社会生活内容丰富,主体人只有具备一定的生活知识才有可能产生道德行为。因此,这种知识是一种对客观事实、社会环境的认知。

---

①　弗洛姆. 人的潜能与价值[M]. 北京:华夏出版社,1987:104.
②　罗国杰. 伦理学[M]. 北京:人民出版社,1989:389.

一种是"作为道德行为的'知'"①。这种认知,包括对道德规范的认知、道德价值的认知以及自我认知。它们是对于"应然"事物的认知,属于一种应然的知识。这种关于应然的"知"不同于关于事实的"知",关于"应然"的"知",是一种价值认知,是主体对于客体效用的认知。②具体到道德领域,任何道德行为,都是对于应然的认知,即都是主体在一定的道德原则指导下,按照特定的道德规范,对于自我行为应该如何的认知。这对于指导与约束自我特殊行为,将自我特殊性与普遍性相连接,并使之上升为一种普遍性行为,从而具有道德价值。总之,相对于关于事实的认知,关于道德的认知,主要是一种该怎么样的认知,是一种对于善的知。

本书的"知",一方面是对社会环境、客观环境的认识与把握;另一方面主要是指道德的理性因素对于现实的道德规范、价值以及自我道德的认知,涉及道德的意识领域,是主体认知的能动性与精神气质。如有的学者认为:"道德认知,是指个体在原有的道德知识的基础上,对道德范例的刺激产生效应感应,而获取道德新知的心理活动过程"③;有的学者认为:"道德认知是对道德的知识性把握,是通过智力活动过程获得道德知识的一种方式"④;有的学者认为:"道德认知又称为道德认识,是人们对社会道德现象、行为准则及其意义的认知,即在人的道德意识中反映或观念地再现道德现象的过程。道德认知过程包括道德感知的过程;道德印象的获得、道德概念及道德观的形成;道德信念的产生;道德评价和道德判断能力的发展;对道德行为的推测与判断等等"⑤;有的学者认为:"个体的道德认知也可称为个体道德认识。从认识论上讲,它是指道德自我对一定的道德规范及其所蕴含的道德必然性合道德规律的认识,是对人类生活中的道德事实和道德现象的个体性把

---

① 罗国杰.伦理学[M].北京:人民出版社,1989:389.
② 王海明.伦理学原理:第三版[M].北京:北京大学出版社,2009:19-27.
③ 曾钊新.道德认知[M].长沙:湖南人民出版社,2008:97.
④ 吴瑾菁.道德认识论[M].北京:社会科学文献出版社,2011:166.
⑤ 易法建.论道德认知[J].求索,1998(3).

握。也包含个体对自己人生目的、人生道路及其人生价值的认可与确定。"①
这里的认知把握,还包括在原有知识基础上的重新理解,从而获得新知、创
造新知的过程。有的学者认为:"道德认知,即健全的道德理性,可称为实践
理性,其形式来源于先天的知性范畴,其质料来源于后天的实践活动。实践
理性作为一种能力充分体现在道德认知、道德判断、道德推理和道德选择
中。只有对道德事实和道德原则与规范进行确认才能对它们进行善恶判断,
继而对可能的道德行动所产生的伦理意义进行逻辑推论,最后解决该与不
该做的问题。"②这种观点是在道德知行合一的意义上来界定道德认知的,即
道德认知应具备哪些因素才有可能转化为人的道德行为。具体包括:事实认
知、道德判断、道德推理以及道德判断。还有学者认为:"道德认识就是在一
定社会历史条件下的现实的人,以自身道德实践活动获得的感性体悟及知
识经验,并在大脑中形成的观念反映形式的过程及结果的通称。道德认识既
是事实认知过程,又是价值评价过程;既是认识的过程,又是认识的结果;既
是关于道德的认识,也是关于道德的活动。"③以上几种观点都比较具有代表
性,但本书更倾向于从道德知行合一的角度来分析主体人在道德认知阶段,
需要具备哪些能力,才可能将其认知活动转化为实践活动,实现道德的知行
合一。因此,"道德认知也称为道德认识,是个体对客观存在的道德现象及其
规律的一种反映。道德认知包括认识自我、认识社会生活、学习传统、认知规
范等……道德认知借助于社会的力量和教育,把握道德概念,理解道德规
范,提高道德判断,增强道德情感,不断丰富完善自身的道德理性"④。这一概
念,是值得我们认同的。

　　我们需要指出的是:第一,这里的道德认知主要是指具有经验色彩的

①　魏英敏. 新伦理学教程[M]. 北京:北京大学出版社,2012:298.
②　晏辉. 论作为整体伦理之危机:上[J]. 探索与争鸣,2012(5).
③　吴瑾菁. 道德认识论[M]. 北京:社会科学文献出版社,2011:82.
④　秦树理. 公民道德导论[M]. 郑州:郑州大学出版社,2008:20.

知,但也并不排斥一定的先验认识;第二,道德认知一定是对于道德规范、道德环境、道德价值以及自我道德正确的道德认识、理解与认同。主要有两个标准,其一,与社会基本认同的价值标准一致;其二,逻辑上自洽并具有一定超越性。同时,在道德认知中,不会一般地提及性格、情感等非理性因素,即便会提及人的性格、人的情感对于认识的意义,在终极意义上,正确的道德认知也应该排除人的非理性因素,而且我们此时讨论的是一种理性的道德认知,正如:"认识的阶段,既属于理智活动的阶段,没有参入主体自身的意志力,又属于价值判断的阶段,目的是为以后的意志活动、价值选择奠定基础"①。

其次,道德认知具有以下特征。

第一,一般认知和智商是正相关关系,即智商高,往往认识水平就较高,反之,智商低,往往认识水平就较低。但在道德领域,一个人的智商却往往与其道德认知水平没有直接的关系。比如,一个科学家的认识水平和理论水平很高,但其在道德认知方面或者在道德方面的水平并不能够达到高水平。实际上,道德认知最终需要指向人的道德行为,但人的道德知识的多寡,并不代表人的道德认知水平的高低,亦不代表人走向道德行为的可能性大小,即智商高,认识水平高,不等于道德实践能力高,道德品质高尚。而就日常的认识而言,往往是高智商的人,所掌握的知识越多,越容易在实际生活中发挥并体现其个人价值。

第二,道德认知以伦理关系中的秩序、"应当"为认识对象。道德从根本上看,是建立在人与自然、人与社会的价值中,关涉善恶的价值系统,它追求"善"的确证,往往关心主体行为正当与否。比如,在父子关系中,儿子是否孝顺长辈;在朋友关系中,朋友是否有信等。而一般的认知,更倾向于对于"真"的把握。比如,自然科学以物之理为认识对象,数学是以数之间的关系为认知之理,它们增进知识的方式可以用逻辑推理或者理智的方式。而且道德认

---

① 夏伟东.道德本质论[M].北京,中国人民大学出版社,1991:137.

知所揭示的是人情之理。①实际上,它所指的是由道德知走向道德行的过程中,人的情感对于知行合一的意义。

第三,道德认知与一般认识的不同在于与认识主体的关系不同。一般性认识,其认识的对象是外在于人的,其追求的是客观事物的规律及实质,即便其认识的对象包括人自己,也是将自己当成客观的事物对待。而且,认知的结果越是排斥掉人的主观干扰,就越是接近真理。而道德认知却将认知主体与认识过程融为一体,是主体人将人本身以及人与人之间的关系作为最主要的认识对象。比如,道德认知中对于自我道德的认知,是能够不断地反省自身的存在与其行为的,而且在自我的诠释中,能够真正尊重和理解他人。如"君子之学也,入乎耳,箸乎心,布乎四体,形乎动静。端而言,蠕而动,一可以为法则。小人之学也,入乎耳,出乎口,口耳之间则四寸耳……"(《荀子·劝学》)也就是说,道德认知成就的是君子人格,是与人本身相关联的。"真正的道德认识是与道德认识主体本身联系在一起的,是道德主体自身的体认、认同,是道德主体自身对所获得的道德认识的内心向往。"②即道德认知的过程是需要主体参与其中,并能够在实践中不断丰富自身的过程。

第四,在道德认知中,主体人和作为客体的认识对象,是可以相互转化的。"在认识活动中,主体与客体构成了关系的范畴。就关系而言,关系的双方始终是双向的,主体的认知兴趣被客体所调动,客体提供主体所需的信息与资料,这是主客体关系的主要内涵。道德认识活动中,客体不仅以此种方式主动地活动着,并且在认识活动中,以自己的活动获得了主体的身份。"③但是一般的认识,比如科学认识活动,主体人和客体对象是不大可能发生互换的。"在任何情况下,认识的主体就其本身而言,不会变成(原则上不可能

① 吴瑾菁.道德认识论[M].北京:社会科学文献出版社,2011:2.焦国成教授为其写的序中写到道德认识与一般认识的区别在于二者认识的对象不同。伦理学认识的是情理,而一般性的认识常常只是理智的活动,不涉及人的情感,常常用逻辑推理等方法就能增进人的认识。

② 吴瑾菁.道德认识论[M].北京:社会科学文献出版社,2011:3.

③ 同上,2011:81.

成为)自然科学研究的对象。"①另一方面,道德认知的对象是活动的、客观存在的主体性的人;而科学、自然等的认识对象相对比较固定,是没有主动性的纯粹客体。

第五,道德认知最终要转化为道德行为。如果某种道德认知在现实中不能实现,其存在的可能性就很小,而且会随着时间的推移逐渐淡出人们的视线。比如,我们倡导一种价值观的前提在于这种价值观能够得到多数人的认可,并且经过科学和事实证明,具有操作性,能够成为一种大众化的价值选择,此时我们认为它具有转化为行为的条件,因而可以倡导之;然而如果一种价值观经过实践检验和证明,只对极个别人具有一定的指导意义,那么它实现大众化的可能性就会大打折扣,对于这种价值观的倡导就应该适可而止,甚至终止。因为它不易操作,如果硬要坚持其存在的价值,势必会造成一种负面的影响,久而久之,不仅让民众反感,而且会成为一种大而空的口号永远停留在空想中。所以对于道德认知而言,要保证其有效性和持续性,需要具备转化成行为的条件,如果没有可转化性,这种认知就会淡出人们的视线,然而如果是对于科学认识来说,它一旦形成,往往就具备一定的前瞻性和引导性,而且会在一定时期和范围内成为新发现的基础。

### 2.1.1.3 道德认知的功能

第一,道德认知具有整合功能。道德认知主体能够对新进入的道德认知进行内部的调整,从而实现道德认知的突破。基于人类认识的承接性,旧有的知识容易成为新知的统摄基础并最终获得新知。而且,道德认知主体总是与外界的环境、场景、行为等互动,这会促进新知的不断形成,而将错误的知识排除在认识的系统之外。此外,人的道德认知从根本上来说,来源于人的道德实践,道德实践一方面以间接经验作用于主体人的大脑;一方面以个体

---

① 吴瑾菁.道德认识论[M].北京:社会科学文献出版社,2011:81.

自身的道德经验影响自身的行为实践。无论是何种方式，对于道德认知而言，它都能通过实践—认识—再实践等方式叠加和整合自身的道德认知，从而不断提升自身的道德认知水平和认知能力。

第二，道德认知具有行为定向功能。道德认知对于行为而言，主要是行为前的心理准备，行为过程中的道德判断与选择。"道德认知与行为定向的关系首先表现为知与行的关系。"[①]任何行为都是一定思想观念支配下的行为。对道德行为而言，其思想观念主要取决于个体道德知识和观念中道德范例的"暗示"。个体头脑中已有的道德知识储备愈丰富，行为就愈合乎道德，道德认知也容易形成思维定势、思维惯性及其良心，从而指导道德行为的发生。且在道德认知过程中，能够成为主体认知对象的事物或者关系，是与道德认知主体的选择有关系的。

第三，道德认知能够促进道德自我的形成。道德自我是个体意识到自己的道德性存在，这与个体的道德意识与个体道德认知的形成有关。在儿童期，人们只是被动地接受规范，对外在的行为评价也往往是感性和零碎的，还处于他律阶段。但随着个体道德知识的丰富，并最终上升到自身的认识时，此时主体的道德选择与评价就是根据已经得到自己内化了的"道德律令"而进行的自律性行为。因此，道德认知对于道德自我而言，是一种由外在向内在转化的途径。当然，道德自我的形成也会反过来作用于道德认知，从而促进新的道德认知的形成。

第四，道德认知具有创造的功能。这里的创造不是对于现实的创造，而是人头脑中观念的再造和创新。道德创造属于道德认知的最高阶段，是指在行动中，主体应用自身固有的认知图景和认知模式，在实践的基础上，通过对特定认知对象的判断、推理，创造性地（主要是对于道德规范的创造）通过合理应用和发现规范促使道德行为的发生。它反映了道德认知的价值性特征。

---

① 曾钊新.道德认知[M].长沙:湖南人民出版社,2008:97.

## 2.1.2  道德认知五要素

### 2.1.2.1  实然认识

道德认知无非包含对于事(实然)与理(应然)两方面的内容。了解了这两方面的内容,我们才能按照这个"蓝图"去行为,去实践。它是使人成为道德的人、高尚的人的知性基础。具体而言,实然,就是现实中主体的认识对象,是对"真"的反映。在现实生活中,必须在"真"的基础上,才会涉及善的问题。具体包括:关于现存社会环境的认知、主体自己和他人需要什么的认知等,是对客观事实必然性规律的正确认知。

这种对客观环境的认识,是道德认知的前提,它决定着对道德的应然认识。在实际生活中,每个人所处的环境与社会关系各异,在行为过程中,其行为得以展开的客观环境也是变动不羁的,因此,对于个体而言,要选择适当、合理的行为方式,仅仅掌握一些道德规范是不够的,因为规范不能穷尽所有的道德境遇,情景是具有多样性和变动性的。因此,在道德认知的因素中,认真地进行情景分析十分必要。对于具体情景的探索,实用主义者杜威和存在主义者萨特都有涉及,比如杜威特别重视具体情景对于行为的意义;而萨特强调了个体的行为选择在不同环境中的意义。情景的分析,为道德规范、原则与具体情景的联结提供了前提,并在规范与原则的引导下,告诉我们具体情景中的行为模式与行为手段。如果缺乏了对于具体情景的把握,其行为出现盲目性不可避免。比如,某人要尽孝,但如果他或她不了解具体情形,一味地按照自己的性子来行孝,也许会造成愚孝行为的发生,反倒在更深层的意义上,造成了对于长辈的伤害。因此,在道德认知中,对于具体情景的分析,是采取具体的行为模式与手段的重要过程。具体情景的认知,还需要考虑实际的条件和实际的能力。比如在一般情况下,我们不应该鼓励自我保护能力、自我认知能力、自我判断能力不足的儿童等通过奋不顾身的方式作出善举。又如,我们在资助贫困地区的时候,应该对受助者产生一定的道德启迪作用,而不是一味地援以物资,应该根据地区的实际情况,因地制宜地提供一些增强贫困地区自己创造财富与创造幸福的能力。

### 2.1.2.2　应然认识

孟子认为:"知,谓识其事之所当然。"(《孟子集论·万章上》)道德的应然认识,就是道德认知的主体内容,是推动道德行为的一种实践精神。只有认识了道德的这种规范性,道德对于社会与自我的价值才会真正的实现。"道德认知与其说是单纯的概念性理解,不如说是对社会伦理秩序的合理性把握以及对道德规范的逻辑性推理。"①

#### 2.1.2.2.1　道德规范的认识

"规"即规则,"范"即范导,意为标准与向导。在现实生活中,最常见的有道德规范、政治规范、经济规范等,其本质是人制定准则时形式的主观性与内容的客观性之统一。具体到道德规范,它作为一种人们行为的范导,经历了图腾、禁忌、风俗等形式,但道德规范无论以哪种形式出现,一方面约束着人类的行为,一方面又指导着人类的行为。但从在原始的图腾和禁忌中体现的道德规范,反映的却是实实在在的具体的生活,从这个角度来说,道德规范就是生活具体性的体现,具有客观性。对于道德认知活动而言,如果没有对道德规范的认识及理解,如果没有经过道德主体的道德判断等,那么道德永远只会处于他律阶段,这时的道德对人而言只能是一种约束与限制。

"一切的道德都是一个包括许多规则的系统,而一切道德的实质就在于人学会去遵守这些规则。"②道德往往是通过规范表现出来的,它规定行为善恶的准则。但道德规范本身的意义,并不在于对行为的限制,它实际上是通

---

① 俞世伟,白燕.规范·德性·德行——动态伦理道德体系的实践性研究[M].北京:商务印书馆,2009:107.

② 皮亚杰.儿童的道德判断[M].傅统先,等译.济南:山东教育出版社,1984:1.

过对行为的引导实现其价值。也就是说,它规定了何者是应该的,何者是善,何者为恶。所以我们首先涉及对善恶的认知与理解。

"天真无邪当然是荣耀的,不过也很不幸,因为它难以保持自身,并易于被引诱而走上邪路。正因为如此,智慧——它本意是行动更多于知识——也需要科学,不是因为它能教导什么,而是为了使自己的规范更易为人们所接受和保持得更长久。"①在日常生活中,只有具备一定的善恶认知能力,对道德规范有充足的把握,才能在实践中保持行为的应当与适当。道德认知是实然认知与应然认知的统一体,作为道德主体,首先应具备的是,能够通过分析客观事实,从中发现道德价值,并形成自身的道德观念,从而践行道德。有了善恶认知之后,以规范形式存在的,判断善恶具体形态的道德规范也是应然认知中的重要组成部分。而且道德规范往往包含着对于道德概念的解释、道德范畴的界定等陈述,因此认知规范就交织着对于道德的较为完整的把握。

道德规范是社会发展客观要求与人的主观认知的统一。"人们按照自己的物质生产的发展建立相应的社会关系,正是这些人又按照自己的社会关系创造了相应的原理、观念和范畴"。②也就是说,道德规范,一方面应该体现社会关系中的某种客观要求,另一方面又应该是凝聚了人们主观意志的产物。那么什么样的规范是正确的?"完全按照个人所向往的,或符合他的利益的东西来确定什么是正当的或善良的,这并不代表道德观点。"③实际上,道德规范本身是历史的、具体的。不同的伦理学派对规范有不同的理解。比如,功利主义认为,规范是合乎功利原则的;道义论则认为,规范应该是出于义务的。这里,我们应该明确道德规范形成的前提是对于价值的认定与人的需要的关系的把握。

事实上,真正的规范应该是被理性所接受和理解的,并且要遵循以下三

---

①　康德. 道德形而上学原理[M]. 苗力田译. 上海:上海人民出版社,2005:21.

②　马克思恩格斯全集:第 4 卷[M]. 北京:人民出版社,1953:144.

③　威廉·K.弗兰克纳. 善的求索[M]. 黄伟合,包连宗,马莉,译. 沈阳:辽宁人民出版社,1987:13.

个规则:一是"'历史积淀的社会道德要求',是千百年来逐步积淀起来的维持现有生产力状况的道德准则,它反映的是社会公共生活中人们最基本的共同利益,因而是一个合格的社会成员在道德上的起码标准和一般要求"①。这种社会发展中,最简单最基本的公共领域中的规则,应该是具有历史继承性的,也具有一定的普遍性。也就是说,对于社会良序的形成具有现实意义。在一定程度上,它是在历史中形成的社会共识,是对普遍化的社会交往关系的确认。

　　二是现实所要求的,符合社会发展趋势的,是"'现实新增的社会道德要求',是从现实社会提炼出来的,适合现有生产力状况和生产力未来发展趋势的道德要求,它反映的是生活于特定社会发展阶段中的人们的最根本的共同利益,是该社会每一个有道德的人在道德判断中采纳的最主要标准"②。此标准可以被看作标准的标准。在现实生活中,尤其是社会变革与转型期,人们对于道德状况的认识往往比较悲观,甚至是绝望的,因为人们总是用旧的标准来衡量现存的事物,而传统的标准也是受到挑战的。一般地说,"从整个社会历史的高度看,一套特殊的道德体系、道德标准是否合理,就要从它的'根'上查起,首先看它所依据和维护的'实际关系'是否合理、有生命力;然后看它的实际效果,即是否能够反映和维护合理先进的'实际关系'。因此,这个'元道德标准'最终就是指'道德进步的历史标准',即产生和造就具体道德形态的那个根据——人们的生产、生活方式及其条件和需要等本身,同时,它也是衡量道德形态的标准"③。因此,新增的、符合社会发展的道德要求,应该成为指导人们道德行为选择的主要标准。"道德准则的提出应该有现实的合理的根据,道德准则来源于人类社会的道德生活,这就要求道德准则必须真实地反映社会生活……道德准则的立论应该以正确估价已有的道

---

① ② 曾钊新.道德认知[M].长沙:湖南人民出版社,2008:132.

③ 李德顺,孙伟平.道德价值论[M].昆明:云南人民出版社,2005:25.

德状况为基础"①。

三是"'先达的社会道德要求',体现的是社会生活中人们最长远的共同利益,因而是社会中具有高尚道德修养的人在判断中参照的最高标准"②。道德具有层次性,我们不能要求每一个人都成为圣人、完人,但是我们可以以他们为参照,努力使自己变得更加道德化,并为大众所认可,从而与自由精神相符合。

四是基于人的生存需要和全面发展。"道德领域中的价值认定的对象首先涉及社会化的存在,当某种社会形态、制度被认为合乎人的需要时,它往往便被赋予正面的价值(善),反之,如果一种制度被认为反乎人性,则常常成为否定的对象(恶)。"③也就是说,人们支持或者批评一项政策抑或规范的缘由,在于对对象性质以及人的需要的判定。比如快乐主义认为,善即感性欲望的满足等。又如,对葛朗台讲集体主义应该是行不通的,但是如果讲合理的利益主义或者利己主义的合理性,他应该是能够静心接受的。此外,道德规范不能离开具体的生存条件和社会发展的基础而自行设计,应该着眼于现实的人的素质的提高。也就是说,道德规范应该符合人性的发展,不能反人性。"要以是否适合生产力、生产关系的状况和发展要求,从而最终有助于人的彻底解放、有助于社会进步和全面发展的意义和作用为标准,来衡量、判断一切道德。最终有利于解放和发展生产力,最终有利于促成和维护与生产力发展相适应的生产关系,最终有利于人的解放和发展自己的生命潜力、实现人自身和各种社会关系的完善,最终有利于社会进步和全面发展等等,具有这种性质和作用的道德,才是先进、合理的道德;反之,则是应该抛弃或改变的道德,包括它的观念和标准。这就意味着,道德标准不能只停

---

① 时羽,梅子.道德建设新论——八十八位知名学者党政领导纵论新时期道德理论和实践[M].北京:中共中央党校出版社.1996:292.

② 曾钊新.道德认知[M].长沙:湖南人民出版社,2008:132.

③ 杨国荣.伦理与存在——道德哲学研究[M].北京:北京大学出版社,2001:185.

留在脑子里,对道德理想、原则、观念,也要拿到现实、实践中去检验,看它是否符合实际,是否符合实践和社会发展的规律"①。

五是与现实环境的相容性。如果道德与现实环境不可容,那么不凭借外在的强制力,人们是难以接受某种规范的。但道德若与环境相融,那么我们就可以利用环境对道德产生影响。我们要处理好道德与现实政治的关系,损害统治者利益的道德在现实中缺乏实现的根据。当道德与风俗习惯一致时,道德也会具有现实的发言权。当然,我们不是让道德一味地适应环境,有时也需要通过一定的手段改变不合理的环境。比如,在一种不讲道德的环境中,让道德适应环境是不能想象的。

总之,规范作为普遍的、一般的道德要求,告诉我们应该怎样做。在现实生活中,我们判断道德与否的标准,也往往是依据"一定道德体系本身固有的标准"②。即依据具体时期的道德原则、规范以及理想目标等,凡是符合标准的人与事,就是好的;反之,为恶。一套合理的标准,越是能够得到民众的支持、理解、亲近甚至奉行,这套标准就越能影响人们的生活。"道德标准解决的是在一个既定的社会和道德形态中如何进行评价的问题,它是针对道德在一定'质'的范围内'量变'的评价标准,并不回答'质变'如何评价的问题。"③比如,封建时代,人们对于尊卑贵贱的认识,对于当时社会秩序的稳定,是有利的,越是秩序分明,民众愈发觉得风气纯善;反之,民众会认为世风日下。但若将封建社会的这种秩序规范要求,顺延至现代社会的秩序稳定中,显然是行不通的,会被冠以不道德的称号。因而,道德规范作为社会和主体人共同的客观要求,在从图腾、禁忌又发展为较高一级原则的过程中,体现了群体的共生性。因此,认知规范就应该明晰他律与自律的统一性、命令与适用的统一性,不能简单地把道德规范理解为一种对人的命令或束缚人

---

① 李德顺,孙伟平. 道德价值论[M]. 昆明:云南人民出版社,2005:25.

② 同上,2005:23.

③ 同上,2005:24.

的事物。道德规范与其他社会规范不同,在整个规范体系中,它是在应用过程中,被人们所认同、理解、接受,同时对自身与社会行为产生的一种思考。在实际的应用中,道德规范往往是与特定的道德体系密切相关的,因此认知不同层次的道德规范对于人的行为具有重要意义。而且"如果不诉诸个人的主动意识,就没有任何道德规范可言;如果不强调人们的内在精神,道德规范就会变成伪善和暴政"①。道德规范不应该是外在于人的被动的东西,而必须是突出强调行为者的主动性和积极性的。但并不是任何规范都是必要的。只有那些符合人类根本利益的规范,才是我们应该加以遵守的。

### 2.1.2.2.2　道德价值的认识

价值一词,在哲学、经济学领域,都是相当重要的。但哲学意义上的价值与经济学中的价值的含义不同。"在政治经济学中的概念体系中,价值就是商品的价值。"②而哲学中的价值,拉蒙特作了几近全面的说明:"当我们把一个事物称为好或有价值时,我们是在谈这事物本身(不管它与别的事物或欣赏主体处于什么样的关系)所具有的某种性质、属性或特征呢?还是在谈据说是这事物只是处于与他事物的关系中或处于与欣赏主体的关系中或处于二者兼备的关系中时才有的特征?最后,还是在谈欣赏主体的一种心灵状态呢?"③尽管他采取了疑问的形式对价值进行了说明,但可以预见,拉蒙特几乎穷尽了价值的所有含义。哲学中的价值总与主体相联系。不同的主体,有不同的需要和目的,价值具有主体性。对于同一主体而言,价值还具有多维性、时效性,它随着主体的发展变化而发展变化。总之,正是因为价值具有属人性,所以"在具体的历史的现实生活实践中,人们对社会道德的总体状况和发展趋势、对具体道德情形的具体评价、在具体道德情景中的道德选择,总

---

① 李德顺,孙伟平.道德价值论[M].昆明:云南人民出版社,2005:78.

② 马俊峰.评价活动论[M].北京:中国人民大学出版社,1994:51.

③ W.D.拉蒙特.价值判断[M].马俊峰,等译.北京,中国人民大学出版社,1992:7.

是不尽相同的"①。因此,正确的认知道德价值,对于个体而言具有积极意义。

由于"道德价值是指一定的道德意识、道德规范和道德实践活动现象,对于个人、群体和社会所具有的积极意义和属性"②,所以,人们对于道德价值的不同理解,便会产生不同的道德价值观。对内而言,道德是一种自我肯定、实现自我发展、促进自我完善的需要;对外而言,人在调整其与社会的关系时,需要道德作为指导生活的原则。因此,一个人越是能深入地认识道德价值,就越能有价值、有尊严地活着。但有的人也将道德看作对人的限制,认为道德对于人而言是消极的存在。实际上,道德应该是人生活中的一部分,道德由己出,应该是人的一种自然而然的感觉。道德只有对于那些将其看作外在的人而言,才是异己的约束力量。而且,道德的产生是为了减少摩擦与维持秩序的,对于人类而言,是有利的。当然,任何规范,在一定意义上是对部分人的行为的限制,但这主要是因为人作为社会存在物,在不可避免的情况下发生冲突时,需要道德规范来维持秩序、分配资源。实际上,规范不仅仅体现了对于社会不允许行为的限制,同时也是对有利于社会的行为的一种鼓励与保护。

对于集体而言,道德是引导其成员积极向上的动力。在实际生活中,道德价值的实现,"是通过使人的行为按照规范进行社会调节和自我调节而得到实现的"③,因而,道德价值的规范意义对于集体行为的调节与指导具有积极意义。对于社会而言,道德作为一种实践精神,是促进社会生产力发展的不竭的动力与精神力量。

总之,对于道德价值的认识,本身蕴含着一种实践论的倾向,"人们只有通过实践才能建立价值关系,也只有在实践中才能使价值得以实现。实践作为沟通价值主体与价值客体的桥梁,使道德价值关系建立起来,人们正是在

---

① 李德顺,孙伟平. 道德价值论[M]. 昆明:云南人民出版社,2005:59.

② 安云凤. 新编现代伦理学[M]. 北京:首都师范大学出版社,2001:350.

③ 李德顺,孙伟平. 道德价值论[M]. 昆明:云南人民出版社,2005:65.

道德实践活动中,创造了有利于他人或社会的道德价值,所以,道德才成为人们以实践——精神把握世界的手段,只停留在观念层次而不付诸行动的道德意识无法体现其价值"①。

### 2.1.2.2.3 自我认知

道德认知就是对象性认知与自我认知的统一。在明晰了善恶、道德规范以及道德价值后,我们还应该对道德主体在不同境遇中的道德意识、道德品质以及践行道德的方式方法有一定认知。即能够反省与自知,能够觉察自身的道德意识与品质。一个人若是对自己一无所知,那么可以说这个人什么也不能认识。而"认识自己"也一直是人类生存发展中的一大难题。但只有认识到自身,才能将主客体区分开,因而"认识自我是人类认识的内在动力"②。那么何为"自我"呢?"'自我'是能够判断、辨别的认知主体和可以行动、作为的活动主体。"③"自我"就是现实中的个体人,但是自我又不等于与社会的分离。个体自我应该既是一种社会性的存在物,又是价值性的存在物,"自我"有着自身的特殊规定与特点。

"自我的价值特性为自我在实践——认识活动中的属性所规定。"④实际上,实践不仅创造了人的认识,而且人在实践中确证着自身。"理论只要彻底,就能说服人。所谓彻底,就是抓住事物的根本。但人的根本就是人本身。"⑤因此,认识自我,就是把人看作实践中的人,分清实践主体与实践对象。但是自我既是实践主体又是实践的客体,而价值反映的是主体与客体之间的效用关系,这就决定了自我所具有的价值性特点。

自我的价值学意义,就是自我与自我本身的关系。首先,自我的一切需

---

① 安云凤. 新编现代伦理学[M]. 北京:首都师范大学出版社,2001:352.

② 魏英敏. 新伦理学教程[M]. 北京:北京大学出版社,1993:422.

③ 李萍. 伦理学基础[M]. 北京:首都经济贸易大学出版社,2004:44.

④ 龚群. 价值自我论[M].《中国青年政治学院学报》,1995(3).

⑤ 马克思恩格斯选集:第1卷[M]. 北京:人民出版社,2012:10.

求都是作为客体的"自我"所组成的社会提供的；其次，由自我所组成的社会，又在源源不断地创造着新的自我，而且作为被需求的客体，自我又满足着由自我构成的社会的需求，即自我通过履责、义务与使命等方式，以客体的形式满足着社会的需要与需求；最后，自我的实践活动不是单纯面向外部世界的，自我也会把自己作为自我认识、自我完善与自我需求的对象，即自我内部也是主客体关系，并且这种关系总是追求着自我的一种完善与自我的实现。

但从人类的认识史来看，从自我反思到自我的存在，经历了很长的历史过程。人类能够将自身与自然界、他人区别开来，只是在生产力发展到一定阶段才得以实现。与此同时，自我对于自身的思考，也需要经历一个后天的学习过程。比如，人在学前阶段，不会意识到自我存在的意义和价值。"最盲目的服从乃是奴隶们所仅存的唯一美德。"①人一旦失去了自我的认知，自我也就不存在了。上述奴隶的存在已经不再是一种自我性质的存在，它仅仅是一种工具性的存在物。只有自我本身建立起一种主客体的关系性存在，人才是自为的、自在的存在。这里涉及了个体的自为性与为他性的关系问题。仅仅承认为他性而否认人的自为性，必然会造成对个体价值的扭曲，但仅仅承认自为性，而否认为他性，又容易陷入个人主义的自私自利，从而最终否定个人的自我性。

个人对于他人的价值以及个人对于自我的价值，分别是社会价值与自我价值的体现，社会价值是个体人的有益于他人与社会，为社会所做贡献的行为，一个人越是能够满足社会性的需要，他或者她的价值就越大；反之越小。自我价值是自身对自身的肯定或者满足关系，是个人对于自身存在意义的觉知。一方面是个体的自然物质生存，一方面是个体的自我完善的需要。自我应该认识到，只有在一定的社会关系中，个体人在对他人与社会的依靠

---

① 卢梭. 论人类不平等的起源和基础[M]. 北京：商务印书馆，1982：145.

中,才能实现自身。而自我的价值与社会的价值是统一的,因为个人的个体性需要在一定的社会条件中满足自身需要,无论需要什么,都要社会为其提供;而社会归根到底又是由无数的自我构成的,因此社会需求主体和自我需求主体应该是统一的。

在对"自我"及"自我价值"有了充分的认识后,我们需要进一步明确"自我认知"的内涵。自我认知是作为主体的自我对于作为客体的自我价值的认识与评价活动,主要包括对于自我的道德品质、道德良心等认知,这是一种反观自我道德品质与道德素养的审视活动,与此同时,自我认知还包括主体对于主体自身的生活意义以及主体自我的生命价值追求的认识活动。"如果人对自己毫无所知,就什么也不能认识;如果人不能意识到自身,就不会有主体——客体的分化,就不可能把自己的观念和现实世界,即主观与客观区分开来,而主体——客体的分化,主观——客观的区分,乃是人类智慧的真正开端。"①事实上,人在认识自我的过程中,逐渐同动物相区分,成为真正意义上的人。现实生活中,主体的自我认知往往通过内在的反省和外在的反射性评价,在自我创造的社会沟通中得到实现。

### 2.1.2.3 道德判断

道德认知过程不仅仅是认识道德规范的过程,一种心理价值观构建过程,而且是一种在诸多关系中进行认识与判断,并能实施道德选择和创造的过程。也就是说,在实际生活中,我们在有了基本的事实认知与价值认知的基础上,不存在将现实生活环境、道德情境抽离的情形。我们每一个人总是生活在具体的伦理关系中, 所以人们需要在现实的关系中, 通过个体的判断、推理来应对具体的生活实际。就是确证行为真、假、对、错的验证过程,即个人与群体行为是否符合道德,这需要对具体情境进行精准的判断。这里不

---

① 魏英敏. 新伦理学教程[M]. 北京:北京大学出版社,2012:298.

仅包括对于客观事实的陈述部分,也包括判断者自己的主观评价。正因为道德判断对现实生活中的善恶进行着某种表达,同时又规约与引导着人们的道德行为,所以在道德认知中,对于道德判断的把握显得尤其重要。人们将一系列的社会现象上升到道德理性,并成为一种正确的道德认知,需要经过对道德判断与推理的不断反复,而每一次的往复循环过程又会促使主体在道德认知水准方面实现更高层面上的重建与提升。因此,道德判断作为道德认知的一个重要环节,需要加以讨论。

"道德判断是主体根据自己已有的道德价值观念和社会道德原则及规范对自身和他人的思想观念和实践活动所进行的善恶价值的断定。"①即道德主体借助社会所认同的道德规范和道德知识,根据自身的利益、情感需求,对外在的感觉所直观到的道德现象与行为,在思维领域中所作的一种分析、评判和思考。

第一,判断的依据不是任意的,道德判断亦不同于事实判断,它属于价值判断,所以判断要依据一定的法则,即那些已内化为主体个体思想观念中的道德规范,并需要有理性的人执行。第二,道德判断并非纯粹主观活动,它以事实为出发点,是人所依赖的关系及其道德行为,反映事实的价值。道德判断是一种波浪式上升、较低阶段不断被较高阶段进行加工、整合最终形成新的道德判断的过程。

道德判断主要包括两个方面的内容,一是具体事实判断,是对实际行为本身发生与否的判定,比如,李四说张三是坏人可能是真,也可能是假的,这就需要进行具体事实的判断。一是比照规范的判断,即规范判断。它包括两方面内容,一方面是对具体行为是否合乎一般规范的判断即评判判断。比如,判断坏人的标准是什么?如果李四因为张三没有帮他说谎,就告诉别人张三是坏人,这显然是不符合规范判断的。在现实中,比如"偷盗是错误的"

---

① 黄富峰.道德思维论[M].北京:中国社会科学出版社,2003:141.

"她是诚实的人"等判断等属于评判判断。评判判断判断的是行为人的行为方式与所依据的准则,如"要平等待人""不要见利忘义"等。另一方面是定义判断,主要为道德概念作诠释与论证,往往见之于元伦理学。在日常生活中,我们用的最普遍的是评判判断与事实判断。如果能将两类判断合一,道德判断就实现了确证。可见,道德判断与事实的确证、具体情景的分析也是相关联的。

总之,道德判断作为道德认知的重要因素,能够使道德认知鲜明活跃。而且正确的道德判断,是道德情感与道德意志得以发挥意义的前提,是人道德行为普遍的理性基础。个体的道德判断水平和能力越高,道德知与行的统一性就越大,从这种判断中,我们能够更明确哪些行为更有道义,从而为道德行为的发生作好充足的准备。

但是道德判断不仅仅是一种理性判断,而且是掺杂了道德情感的,而道德情感容易使人的道德判断具有任意性。"道德判断的语境每每为情感所渲染,因而使相当多的人只根据当下的情景去选择道德语言。"①人是情感与理性的混合体,我们不能将二者截然分开,但我们也不能因为道德判断的场合和情境的可变性,就否定了道德判断内容的实在性。

### 2.1.2.4　道德推理

道德推理作为道德认知的重要构成部分,是较为高级的认知阶段。道德认知不仅是对旧有知识的加工过程,还是对新知识的学习与推理过程。因为道德认知与人的理智密切相关,所以道德推理是道德认知中必不可少的环节。②

---

① 陈根法.心灵的秩序——道德哲学理论与实践[M].上海:复旦大学出版社,1998:37.

② 吴俊与木子在《道德认知辨析及其能力养成》一文(发表于《道德与文明》,2001年第5期)中,将道德推理归纳入道德思考中,并认为"道德思考包括产生推理、道德鉴别、道德批判、道德评价等方面。它要求道德主体对面临的道德规范内容是否符合道德行为事实、是否符合道德客观规律、是否符合社会创造道德的目的等进行思考。思考中需要进行比照鉴别,需要分析评价,需要判断者有理论胆识和社会责任。道德判断中就内涵着道德的评价与推理"。也就是说,道德推理中也包含了一系列的对比、鉴别以及判断与选择,因此,道德推理、道德选择、道德判断等过程都不能截然分开。

　　道德推理是从已有的道德认识中,在实际情景中,通过一定的逻辑、比对一定的规则而在已知的善恶判断中得出应然的心理活动的过程。道德推理是在道德主体产生道德判断后,从原有判断中推理出新的判断的过程。在这个意义上而言,道德判断与道德推理是不可分割的过程。如果说,道德判断是先天条件的话,那么道德推理就是道德判断的重新调整过程。但在道德推理对于应然的追求中,也包括对于实然的认识。比如,主体对客体状态的认知属于事实判断,客体对于主体的价值是什么的认知属于价值判断,这些共同构成了推理的前提条件。

　　总之,作为道德认知较高阶段的道德推理,是道德认知走向道德行为的中间桥梁,"道德思维经过道德概念的形成,判断的整合,道德推理的完成,从而使道德主体的价值观念在道德现有的基础上,经过一系列的抽象、概括的理性制作过程,实现了向道德'应有'的跨越,为道德行为的发生准备了道德心理基地"①。即道德推理在思维中成为道德行为产生的心理因素和激发条件,在实践过程中必然成为人道德行为发生的重要影响因素。因而我们说,道德认知的实质并不是简单的作为知识而存在的学习能力,而是主体基于自身内在的一种心理结构,建构和推理创造出一种新的道德观念的过程,是能够把握真善美,并进行判断、推理与创造的深层结构,更是一种主体自身进行判断、推理、学习和再创造的过程。

### 2.1.2.5　道德创造

　　吴瑾菁教授认为,道德觉悟是道德认知的最高阶段,"主体通过道德体认获得了关于道德的知识以及对于道德知识的直观感性的认识,再通过认同阶段的选择与接受,必然要上升到第三个阶段,将认同的道德知识融会贯通,形成真正的'我'的道德认识,并能在此基础上创造性地提出新的道德知

---

① 谭中亚,曾钊新.简论道德推理[J],道德与文明,1996(4).

识"①。尽管道德觉悟一词,包含了认同、创造等众多丰富的内容,但是其最终的归宿是道德创造。

道德创造是对道德的一种新的追求,主要体现为两种,一种是主体对原有的道德规范作出创造性的理解,另一种是主体对于道德规范的改进和再创造。前一种道德创造大部分人都能够完成,但是对于整个社会而言,它没有为道德规范增添新的内容。对于普通大众而言,能够遵守规范,并能够创造性地理解规范,表明其对于原有道德规范已经吸收与理解,因而可以自觉地进行一种"自我化"的理解。可以说,此时的道德,已经融入了人的情感等非理性因素的作用,这为道德的"知"与"行"的合一,提供了内在的动力。

后一种道德创造的操作难度比较大。不仅是因为它为道德规范增添了新的内容,而且它要求创造者应具备丰富的知识积淀,能够对日常琐碎之事进行系统的总结;能够高瞻远瞩,通过其敏锐的观察力与洞察力,并应用哲学思维对社会问题进行分析,提出一套适合社会发展需要的规范与原则体系。因此,对于第二种意义上的道德创造,往往是少数圣人、大哲人抑或伟人才能达至的。无论从人类社会的发展,还是从人类社会进步的角度看,一些道德规范的提出也不是常人能够做到的。比如,所有国家政策、法规等颁布与制定,都离不开社会中一些"金头脑"与"智库"机构的作用。

## 2.2 "善之践行"——道德行为解析

"行"是与人的道德认知密切相关的行为活动。但由于人的道德认知并不等于道德接受,亦不等于人的道德行为,而"道德世界是一个行为的世界"②,人的观念通过行为构成了人本身,但人的行为不是单一的,它由很多方面构成,我们需要在研究道德知行问题之前,对行为与道德行为的概念、特点有

---

① 吴瑾菁.道德认识论[M].北京:中国社会科学出版社,2011:188.
② 阿尔汉格尔斯基.伦理学研究方法[M].北京:中国广播电视出版社,1992:246.

一个清晰的界定,将道德行为和一般性行为区分开来。

## 2.2.1　行为与道德行为

### 2.2.1.1　行为的含义及特点

"行为"有着广泛的含义,不同学科有不同的行为注解,如心理学、教育学、社会学、行为科学等领域,都在用行为一词来描述活动、变化等含义。但是当前对于行为的概念、特点等,学术界尚未达成一致的认识。《心理学大词典》中,"行为"一词的解释为:"行为,在现代心理学的用语中,是指人在主客观因素影响之下而产生的外部活动。既包括有意识的,也包括无意识的。在正常情况下,人的行为一般是有意识的"[1];在《中国大百科全书·生物卷》中,"行为"的定义为:"生物进行的从外部可观察到的有适应意义的活动";在《中国大百科全书·心理学卷》中,行为被理解为"完整有机体的外显活动";唐凯麟教授认为:"行为一词,在现代科学中尽管常常被用来描述各种对象的活动、运动和变化,不仅动物捕食求偶被称为行为,而且树木吸水、开花、结果,乃至石块滚动以及几何点的运动,也被称之为行为"[2]。中国台湾著名学者黄瑞枝教授认为:"行为一词,通常是指人类在日常生活中所表现的一切动作而言,有时也可以泛指各种社会动态和自然现象。"[3]他将一切动植物的活动甚至行云流水,都看成行为。

而在中西伦理学中,"行为"一词却是专指人的有情感和思想的活动,而且行和为两者也是可以相互通用的,都有办事情的含义。"行",行走,引申为行动、活动;"为",做某事的原因。在中国古代先哲那里,"行"和"为"是可以相互解释的。"行,为也"(《墨经》);荀子在《荀子·正名》中认为:"虑积焉,能

---

① 朱智贤.心理学大词典[Z].北京:北京师范大学出版社,1989:786.
② 唐凯麟,龙兴海.个体道德论[M].北京:中国青年出版社,1993:171.
③ 龚宝善.现代伦理学[M].台北:中国台湾商务印书馆,1974:120.

习焉而后有成谓之伪"。这里的"行",是指在意识指导下的活动。"我国自春秋以来,许多哲学家和伦理学家常常用'行'来表示行为,如《论语》所说'行已又耻''行必果''行笃敬';《左传》所说'行则思义''行无越思'等,都是用行来表示人的有思想、有目的、有情感的行为"①。在西方,亚里士多德对人的行为也作了类似的处理:"人的行为是根据理性原理而具有的理性生活"②。"行为的原因……是意志或审慎的选择,这种选择的原因,是欲望和我们对于所求的目的一切合理概念"③。而从实践上认识行为,是"人类行为的有目的的活动"④,这是对行为的最好阐述。上述所有对行为概念的界定,都是对行为特质的不同理解。但由于历史与阶级的局限性,他们都没有能够正确地揭示人的行为与动物的行动的本质的不同。

进入近代,随着西方自然科学的进一步发展,一些科学家、心理学家试图对于人的行为作出科学的解释,但是法国的唯物主义哲学家,将人的行为看作同机器一样,是对外界刺激的反应。二战后,美国出现了对行为进行研究的心理学、教育学等综合性研究的所谓"行为科学",他们深入到人的大脑内部、对于人的行为进行了解构,但这种剖析将人和动物等同,将动物的刺激反应直接推论到人的身上,甚至是用自然科学的方法考察人的行为,比如将人的行为看成是与计算机一样的输入与输出、接受和处理信息的工具。我们认为这显然是荒谬的。因为人与其他生命体不同,他或她生活在世界上,不是盲目自发地对外界的刺激作出反应,而是要进行有目的性、有意义性的意识活动,人需要为自己的行为去寻找某种实现的意义,同时,人还需要考虑其行为的后果和影响,积极地寻求行动的意义和价值。马克思主义站在历史唯物主义的科学角度,认为人作为一切社会关系的总和,总是生活在一定

---

① 罗国杰.马克思主义伦理学[M].北京:人民出版社,1982:463.
② 周辅成.西方伦理学名著选辑:上卷[M].北京:商务印书馆,1964:287.
③ 同上,1964:311.
④ 宋希仁,陈劳志,赵仁光.伦理学大辞典[Z].长春:吉林人民出版社,1989:441-442.

的政治、经济和文化背景之中,其行为必然不会是单一的、没有意义的,他的行为总要受到一定阶级和社会关系的制约,其行为是人类在意识指导下的,能动的、有目的的、自觉的社会活动,人的行为具有积极性,且这种行为必须体现在"做"之中,尽管单纯的"说"也是一种行为,但我们更加强调人的身体力行,强调行为的过程,"说"在一定程度上只是一种具体的行为表现。总之,人类的行为要经过复杂的心理活动,转化为外在的表现,具体而言具有以下几个特征:

第一,人类行为的自主性与能动性。人的行为受客观规律的限制与影响,却又不是完全被动的。人的行为一定是在一定的思想意识下发生的,他或者她能够利用规律为自身服务。而且人还能创造联系,通过自身的行为影响外界自然的本来面貌,使之适合人类自身的需要,并能动地将自己与外在环境相关联,使人在进步的过程中更加完善。人与其他动物单纯的适应环境不同,他或她总是在一定的关系中,改造和利用环境,使之成为适应自己生存发展的东西。而人也总是在改造世界的过程中实现和发展自身。"动物只是按照它所属的那个种的尺度和需要来建造,而人懂得按照任何一个种的尺度来进行生产,并且懂得处处都把内在的尺度运用于对象,因此,人也按照美的规律来构造。"①人能够应用任何一个种的尺度来处理生活与生产,不仅包括行为前的计划、意图和预见,还包括行为过程中和行为后的总结与归纳及提升。马克思形象地将人与动物的区别描绘得淋漓尽致。

第二,人类行为的目的性与方向性。某些动物的行为似乎有着某种目的,如蜜蜂筑巢、蜘蛛织网等,表面上看似乎有自身的意识,但动物的行为毕竟是自然盲目的。马克思主义认为,人类在行动之前头脑中已经有一个模型和蓝图,"蜜蜂建筑蜂房的本领使人间的许多建筑师感到惭愧。但是,最蹩脚的建筑师从一开始就比最灵巧的蜜蜂高明的地方,是他在用蜂蜡建筑蜂房以

① 马克思恩格斯全集.第 42 卷[M].北京:人民出版社,1995:97.

前,已经在自己的头脑中把它建成了"①。且这种观念性的存在往往是保证行为正确方向的原因。"劳动过程结束时得到的结果,在这个过程开始时就已经在劳动者的表象中存在着,即已经观念地存在着。"②即行为前对于行为结果的预见是人类行为的最重要特征之一。也就是说,人的行为必须是在一定目的和意向中来实现,否则,这个行为就是盲目的、主观的、非现实的,也就不能称之为行为。人的行为与动物本能活动的区别主要体现在人的行为的发生需要借助感觉、需要、目的等,而动物的本能则是自然盲目的。恩格斯说:"就个别人说,他的行动的一切动力,都一定要通过他的头脑,一定要转变为他的愿望和动机,才能使他行动起来。"③实际上,恩格斯所强调的是,人的行为是在一定意识指导下的具有目的性与方向性的行动。

第三,人类行为的限制性与矛盾性。人类的行为又具有限制性,即人类行为不完全是按照自身的主动性行动,而总是要受到社会客观环境和条件的制约。因为人总是在一定的历史条件下生活着,总是处于一定的关系中,又加之,人类行为主体与客体的两分,就注定了行为必然不是完全自由的。与行为相近的还有行动。行为与行动,在现象学中的描述是指有意向的活动;在目的论中,"一个活动,如果它表现为以可能的方式去达到某种结果,那么它是一个行动;如果表现为以被允许的方式去达到某种结果,则是一个行为。可以说,一个行为就是附加了规范意义的行动"④。这里看似在阐释行为与行动的区别,实则是告诉我们,人类的行为还受规范的约束。

与此同时,人类行为又总是包含着自身的认知、意图与情感,而且人类对于行为的效果也有一定的预期,但现实情况却不尽如人意,有时人类的好的行为不一定产生好的效果,有时人类坏的动机与认知产生了好的效果,有

---

① 资本论:第1卷[M].北京:人民出版社,2004:208.
② 马克思恩格斯文集:第5卷[M].北京:人民出版社,2009:208.
③ 马克思恩格斯全集:第21卷[M].北京:人民出版社,1965:345.
④ 赵汀阳.论可能生活[M].北京:生活·读书·新知三联书店,1994:93.

时人类的好的动机却产生了坏的效果和行为等等,具体到知行关系中,主要表现为知行悖论。然而行为的知行不一,行为的动机与效果的关系并不能完全反映人类的行为,我们应该在这种限制中看到知行的统一及动机与效果的统一。就是因为这种统一性,才会激发起我们追求知行一致及动机与效果的一致性。

第四,人类行为价值判断的相对性。在一定时代和一定阶级环境下,某一行为具有道德价值,但在不同的时代,行为是否具有价值是值得我们怀疑的。主要是因为,我们判断一个行为的价值,总是立足于自身的利益与需求,如果某一行为能够满足自己阶级的需求,它就是有价值的,反之,没有价值甚至有害。正因为此,不同的人代表的利益不同,对同一行为的判断也会得到不同的结论。比如,春秋时期的孔子,认为礼是一切行为的根基,凡是符合礼的行为才是有价值的,一切行为都应该在礼的框架内行事。他主张:"非礼勿视,非礼勿听,非礼勿言,非礼勿动。"(《论语·颜渊》)这在当时起到了推动社会发展的作用,但是到宋明时期,被朱熹发展为"存天理,灭人欲"的理学思想,成了人性的桎梏。实践是判断行为的主要依据,只有从现实出发,深入洞悉人的本质,才能揭示出道德行为的最终规律。

总之,对于"行为"概念的科学概括,是将其看作人类特有的生存方式。对于人而言,人的"行"与人的"为"(原因)始终是一个完整过程的两个方面。人的社会性存在,决定了人的行为必然要处理好个人和他人、社会、集体的关系;而行为的目的性又决定了行为中所需要考虑的动机、效果等的合理性与现实性。除了行为的动机、原因和目的,还需要考虑行为的心理因素(情感、认知等)。"这些问题概括起来,说到底,就是他的行为在实现他自身(具体表现为实现他的行为动机和目的)和完善社会(就他的行为的客观效果而言)中的意义和价值问题,这就不能不涉及道德问题。"①

---

① 唐凯麟,龙兴海. 个体道德论[M]. 北京:中国青年出版社,1993:174.

### 2.2.1.2 道德行为的含义及特点

人类的行为复杂多样,小到吃饭睡觉、婚恋嫁娶,大到人类的战争与和平,都属于人类行为的范畴。道德对于个人行为的影响往往是渗透于人的家庭生活、经济生活、社会生活等方面,而人类的大部分行为在广泛意义上而言,也都与道德有着这样或者那样的联系,完全与道德没有关系的行为是不存在的。黑格尔曾说人的一连串行为构成人本身,在这个意义上,一个人的行为就是其道德自我的重要体现。也就是说,行为与道德有着某种不解之缘。那么是不是一切行为都是道德行为呢?一般而言,人类的行为所采取的手段、方式方法以及行为的结果等都不可避免地体现着人类的道德人格或者道德品质。但这只能告诉我们道德行为总是一定社会关系的产物,并不能断然说明一切行为都是道德行为或者不道德行为。

魏英敏教授引用了黄建中先生在《比较伦理学》中对于行为的分类,认为:"人类行为分为两类,一类是有关善恶价值的行为,他叫做伦理行为;另一类是无关善恶价值的行为,他叫做非伦理行为。他又把伦理行为分为两种,一是善行为,即道德行为;二是恶行为,即不道德行为。"[①]但是魏英敏教授认为人类行为应该分为三类,即道德行为、不道德行为以及非道德行为,前两种行为可以进行善恶评价。罗国杰教授认为:"道德行为,就是在一定的道德意识支配下表现出来的有利或有害于他人和社会的行为。"[②]其中有些行为不关乎他人或者社会的利害关系,也非出于道德意识,一般不在道德上用善恶对其进行评价,比如精神病患者的行为,个人日常生活中与他人和社会没有特别直接的关系,亦没有利害关系的行为,都属于非道德行为。总之,道德行为中的"行",必须是在一定善恶意识的支配下的,现实地实现了的道德实践活动。

---

① 魏英敏.伦理学简明教程[M].北京:北京大学出版社,1984:334.
② 罗国杰.马克思主义伦理学[M].北京:人民出版社,1982:466.

第一,道德行为不同于一般的行为活动,是与他人及社会利益直接相关的行为。道德行为是在一定道德意识支配下的,基于对他人与社会的利害关系(利益)的自觉认识,而表现出来的行为。人们在日常生活中,总是在与他人和社会的利益关系中完成自己的行为。能够意识到这种利益关系,并能作出有益于他人和社会的行为就是道德行为。道德行为离开利益关系,离开他人与社会的关系,就不属于道德行为。比如,某人喜欢吃饭前先喝汤,或者某人喜欢吃饭前洗手等行为,对于别人没有多少直接或者间接的利害关系,而只是个人兴趣与习惯的原因所导致的行为,此时的行为与道德无关。从最根本的角度而言,道德行为之所以与他人及社会利益直接相关,是由道德的本质和道德的作用决定的。道德就是调节个人与社会、集体、他人之间利益关系的。

第二,这里的"行",是已经实现了的外显的而非潜在的行为活动。比如,人单纯地进行思想活动或者思想中的意念,都不等于付诸实践的道德行为活动。这里面就包括一个问题,人的说话行为属不属于道德行为,我们认为道德行为必须是存在于与他人的关系中,如果旁观者或者陌生人在面临道德境遇时,能够主动站在善的一边,义正词严地指出对方行为中的不道德或者不友好的行为与举动,那么我们也认为这是一种道德行为。总之,行为是不能够止于意识中的,单纯的意识中的思考和想法均不属于道德行为,不属于我们要研究的道德行为的范畴。

第三,道德行为必须是自知的、自愿的和自择的行为。也就是说,道德主体对于行为的目的、动机、行为的道德价值都有明确的认识。不能辨别自身行为的儿童等无意中做了有益于他人的行为,这不是严格意义上的道德行为。只有主体是在主观上自觉选择的行为,才具有道德意义,而被迫发生的道德行为不是真正意义上的道德行为。自知还包括对于道德价值以及道德行为所可能产生的后果的知觉。一个人在没有道德意识或者没有道德要求的情况下,做了道德行为,并不能算是真正的道德行为。或者有的人在客观上做了有利于他人行为的好事，但主观上只是出于利己的动机，也不是道德行为。"不管在什么地方，只要我们确信行动纯粹是机械的，即从生理上被决定而没有意识伴随的，我们就不从道德上判断它们。"①那么道德行为的特点是什么呢？

首先，道德行为具有自知性。也就是行为者在行为前，已经对于行为的意义、目的等有了自觉的认识，也清楚行为会带来的好的或者坏的结果。行为者必须有明确的善恶意识，对于行为的利害关系有所了解。

其次，道德行为具有自主性与主体性。道德行为是人自觉自愿的行为，表现为自律性。"主体进行积极的道德思考而后作出自觉自愿的道德选择乃至道德创造的过程正是一种积极参与、着意渴求的过程。这个过程的积极意义恰恰在于体现了道德行为的本质"②，同时，"如果他要进行选择，他也总是必须在他的生活范围里面、在绝不由他的独自性所造成的一定的事物中间去进行选择的"③。也就是说，生活在不同的环境中的人，其道德行为选择不同，但就算是生活在同一生活环境中，道德行为选择仍然不同。因此，道德行为与道德主体的主观的道德觉悟有关。人有个体差异性，社会中不乏具有崇高道德的人，但更多的是一些道德普通的人。"施特劳斯与丹尼尔·贝尔等反复强调必须承认人与人之间在道德状况方面的差异，保证品行出众的精英人物在公共生活中获得重要地位。"④

再次，道德行为具有意志自由性。道德行为是一定的时代、环境的产物，"没有意志自由的地方就没有道德"⑤。也就是说，没有意志自由，所谓的道德行为都是空洞的。但所谓意志自由也不是绝对的自由，主体必然是在一定的

①  弗兰克·梯利. 伦理学概论[M]. 北京：中国人民大学出版社，1987：7.

②  吴俊，木子. 道德认知辨析及其能力养成[J]. 道德与文明，2001（5）.

③  魏英敏. 伦理学简明教程[M]. 北京：北京大学出版社，1984：338.

④  Daniel Bell. *The Coming of the Post-Industrial Society: A Venture in Social Forecasting*. New York: Basic Books, 1999: 74.

⑤  康德. 实践理性批判[M]. 北京：商务印书馆，2000：31.

社会历史中进行选择。但一定的社会历史条件，只能规定道德行为的选择范围，但是具体如何选择，需要依赖于主体的觉悟以及对道德的认知与理解。"知可为者，知不可为者，知可言者，知不可言者……是故审伦而明其别，谓之知，所以正夫德也。"（《大戴·礼记》）道德行为是在对道德规范与原则正确认知基础上而付诸实践之行为。"无知"与"无意识"的实践行为，不属于道德行为。在这个意义上，道德行为还是由自由意志自我选择的行为。在同样的生活环境中，不同的道德行为，行为者自身的道德认知等起决定作用。也就是说，任何道德规范要起作用，必须得到主体的接受和理解，并进而转化为主体的理性与良知，最后成为人的行为。"道德规范必须是人们自愿地向往的规范，也就是说，必须是人们自愿接受的规范。"[1]从这个意义上，人最终是道德行为的决定者。"道德之所以称为道德，根本上乃是指人的行为发自内心，而非溺于物欲，屈于环境，诱于名誉等等，这种发自内心的'自律'是道德行为构成的根本条件。"[2]

但人的道德行为并不与其他行为截然分开，相反，在大多数情况下，道德行为和社会其他行为总是相伴发生的。同样一个行为，既可能是道德行为，又可能是政治行为、经济行为等，因此，道德行为和其他行为虽有区别但又总处在一定的联系中。非道德行为，在不同的场合，可能成为道德行为或者不道德行为。比如，某人在餐厅的进餐过程中没有洗手，可能会对他人造成不好的影响。

最后，道德行为的超功利性。道德与利益的关系问题始终是伦理学的基本问题。但为什么说道德行为具有超功利性呢？严格说来，道德行为确实具有超功利性的一面，在关系中，面临利益冲突的时候，道德往往会或多或少地表现出牺牲性的特点，尤其是对于个人利益在一定程度上的牺牲，追求个人利益而放弃集体利益的行为一定不是道德行为。但我们不能因为道德行

---

① 爱弥尔·涂尔干.道德教育[M].陈光金,沈杰,朱谐汉,译.上海:上海人民出版社,2001:118.
② 陈根法.心灵的秩序——道德哲学理论与实践[M].上海:复旦大学出版社,1998:17.

为的超功利性,就认为道德与利益是完全水火不相融的,实际上,道德和利益并不是完全绝缘的。我们所理解的超功利性,"只是指它超越了行为者自身的一定的个人利益,而不是指它超越了社会利益乃至超越他人和社会的功利,同时,超个人的功利也并不等于绝对否定包括精神利益在内的整个个人利益,更不等于'存天理、灭人欲'的禁欲主义"①。在现实生活中,有人误以为"有德者反受害,没有德者容易得利",就是将道德看成了绝对的超越利害关系的行为,所以容易让人认为有德者意味着牺牲。实际上,道德的行为,是功利与非功利的统一,是最大的功利,它牵涉人类幸福与否的事业。因此,超越一定的个人功利是为了他人乃至整个人类的公益,对于个人而言,是终极和长远的利益。个人要实现自我,也只有在个人与社会的统一中达成。

值得注意的问题是,我们所讨论的道德行为的特征等,主要是针对道德行为与非道德行为的区别而言的,而并非指道德行为与不道德行为以及不同道德行为的价值等级链的具体性上来讲的。也就是说,我们在这里不是讨论不同等级道德行为哪个价值量更大,不是在道德行为中选择哪些行为更加值得提倡和尊重的问题。那么道德行为选择的依据是什么呢?一般而言,道德行为的善恶以及价值量的大小,一方面取决于道德主体自身的义务、良心、品质,也就是道德行为往往与人的品质相联系,并最终要求形成人的良心与品质,在实际行动时,能够以斥责假恶丑、弘扬真善美的方式,最终实现社会的和谐与秩序;一方面在客观上要求要有利于他人与社会的发展与进步。也就是说,主观上的善良意志(动机)结合客观上的有利于他人与社会的行为,二者共同构成了道德行为选择的标准。但"在实际生活中,道德行为的善恶、好坏,往往直接依据从一定社会或阶级的利益中引申出来的道德原则和规范。凡是符合一定社会或一定阶级的道德原则和规范的行为,就被评价为道德的行为;凡是不符合一定社会或一定阶级的道德原则和规范的行为,

---

① 唐凯麟,龙兴海.个体道德论[M].北京:中国青年出版社,1993:181.

就被评价为不道德的行为。从这个意义上也可以说,道德行为就是能够按照一定的道德原则和规范进行评价的社会行为"①。但是不同时代,在不同的社会历史条件下,一定阶级所坚持与信仰的道德规范和原则,如何能够被人们内心所真正信服,并成为指导实践的动力,是一个值得思考的问题。而且道德规范由谁来制定,能否反映社会大众的利益要求,人们是否愿意遵守等问题都是道德行为所无法回避的。但是毋庸置疑,对于人而言,其价值本身就是自足的,不需要借助外力;而道德规范却是非自足的,它是人类设立,并在有利于人的价值的实现时才具有价值,所以判断一个行为是否是道德行为,如果以道德原则为基础来衡量的话,这个道德规范必须有益于人的价值的实现。

总之,通过分析道德行为的特点我们可以看出,"个体道德行为就是个体出自自己的道德意识而自觉自主选择的、涉及同他人与社会的利益关系的、能够进行善恶评价的行为"②。而通过对道德行为进行分析,我们会发现,道德行为内含着道德主体的道德认知、理解、判断、选择等活动,是道德主体不断进行道德价值反思的过程。

### 2.2.1.3　道德行为与道德实践的关系

无论是人的道德认知基础,还是人的道德行为基础,都是建立在实践基础上的认知与行为。亚里士多德认为:"在实践的事务中目的并不在于对每一客体的理论知识,而更重要的是对它们的实践。对实践只知道是不够的,而要力求应用或者以什么办法使我们变好。"③由于道德行为就是一种实践活动,因此研究道德行为必然不能脱离对于实践的研究。"一个人怎样实践,他或她就成为一个什么样的人"④,所以,我们应该重视人的实践活动的性

① 罗国杰. 马克思主义伦理学[M]. 北京:人民出版社,1982:471.
② 唐凯麟、龙兴海. 个体道德论[M]. 北京:中国青年出版社,1993:180.
③ 苗力田. 亚里士多德:第 8 卷[M]. 北京:中国人民大学出版社,1992:232.
④ 宋希仁. 西方伦理思想史[M]. 北京:中国人民大学出版社,2004:48.

质,因为它直接指向我们是怎么样的人。①

　　"实践"一词在中国古代文献中并没有出现,但践履、行、行为却表达了实践的意思。因导论中已对"行"做过分析,在此便不再重复。在西方,实践一直是个重要概念。实践有三个词表示:"practice""practise""prakitik",其词源都是古希腊文中的 praxis。研究实践必然要回归到亚里士多德的实践观,但实践一词在亚里士多德之前就已经被使用,只是亚里士多德将实践一词正式用于哲学的思辨领域。也正是从亚里士多德始,实践这一概念与人的行为联系起来,但实践也并非专属于人。在宇宙学中,实践是指运动及运动发生的原因;生物学中,实践与生命相关;只有在伦理学中,实践才和人的行为相联系。它有两层含义,一方面指一切与人相关之活动;一方面特指人的活动(社会生活)。在《形而上学》一书中,亚里士多德对上述两种实践观进行了区分,前者包括目的实现的、内在的活动实践,关涉人的价值与意义。"实践的始因是我们的实践的目的。"②实践以求善为目的,强调人的现实活动,其最主要的特征是行动,又根据其不同的目的,可以划分为生产性实践和人的道德活动。对于生产性实践而言,它关心的是人欲望的满足,即生产本身能否满足人类生产生活的需要;以求善为目的的活动关涉人的德性,强调人的伦理特质,人在求善的活动中形成自身的品性。也就是说,德性(道德)植根于现实的实践活动,道德也只有在实践中才能体现出来,道德行为与实践是相通的。

　　康德在《纯粹理性批判》与《实践理性批判》中第一次将实践概念引入哲学。只不过康德认为"理论理性"的地位低于"实践理性",因为理论理性以寻求普遍的知识为其主要任务,其研究对象为自然界;实践理性则以探求高于自然界之外的自在之物为其研究的主要任务。因此,在本质上看,实践理性是一种自由的活动,主要是在伦理意义上研究人的意志自由。所以康德哲学中的实践观在承继了亚里士多德的德性伦理实践观的同时, 较亚里士多德

---

① 宋希仁.西方伦理思想史[M].北京:中国人民大学出版社,2004:48.
② 亚里士多德.尼各马可伦理学[M].廖申白,译.北京:商务印书馆,2003:171.

的实践观更加形而上、更加具有普遍性。费尔巴哈将实践与人的生活联系起来,认为实践可以解决理论不能解决的难题,但费尔巴哈将实践仅仅理解为吃喝等日常生活,他不理解实践与人类世界、实践与人的关系。"仅仅把理论的活动看做是真正人的活动,而对于实践则只是从它的卑污的犹太人的表现形式去理解和确定。因此,他不了解'革命的''实践批判的'活动的意义"①,忽略了对人的主动性的研究。黑格尔提出了劳动实践的概念,有"实践理念"之提法,但他的劳动实践是一种主观的历史实践观。他认为人的实践过程可以概括为行动的目的、行动的手段以及被创造出的现实。"行动最初出现为对象,当然还是一种属于意识的对象,亦即是说,最初出现为目的,是一种与现存着的现实对立的东西。行动的第二个环节是目的的实现,或是达到目的的手段。最后一个环节是创造出来的现实"。陈先达教授认为:"黑格尔以一种抽象思辨的形式揭示了人类实践活动的创造性特征,不仅指出了理论活动与实践活动的区别,而且涉及了实践在改造世界、创造人类历史方面的重要意义,具有较大的合理性。但是,黑格尔讲的实践在根本上是抽象的理念活动,现实的人的活动只是这种抽象理论活动的'样式'。"②

总之,实践就是人有目的的行为活动,与人的主观意志、理性等不可分离,但同时,实践又是人的社会活动行为,体现了与外界的物质交换活动过程。如何真正解决实践的主观与客观的矛盾性特征,直至马克思的实践观问世,实践才得到了真正的、科学的解释。

马克思认为:"一个本身自由的理论精神变成实践的力量,并且作为一种意志走出阿门塞斯的阴影王国,转而面向那存在于理论精神之外的世俗的现实,——这是一条心理学的规律。"③但此时马克思的实践观并没有脱离黑格尔思想的束缚,即将实践理解为"理论的批判"。后来受到费尔巴哈影响

①　马克思恩格斯文集:第 1 卷[M].北京:人民出版社,2009:499.
②　陈先达,杨耕.马克思主义哲学原理:第 3 版[M].北京:中国人民大学出版社,2010:67.
③　马克思恩格斯全集:第 40 卷[M].北京:人民出版社,1982:58.

的马克思,将理论的批判转向了人之现实的活动。"思想根本不能实现什么东西。为了实现思想,就要有使用实践力量的人。"①此时马克思已从人之现实活动的角度,包括革命活动的角度来理解实践。也正是革命实践的提出,为马克思主义唯物史观的形成奠定了重要基础,标志着马克思与黑格尔、费尔巴哈哲学彻底决裂。"环境的改变和人的活动的一致,只能被看作是并合理地理解为变革的实践。"②马克思将实践看作人类的特有活动,"具有直接现实性的特征,即实践是人把自己作为物质力量并运用物质手段同物质对象发生实际相互作用的过程"③。也就是说,实践是人类的生存方式,这里主要是从生产劳动的角度来阐述实践;实践也是处理社会关系的重要手段。实践不是单向的动作,而是伴随人的生命活动发展始终的无限前进与探索过程。

　　具体到道德行为中,道德实践就是人的"行善过程",是不断地反复的道德行为,"是主体德性在客观环境中践履和印证的活动,是包括道德选择、交往、评价及行为等具有实践特性的道德活动在内的现实行动过程"④。道德实践就是将道德认知外化为道德行为的中间环节,也是唯一手段,内隐的道德认知永远只能处于内隐状态,而德性就是指向实践的。亚里士多德认为德性与一个人所具有的其他品质不同,它在本性上必须是实践的,即"它必然要行为,而且是良好的行为"⑤。也就是说,一个人具备德性与具备其他的品质不同,就算是一个睡着的人,具备德性的人,也应该注意睡姿优雅,不打扰别人等;又如法律法规也具有实践性,主要是针对制定规范的目的而言,行为主体是否意识到此行为或者是否实践此行为,我们是不能预见的,但德性本身却必然是实践的。亚里士多德认为德性就是一种"实现活动"。王守仁认为人的良知也必然会展示于现实的伦理社会秩序中的。换言之,德性的证成必

①　马克思恩格斯全集:第 2 卷[M].北京:人民出版社,1957:152.
②　马克思恩格斯文集:第 1 卷[M].北京:人民出版社,2009:320.
③　陈先达,杨耕.马克思主义哲学原理:第 3 版[M].北京:中国人民大学出版社,2010:69.
④　王国银.德性伦理研究[M].长春:吉林人民出版社,2006:20.
⑤　亚里士多德选集:伦理学卷[M].北京:中国人民大学,1999:18.

然是在道德实践中实现,即人们在道德实践中表现出自身的道德行为。亚里士多德认为:"对德性只知道是不够的,而要力求应用。"①这也是对苏格拉底"美德即知识"论题的一种反驳,比如,知道公正的人,并不一定是践行公正的人。

### 2.2.2　道德行为的模式②

第一,义务自觉型行为模式。"义务自觉型行为模式,就是那种以自觉履行一定义务的行为为依据、动因和趋向的行为方式。"③这是一种较低层次的道德行为。在这种行为模式中,义务要求外在于行为主体,但同时,又有主体对于规范的认同。从总体而言, 义务自觉型行为模式属于他律性的执行命令,但主体不是被迫履行义务,而是出于道德主体自身的自我控制,在自我约束下自觉自愿地执行命令。在深层机制中,道德主体能否一如既往地坚持道德行为,是不能保证的。在这种模式中,行为主体往往是在外在的权威下,对于规范的认同,一旦外在的权威性消失,那么个人可能会因自身的欲望、需求等终止道德行为。比如,有的人明明知道打架是不好的行为,但在没有

---

①　亚里士多德选集:伦理学卷[M]. 北京:中国人民大学出版社,1999:247.

②　参见唐凯麟,龙兴海. 个体道德论[M]. 北京:中国青年出版社,1993:200-220. 本书主要按照唐凯麟教授对于道德行为的分类进行阐述的。但在研究中我还发现,首都师范大学的王淑琴教授曾经指出,道德行为模式不仅仅局限在以上三种模式,它还应该包括第四种:"利导型"行为模式,公民个体为了个体私利的实现,从而在行为中以道德行为的态势体现其行为本身,以促进行为结果向着自己希望的方向发展。也就是说,人们出于投机的目的,尽管内心不信服某种道德规范和原则,甚至是法律,然而为了使得其行为看起来是道德的,表现出一种貌似道德的样子,从而为自身的个人牟取私利获得便利,便假借道德之名,选择性地做出道德的行为。笔者认为,这里涉及一个出发点和动机的问题。如果道德行为建立在主体自身对于个体利益的基点上,是一种出于对个体私利的考量而践行道德的行为,或者说是选择性的实践道德行为,对自己有利的就做,对自己无利的就选择性地放弃此道德行为,那么在严格意义上而言,其不属于道德行为。因为从道德评价的角度看,就行为的动机和效果的关系角度考量一个行为是否是道德行为,如果一个人的行为动机不纯,那么它就不是一种长久的道德养成和道德品质,不是个人的真实的行为表现,亦不是人的稳定的生活方式。因此,书中对于道德行为模式的论述,没有将"利导型"行为模式列入其中。

③　唐凯麟,龙兴海. 个体道德论[M]. 北京:中国青年出版社,1993:200.

老师监督的情况下,一些顽皮的孩子会打架。

第二,良心自主型行为模式。"良心自主型行为模式,就是那种以良心要求为主要根据、动因和价值取向的道德行为模式。"①相对于义务型行为模式,良心自主型行为模式处于较高的层次。它体现了主体的意志自由与道德规范的外在性的统一。在这种模式中,行为的动力来自于内在的约束,不仅仅是认同规范,更重要的是能够按照自己的良心支配行为,是自觉自愿地按良心行事。这种模式扬弃了义务型阶段道德行为对于规范的服从,是在自己的良心驱使下做到无愧于心。

但是做到问心无愧,并不能说明一个人就是一个道德高尚的人,因为良心只能证明此人的自觉性比较强,但是在除恶扬善方面未必能表现得好。而且良心具有主观性,很有可能造成对社会客观环境的忽视,从而走向自以为是、自我欺骗甚至盲目主观。

第三,价值目标自导型行为模式。"所谓价值目标自导型行为模式,就是指那种自觉地以自身确定的价值目标的要求为基本依据、动因和方针的行为方式。"②相较于前两者,它是更为完善、更高层次的行为模式。在这种行为模式中,道德消除了其外在的异己之力的特征,而成了道德主体的一种由内而外的主体力量。实际上,无论是哪种道德行为模式,从根本上来看,"道德行为实施者的精神境界都令人刮目相视。原因是在这个阶段,人不会满足于以道德的纯粹理性的方式观察、认识和解释世界,而是要以道德的实践理性的方式认识、把握和改造世界,人此时站在理性至上的起点上,成功地构建了一个完整的心理反映模式"③。只是在现实生活中,主体人通过道德行为的方式,促使这种道德心理反映模式得以完成和确认。

---

①　唐凯麟,龙兴海. 个体道德论[M]. 北京:中国青年出版社,1993:202.

②　同上,1993:205.

③　马进. 论道德行为形成的四要素、四阶段模式[J]. 道德与文明,2009(2).

### 2.2.3　道德行为的品质养成

#### 2.2.3.1　道德品质的概念

道德行为与道德品质的关系紧密。在道德生活中,某种道德行为往往是以某种道德品质为基础, 而道德品质又是在一系列稳定的道德行为中铸就而成。正是出于这个原因,中西伦理学家在讨论道德行为时总会将道德品质一起讨论。

考察道德品质,不能看一个人一时的道德行为,而要看其一系列的连贯的、全方位的道德行为。"道德品质是一定社会的道德原则和规范在个人思想和行动中的体现, 是一个人在一系列的道德行为中表现出来的比较稳定的特征和倾向。"①在伦理学中,道德品质也就是德性,它是从静态视角来考察道德的,往往将道德品质与德性等同;道德行为则是从动态观察来考察道德。即一个人持续长久地坚持某种道德行为,以至于成为其生活习惯,那么这种道德行为就成为他的道德品质。道德品质离不开道德行为,离开道德行为的道德,我们无从确证其真实性,同时也不能判断其道德品质的好与坏。

#### 2.2.3.2　道德品质的特征

首先,道德品质是主体在道德行为的不断进行中,形成道德习惯后确立的,具有稳定性。也就是说,道德品质是一连串行为的综合。但道德品质又不仅仅是一种习惯,更重要的,它还是人意志的行动过程。它同道德行为一样,不是潜在的,而是表现在行为主体在任何情况下,都能够凭借自身的判断与理解,审慎地借助自身的意志力,实现行为之结果。

其次,道德品质是道德意识与行为的集合体。我们判断一个人是否有道

---

① 罗国杰.马克思主义伦理学[M].北京:人民出版社,1982:472.

德,不仅仅要看他或她内在的心理意识,更主要的是看其主观见诸客观的行为,是心理、意识与行为的统一。

最后,道德品质是道德行为的一种整体的、稳定的倾向。一方面指道德行为与道德认知的统一;另一方面是一系列的行为的集合。

### 2.2.2.3 道德品质的培养过程

其一,道德品质是由人的道德认知、情感、意志、行为等构成的综合性概念。其中,道德认知是道德品质形成的内在基础,道德行为是道德品质的主要内容。缺少道德认知的道德行为是盲目、肤浅的,缺乏道德行为的道德认知是虚假、空洞的。具体而言,道德认知主要是对道德关系的认识和把握,是对调节道德关系规范的理解。即道德主体需要通过道德认知形成一定的道德知识,从而形成自身的道德判断能力以至创造能力,这是实现道德行为的基础环节。也就是说,主体对于德知的把握主要就是关于德性的知识或者对于道德的认知,主要包括"善的知识、道德理论与道德规范、道德原则等的了解、把握"①。从这个意义上看,没有对于德知的积累,道德行为就无从谈起。此外,道德认知作为一种必要的基础性准备,还需要在具体的生活实践中,通过对于道德规范的认同和理解,将外在的规范具体化为人实际的行动,这是道德品质养成的第二步。道德行为固定成为一种道德品质,还需要借助道德习惯的力量,即在实际生活中持续不断地按照某种道德规范行事,并能时刻谨守道德,甚至成为人的性格品质,这是道德品质养成的最终环节。中国传统哲学中对"积习""积善成德""重积"等思想的阐述,就告诉我们要重视小事、小善,多积累、多检点。

其二,亚里士多德认为,人道德品质的形成,是在实践中,通过人的经验逐渐教导和培养得来的。只有在"实践"和"使用"中才可以获得,不实践、一

---

① 王国银.德性伦理研究[J].长春:吉林人民出版社,2006:18.

切都没有用。"人们通过现实活动,而具有某种品质,品质为现实活动所决定"①,"做"才是道德行为之所以产生的原因和结果。中国儒家将人道德品质的培养途径主要分为三个方面:学、行与思。

　　首先,中西哲学思想中有大量关于"学"的论述,但西方哲学中的"学"主要是在认识论和心理学框架下展开的。而中国哲学主要是从道德修养角度出发,将"学"看作道德认识的重要内容。我们以孔子关于"学"为例。孔子认为:"不学礼,无以立"(《论语·季氏》);中国古代哲学中的"学"主要是指学习四书五经,"博学而笃志,切问而近思"(《论语·子张》);孔子认为"学"是道德行为养成的重要环节,"吾尝终日不食,终夜不寝,以思,无益,不如学也"(《论语·卫灵公》)。也就是说,孔子眼中的"学"是同道德知识相联系的,他将"学"之于道德品质培养的意义可谓抬高到极至,但与此同时,孔子并不认为"学"就是实现道德品质的终点,"学"只是道德认识的一个环节。"博学之,审问之,慎思之,明辨之,笃行之"(《礼记·中庸》)。学为道德认识之始,思为其中的环节,以行为的达成为最后的实现阶段。但中国古代哲学中的"学"毕竟不是完全合理的,尽管将"学"与人的道德认识以及人道德行为的实现相联系,是科学的,但并不能否认其存在很多错误的地方。比如中国古代传统的"学"发展到荀子,不仅将道德知识和日常知识区分开来,且最终摈弃"学"而选择了"虚一而静"之主观玄想的修养方式。

　　其次,关于"行"对于道德品质养成的意义,我们以荀子对于"行"的论证为例来阐明。荀子讲:"不闻不若闻之,闻之不若见之,见之不若知之,知之不若行之。学致于行之而止矣。行之明也,明之为圣人。"(《荀子·儒效》)实际上,就是一个"积习"的过程。"积土成山,风雨兴焉。"(《荀子·劝学》)

　　最后,加强自身的道德修养,要经常的"反省"与"思考"。比如孔子认为:"君子有九思:视思明、听思聪、色思温、貌思恭、言思忠、事思敬、疑思问、忿

---

　　①　尼各马可伦理学:第 2 卷[M].北京:中国社会科学出版社,1990:20.

思难、见得思义。"(《论语·季氏》)思考自己所学的道德知识是否能够付诸实践,检察自己的言行是否与道德要求一致。此外,慎独作为"自我反省""自我省察"的重要方法,不仅强调"人前的努力",而且强调"人后的坚持",能够时刻谨言慎行。

综上所述,人道德品质的养成,是在不断的"实践"中,通过"学""思""行""慎独""积习"等方式实现的。它不是先验存在,而是一种获得性品质。俗语言之曰"在心为德,施之为行"。德性更多地强调内在的品质,德行则强调外在的行为。而道德行为就是为了成就一个道德的人,做道德行为亦是为了形成人的道德品质,最终指向人的德性。"规范的价值永远是相对的,而人性的道德价值才是绝对的;做事的价值是相对的,而做人的价值是绝对的。几乎每个人都会有这样的感觉:假设我们在进行一项正义的事业,我们的敌人所做的事正是我们所反对的,但如果他们做人的方式正大光明,则仍然会得到我们的道德上的尊重;而敌人的叛徒、逃兵和投降者却会被蔑视,尽管他们的背叛或逃跑行为在功利上符合我们正义事业的利益。这类事实说明了做人有着位于利益之外的价值。"①

道德认知是一个极为复杂的过程,心理学、社会学、伦理学、行为学等都从各自的学科角度研究它,但有一点是最为根本的,即"道德认识以'整个的人'(表现为具体存在的人)为主体,作为一个过程,它既涉及事实的认知,又包含着价值的评价,既奠基于感性经验,又导源于自我体验"②。"知"是主体人内部的一种活动能力,于外的现实表现是"行"。主体道德之"知"能力的获取,需要经过长期不断的学习与实践,方能及时更新"道德知识库",从而促进人的道德认知能力的成长与成熟。一个人,要想成为一个道德的人,或者说一个人要想使自己的行为具有道德性,自己本身就需要对道德有一定的认知,必须有一个清醒地成为道德人的愿望,并能够用道德的眼光分析问

---

① 赵汀阳.论可能性生活[M].北京:生活·读书·新知三联书店,1994:40.

② 杨国荣.伦理与存在——道德哲学研究[M].北京:北京大学出版社,2001:202.

题。但在实际生活中,部分成年人以自身不具备基本的道德知识为由,要么选择道德上的为恶,要么选择道德上的不作为。而道德认知能力是在实践中逐渐形成的,只有在实践和"做"的过程中,人才会形成一定的道德认知能力与水平。也就是说,主体人需要在各种复杂的具体情境中,分析、理解促进人的道德认知能力的发展。因为一般规范无法穷尽一切实际境遇,而且一个具有善良意志且了解规范的人,如果不能对现实情境做出具体的、正确的认识,也是难以做出善的、正确的行为的。但仅仅对规范与具体情景有了一定的认知,如果对于道德认知走向道德行为的条件、过程等浑然不知,道德行为也只能止于良好的愿望罢了。所以,道德认知就是主体经过一种甚至一系列的推理与判断,并在对规范的实质性把握中,最终形成自己主体性道德观念的活动。

我们要实现道德知行合一,即在正确的道德认知基础上,积极主动地实践道德行为,并不能仅仅期待具备道德认知能力便可以解决一切问题。实际上,就道德行为而言,"道德行为是出于个体和群体完善自身与他人这种高级需要而进行的活动,既能够将普遍的准则、道德规律转化为行为的要求和内容,并由此转化为人们内部的情感、认识和要求,又能将这种内部的情感、认识和要求外化出去"[1]。道德行为的实现需要借助人的道德情感、意志等诸多因素。因此,我们还需要对道德认知与道德行为合一的机理作进一步的研究。

---

[1]　姚新中.道德活动论[M].北京:中国人民大学出版社,1990:222.

# 第3章　道德主体道德知行合一的机理

从广义而言,如果说道德认知解决的是"是什么"的问题,即认识知识(包括事实与价值),进行判断、推理亦或创造的过程,那么道德行为就是一个"成就知识"的过程,即由知到行是一种成就德性的过程。而道德认知的积累并不足以成就德性,只有在道德行为中,人的德性才能得到彰显。道德认知不仅要刻于心,而且要显于外,在道德行为中不断加以完善。"道德原则和道德规范如果光停留在思想意识范围之内,光作为一种伦理道德理论,就不是现实的道德。它们必须付诸行动,进行道德实践活动。"[①]

## 3.1　道德主体为什么要追求道德知行合一

### 3.1.1　道德是人类的存在方式

#### 3.1.1.1　道德与人的需要的关系

"需要是指人的生存发展对于外部环境、自身活动和社会关系的具体依赖性"[②],需要表现了人的摄取状态,是人进行具体活动的前提,人的行为是

---

① 章海山.当代道德的转型和建构[M].广州:中山大学出版社,1998:381.

② 李德顺,孙伟平.道德价值论[M].昆明:云南人民出版社,2005:29.

被人的需要所激发的。"遵守一条规范总是以认可该规范为条件;而认可一条规范又是以利益的一致为条件的。也可以说,利益的一致蕴含着意见的一致;而意见的一致蕴含着共同遵守某条规范"。①需要与人的利益是"孪生"的关系,他们二者直接决定了人的行为的价值取向。

道德的发生发展,就是人对于自身与社会关系的一种需要的体现。"任何人如果不同时为了自己的某种需要和为了这种需要的器官而做事,他就什么也不能做。"②人的需要激发着人的行为活动,而理解人的需要与人性是正确认识道德的前提。人的需要是分层次的,马斯洛认为,人的需要由低到高分为五个层次:生理需要、安全需要、归属和爱的需要、尊重的需要和自我实现的需要,而人的各层次需要的满足,都在一定程度上,或直接或间接地遵循着社会的规范要求,渗透着强烈的社会规范性。而现实中的人,为了生存,亦必须在规范中满足自身需要。

人的物质需要(人与动物相同,都需要有物质力量作为支撑),如吃、穿、住、用等都是用于维持人的生物性特征。但人的需要不同于动物的需要,动物的需要只是为了满足其族群繁衍和维持生命的本能,人的需要则是更高级的需要,是被意识到的、合目的性的需要,如人在满足口好味的同时会追求舒适与悦耳的音乐。但人的需要又是无止境的,因此存在有限的资源与人类无限的需要和欲求之间的矛盾,为了避免争夺资源,人类社会提倡道德的需要,"道德的需要,正是一种需要的需要的派生物"③。而且,一定的社会物质条件,是人产生道德的基础,"仓廪实而知礼仪,衣食足而知荣辱"(《管子·牧民》)。即便是在最简单的物质生活条件下,人也有道德需要。安全的需要、归属的需要及自我实现的需要,也是人之需要中的重要组成部分,它们层层递进,体现了人的需要中的不同要求。而这种递进的上升关系,就决定了道

---

① 赵汀阳. 论可能性生活[M]. 北京:生活·读书·新知三联书店,1994:28.

② 马克思恩格斯全集:第 3 卷[M]. 北京:人民出版社,1972:286.

③ 夏伟东. 道德本质论[M]. 北京:中国人民大学出版社,1991:27.

德的层次性。一般而言,人的需求总是从低到高的,它们随着人的物质生活的不断丰富与社会生产力的持续发展而不断丰富、提高。因此,每个人在不同的生活阶段,随着社会认识和人性的进一步成长,应该思考单纯的物质需要与其他需要的关系,应该看到人的全方面的需要,树立崇高的道德目标,追求一种有意义的生活。

人在获得物质需要的过程中,需要进行物质资料的生产,在物质资料的生产过程中,道德作为调节人与人关系的产物,随着物质生产的需要发展起来,同时,物质生产还产生了家庭关系,而作为维系家庭关系的道德准则,是道德规范起作用的最早的规范之一。"在社会发展某个很早的阶段,产生了这样一种需要:把每天重复着的产品生产、分配和交换用一个共同规则约束起来,借以使个人服从生产和交换的共同条件。这个规则首先表现为习惯,不久便成了法律。"①尽管这里是在说法律的起源,但无不告诉我们人类的风俗、法律、道德等行为规范形成的原因,是为了维持一种生产与生活秩序。"道德的产生是由于人类的需要,由于认识到以合作和有意义的方式共同生活的重要性……坚守道德原则,能使人们尽可能生活得和平、幸福,充满创造性和富有意义。"②

道德的发生,不仅是人物质需要和物质生产的必然产物,而且也是人类在交往中的精神需要。比如,人从出生的那一刻起,就处于一种关系中,先是家庭,之后是在社会中接受文化、艺术、宗教等教育,人有自我德性完善的需要。我们鼓励人人做有道德的事情,成为高尚的人。实际上,人依靠两种力量支撑其日常生活,一种是身体的力量,如通过吃、穿、住、用、行等用来维持生理需要;另一种是精神力量,如人通过培养道德信念、情感、文化、生活情调等来满足心理需要,不断提升精神品质。人们更容易在物质需求得到满足之后,寻求更高尚的精神生活。而精神生活就是一种使人更加充实、健康的生

---

① 马克思恩格斯选集:第2卷[M].北京:人民出版社,1995:211.

② J.P.蒂洛.伦理学[M].孟庆时,程立显,译.北京:北京大学出版社,1985:30.

活方式。但是,成为一个道德上高尚的人是为了什么?

人类存在公共需要。有学者在考察人类历史的过程中发现,人类有许多共同的需求,如友谊、关爱、自由等,为了满足这些需要,人们借助了法律之外惩恶扬善的道德,而最初的道德就是以宗教、禁忌等方式存在的。当然,荀子说:"人生而有欲,欲而不得,则不能无求……故制礼义以分之,以养人之欲,给人之求。"(《荀子·礼记》)礼是在制度层面上对于社会秩序的保障。在这里,道德显然具有工具意义。而且,我们判断某人的行为是否合乎道德,往往是以有利于他人或者整体价值的实现为标准。在这个意义上,道德就呈现出了一种外在的工具性的价值。

但道德并不只是人存在的一种工具和条件,从内在的角度看,道德不是单纯地合乎某种外在目的,"道德所涉及的,不仅仅是人我关系或群己关系,作为主体性的行为,它也内在地面向自我本身"①。也就是说,道德主体有多方面的规定,一方面通过道德行为成就了他人或者集体的价值,另一方面又不断彰显着自我价值。即道德主体在实践中证成了自己的类本质与德性,这是其人格境界提升的标志。个体人不仅是有感性,需要实现生命潜能的自然人,更是在道德人格中实现自我、确证自身的道德人,忽视任何一方面,都会产生对自我本质的片面化理解。也就是说,这是道德主体与自我心灵的深层对话,无关乎任何利他的工具性价值。当然,道德是要引导人们过好生活的,人的生活不同于动物,人是要过更高层次的精神生活。所以,道德也是人类生活的内在目的。"康德相信,是道德而不是别的什么使人获得尊严,道德使人类的生存和生活获得高贵价值,道德的目的王国正是人类孜孜以求的理想生活。"②道德本身具有目的性价值。"当道德成为人类生活的必要条件时,道德或道德的方式也就内在地成为了人类生活和生存的一部分,而不是外在于人类生活的某种设置、背景或工具,道德的存在或有道德地生活本身就

① 杨国荣. 伦理与存在——道德哲学研究[M]. 上海:上海人民出版社,2002:74.

② 李萍. 伦理学基础[M]. 北京:首都经济贸易大学出版社,2004:6.

是文明人类的生存方式和生活方式。"①道德丰富、充实了人的内心世界,内在地肯定了人,使人更加趋于完善,人格更加高尚。"太上有立德,其次有立功,其次有立言,虽久不废,此之谓不朽。"②

就道德本身而言,仅仅信奉"善有善报""恶有恶报""多行不义必自毙"是不够的,道德取决于主体自身,"不是由于畏人言,畏于礼法的责备,而是由于对自己人格美的重视"③。实际上,道德是与人生目的相关的,而人的解放与人的幸福才是人生的真正目的,马克思为我们深刻地揭示了人生的真谛。而在现实生活中,我们容易被一些外在的表象所迷惑,认为有德性的人反受其害。实际上,"从道德上讲,任何道德原则都要求社会本身尊重个人的自律和自由,一般地说,道德要求社会公正地对待个人,并且不要忘记,道德的产生是有助于个人的好生活,而不是对个人进行不必要的干预。道德是为了人而产生,但不能说人是为了体现道德而生存。"④人作为道德的主体,不仅意味着其是道德活动的承担者,而且意味着道德本身也是由人发明和创造出来的。道德在产生之初,是为了调节人的利益需要,从而促进人类整体发展的。它不是为了限制人和约束人,而是对社会起到一种调节和整合作用。"它不是某种纯粹外部的、抑制人的枷锁,不是社会用来对付个人,反对个人的工具,不是同人的自由自觉的生命本质相对立的异己力量,而是人的需要和生命活动的一种特殊表现,是人探索、确证、完善自己的一种重要方式。"⑤道德是人自我实现的一种方式,是人获得幸福的重要保障。

---

① 万俊人. 人为什么要有道德? :上[J]. 现代哲学,2003(1).

② 叔孙豹(春秋战国时代的鲁国大夫)在道德之于人生意义的描述话语。

③ 宗白华. 美学散步[M]. 上海:上海人民出版社,1981:190.

④ 威廉·K.弗兰克纳. 善的求索——道德哲学导论[M]. 黄伟合,等译. 沈阳:辽宁人民出版社,1987:247.

⑤ 彭柏林. 道德需要论[M]. 上海:上海三联书店,2007:11.

### 3.1.1.2　道德与人的存在的关系

奥地利心理学家——阿尔弗雷德·阿德勒在《理解人性》一书中提道:"整个动物王国都显示出一个基本法则, 即物种的个体如果没有能力为保存自身而进行斗争,那么它们就会通过群居生活而获得新的力量。达尔文很久以前就发现这样一个事实:我们从未发现过单独生存的弱小动物,我们不得不认为人属于弱小动物,因为他不足以强大到能单独生存,如果他孤身一人,没有任何文明的工具生活在一片原始森林中, 他将比任何别的生物都更加力不从心。他没有别的动物的速度和力量,没有肉食动物的尖利牙齿,没有灵敏的听觉和敏锐的视觉,而这一切都是生存斗争所必须的"。①即人类自身的物理特性决定了人的存在需要归属于某一群体, 且这种群体归属感需要每个不同个体认同某种共同的规范与原则,而道德就是群体存在的一种重要保障。荀子也提出了类似的观点:"礼起于何也? 曰:人生而有欲,欲而不得,则不能无求,求而无度量分界,则不能不争。争则乱,乱则穷。先王恶其乱也,故制礼义以分之,以养人之欲,给人以求。"(《荀子·礼论》)人生来便有"欲"求,而且这种"欲"求具有无限性的特点,但资源有限,这就必然会产生有限之物与和无限之欲之间的矛盾和冲突, 为了调节这种有限与无限的矛盾,圣人制定礼义道德标准来保障社会的正常秩序与运行。"(人)力不若牛,走不若马,而牛马为用,何也? 曰:人能群,彼不能群也。人何以能群? 曰:分。分何以能行? 曰:义……"(《荀子·王制》)正是由于人有仁、义、礼、智等类德性,人生存的权利才得以保障,而这种权利的实现,必须是在礼的范围内,按照等级秩序行事才得以维护的。正如达尔文所说:"在人类和低等动物的所有差别中,道德感或良心是至关重要的。"②此外,西方的契约论也在一定程度上为我们证明了道德对于人这一"类"存在的意义,它是人类存在的重要

---

① 阿德勒. 理解人性[M]. 陈太胜,译. 北京:国际文化出版公司版,2007:13.

② 周辅成. 西方伦理学名著选辑:下卷[M]. 北京:商务印书馆,1964:271-272.

保障。

　　"道德既是人存在的方式,同时也为人自身的存在提供了某种担保。"①用马克思的话来说,人的本质就是社会关系的总和。"动物不对什么东西发生'关系',而且根本没有'关系',对于动物来说,它对他物的关系不是作为关系存在的,唯有人才能在其存在过程中建立多方面的关系。"②人类就是在关系中存在的,而且这种关系的存在本身具有本体论的意义。③对于人类与道德的关系,我们要从人类历史的发展进程去理解。人作为一种生命存在,其面临的基本问题是生命的生产与再生产。而生命的生产与再生产,就产生出了最原始的人伦关系——亲子关系,其他一切社会关系,都是在此基础上进一步衍生出来的关系网,比如随着生产能力的扩大而逐渐产生出来的家庭关系、邻居关系,等等。总之,从传统人伦关系的演变过程,可以发现家庭对人类存在的本体论意义。对于中国而言,其家庭关系和一切社会关系都是以血缘家庭为轴心建立起的伦理体系,而小农经济正是对这种伦理体系的进一步巩固。

　　人的生命的生产与再生产还远远不能穷尽人作为类存在的全部过程,与之相辅的是物质资料及生活资料的生产和再生产。物质资料与生活资料的生产再生产,是以劳动分工为其内在规定。劳动在形式上分为简单劳动与复杂劳动两种,只有复杂的劳动才是构成社会成员某种分化与协作的基础。社会分工促进了交换的发展,在劳动、分工中,不同的利益集团形成并最终形成了政治、经济、文化等等关系。因此,从生命与生产中,我们不难看出,人处于关系网的限制中。无论是在家庭生活还是社会交往中,所有社会成员都

---

　　① 杨国荣.伦理与存在——道德哲学研究[M].上海:上海人民出版社,2002:26.
　　② 马克思,恩格斯.德意志意识形态[M].中共中央马克思恩格斯列宁斯大林著作编译室,译.北京:人民出版社,1961:24.
　　③ 布伯的《我与你》,提出了我与你的关系是人与人关系的真实存在,否则,我与他的关系不属于真实的关系,顶多算是一种对象性的存在。列维纳斯也认为我与他人的关系是人类存在的本质的关系。

遵循着某种潜在的规则,或者是仁爱或者是正义、平等等依此定位、处理彼此之间的关系,道德秩序从而得以展开与实现。

社会是人类生活的载体,是人们相互交往的产物。每一个人都是具有独立意志、生活需要的个体,但每个人的社会生活需要在一定的秩序下才能进行,我们不能随心所欲,此时规则的存在就十分的必要。道德、法律等都有规则,只是道德的规则是以善恶的方式告诉我们应该怎么做。然而,人的存在本身就面临着分离,或者说人的存在本身就是一个悖论。随着交往关系的扩大,社会关系愈发多样化,而分工又加剧了人的社会关系的一种"固化"。即人是被定格在某种关系中,具有固定功能的个体。因此,分化意味着对规则等法律、道德秩序凝聚性质的规则的要求;分化也意味着人的单向度,人的片面化。人的存在所不能回避的问题就是这种同一、分化以及分化后的重建与调整。没有一定的道德秩序,生命生产与资料的衍生都将难以展开。

实际上,道德与生活是相辅相成的。人类的生产、生活、学习、服装等方面,都包含着道德的内容。即伦理与道德总是体现在具体的生活中的。"就个体而言,'伦理地'生活使人既超越了食色等片面的天性(自然性或生物性),也扬弃了特定社会角色所赋予的单向度性,而在这一过程中,道德同时也为个体走向具体存在提供了某种前提。"②道德不能由法律、习俗等代替,因为它是以规范的形式存在的,主要是靠人的内心的道德信念、良心来维持,其内容既有积极、鼓励的意蕴,又有禁止的要求,其起作用的方式不像法律那样具有强制性,而是强调主体的自觉、反省,因而更容易被人们接受;同时,道德总是满足整体利益需要的,是调节个人利益与整体利益关系的,在人受个人利益驱动,不受约束地追求自身利益而无视社会整体利益时,是道德提醒着每个人将自身与社会利益联结起来。"实际上,道德的基本问题不是对个人幸福的追求,而是对整体幸福,即对部落、民族、阶级、人类幸福的追

---

① 杨国荣. 伦理与存在——道德哲学研究[M]. 上海:上海人民出版社,2002:35.

求。"①罗国杰教授在《伦理学》一书中提出,伦理学的基本问题之一就是个人利益和集体利益的关系问题,道德就是要实现人类的整体的幸福。

### 3.1.1.3 道德与社会的整合与调节

人的活动是一种关系性的交往活动。但如何保持和继续这种交往活动,仅仅靠个体人的自觉显然不够。因为人的个体性以及不同的生活方式与生活习惯,促使其内在和外在的需要与利益不同,实际上,"对于各个个人来说,出发点总是他们自己"②,事实证明,他们自身的个体行为也往往充满着矛盾与冲突,与社会的正常秩序不尽一致。而社会要正常运转,就需要有相应的整合、控制与调节系统,从而促进社会的有序化和规范化。道德就是这种控制系统的重要组成部分。

"为什么人类社会除了公约与法律之外,还需要一套道德系统? 因为如果没有这一系统,则人与人之间就丧失了共同生活的基本条件。于是,社会便只有两种选择,要么回到所有的人或我们的大多数的状况比现在要恶劣得多的自然状态,要么回到以暴力威胁来避免任何行为过失的集权主义专制统治。"③道德作为一种调节共同生活规则的基本手段,它与法律系统共同构成了人类生活的基本保障,无论是在集权社会还是在自然状态,亦或是在现代社会发展中都是如此。"夫道之所由起,起于二人以相互之际,与宗教、法律同为维持群治之具,自非绝世独生,未有不需要道德者。"④在一定历史时期,某种道德观念或者道德意识是制约该共同体成员行为的因素,而且在较长的历史过程中,这种因素的意义一直存在着。比如,在中国传统社会中,父子、君臣等关系,在很长的时期内都是指导人们行为活动的心理定势。

---

① 普列汉诺夫选集:第 1 卷[M].北京:生活·读书·新知三联书店,1962:551.
② 马克思恩格斯全集:第 3 卷[M].北京:人民出版社,1960:86.
③ 甘绍平.伦理智慧[M].北京:中国发展出版社,2000:5-6.
④ 陈独秀文章选编:上卷[M].北京:生活·读书·新知三联书店,1984:194.

但道德的调节与整合作用,并不是无故产生的,它是由道德本身特定的评价方式决定的。道德的调节作用与法律不同,它不是强制性的硬要求,而是采用"软控制"的方式。即用"应当"来引导人们行为向善;在尺度上,重在调节个人利益与集体利益的关系,偏于个人和整体应有权利的尊重与维护方面;在方式上,主要是通过内在的教育感化与外在的舆论力量,来唤醒人们行善的良心。当然,随着社会交往的不断发展与进步,某种道德意识会逐渐成为制度化性质的担保。比如,某人从事了某种职业,也就是意味着他或她要承担某种义务。也就是说,道德的这种制度化的现实,成为社会整体调节的一种现实性机制。道德能够基于平等、为他人着想等规范,调节人与人之间的不同利益,使社会实现良性发展。就现代社会而言,尤其是改革开放后的中国,一方面人的主体性和个体性得到高扬,另一方面,社会又必须在一个有序的社会环境中发展,需要规范个体人以及社会人的行为。比如,人们获得足够的自由时,就需要有一定的制度和规范对自由的界限进行限定,以免个人的权利遭受侵害。人们要求法治和德治,其背后的原因亦在于希望人与人能够和谐相处。因此,就现代社会而言,公平、平等、自由等价值观念必须得到道德以及法律的保障。综上所述,我们有理由相信人类需要道德,但道德为什么又需要知行合一呢? 这仍然需要进一步证明。

### 3.1.2　道德的规范性和主体性本质决定了道德知行合一

"只有首先承认道德是一种维持人类正常的生产和生活需要秩序的产物,才能正确地理解道德何以用行为准则的形式来表现自己,也才能正确地理解道德为什么必须通过行为规范的形式来发挥作用。"[①]从道德与人的需要关系、道德与人的存在角度、道德对社会的整合与调节方式,都可以证明道德的发生、发展就是人类维持自身和社会发展秩序的一种需要。人类社会

---

① 夏伟东.道德本质论[M].北京:中国人民大学出版社,1991:90.

需要道德,这是认识和理解道德的规范性本质的前提。那么规范是什么? 规范是人类共同制定的或者约定俗成的生产生活的标准与原则。在现实生活中,有道德规范、法律规范、职业规范、科学规范,等等,规范并不仅仅局限于道德领域。但任何规范的制定都不是随意发生的,他们是对现实社会关系的客观要求。而"约定俗成"也并非主观随意的概括,它是人们在面临某种特殊环境时,一致认同的、自然而然产生的标准和规范。因此,对于道德规范而言,它也是客观的、不以人的主观意志为转移。然而不同时代具有不同的道德规范要求,而且道德规范是无数"个人"集体智慧的结晶,从这个意义上看,道德规范关涉人的主观方面。

人类需要道德,但道德以规范的形式发挥作用,主要源于,一方面,道德起初发挥作用的方式就是禁忌、图腾等原始礼仪模式,这决定了道德对世界、对社会关系的把握和理解,就是通过规范的形式发挥作用;另一方面,道德规范的出现,主要源于社会的客观需要。"这种需要是一种秩序的需要、节制的需要、约束的需要,总而言之,是一种对行为的要求,即应该怎样行为或不应该怎样行为,怎样行为是善的,怎样行为是恶的等等"。①社会作为人类生活的载体, 是人们相互交往的产物。对于每一个具有独立意志的个体而言,社会生活需要在一定的秩序下才能生存,此时规则的存在就十分必要。道德以规范的形式告诉我们什么是善恶。"作为人的社会性的一种表征,道德构成了社会秩序与个体整合所以可能的必要担保。"②我们在道德规范的护佑下,才得以进行正常的生命和生产资料生产。但道德要真正发挥作用,必须要深入人心,与人的心灵产生共鸣,只有这样,人们才能敬畏道德规范,自觉遵守道德规范。所以道德规范在本质上是主观和客观的统一,是"人类"共同制定的,反映一定社会关系的客观内容,是对人们提出的道德要求的反映。道德总是以规范的形式存在,是一种外在规范或者外在行为准则对人类

①　夏伟东.道德本质论[M].北京:中国人民大学出版社,1991:95.
②　杨国荣.伦理与存在——道德哲学研究[M].上海:上海人民出版社,2002:28.

行为约束的必然性。但道德的外在导向型功能亦是道德的重要功用。"道德规范既作为一种行为准则，就必然在约束人们的行动时也引导人们的行动。"①它不仅仅告诉我们应该做什么,也告诉我们不应该做什么,为我们的正确行为指明了方向。总之,道德的规范性本质特点,决定了我们在实际的道德生活中,能够以道德规范为准则,深刻理解道德规范对于人的道德行为的约束性和导向性特征,并能够在认识道德规范的基础上,自觉践行。所以道德的规范性本质特征决定了道德的知行合一。

但道德规范作用的发挥与道德主体是密不可分的。这就需要对道德的主体性本质进行说明。道德的主体性就是强调道德与主体的关系,无主体的道德,对人没有意义;无道德的主体则不能称其为人。而道德以道德规范的形式发挥作用的特点就决定了主体和道德规范的亲密关系,道德主体应该将道德规范内化为自身的道德良心和道德责任心,使外在的作为道德规范存在的道德,成为主体自身的道德。从道德的主体性本质规定中,我们可以发现,道德需要内化为人的道德情感,并进而成为人的道德需要,并最终在现实生活中体现出自己的道德品质,实现知与行的统一。

### 3.1.3 道德的意识和实践精神特点决定了道德知行合一

道德是受经济关系制约的,在一定经济基础上产生的特殊的社会意识。②这里的"意识"与"物质"相对应,强调了道德的性质、原则、内容、演变等,需要借助实际的附属物,才能发挥其作用。但道德作为一种社会意识,作为一种精神产物,不是一般的上层建筑,它是以指导人们形成正确的行为为目的的客观精神。道德作为一种实践精神活动,本身就蕴含着"行为实践"的倾向。即这种行为倾向,从人的需要出发,使人的精神活动符合社会发展的要

---

① 夏伟东.道德本质论[M].北京:中国人民大学出版社,1991:115.

② 罗国杰教授在《伦理学》(人民出版社,1989 年)中,主要是从经济基础与社会道德的决定与被决定的视角论证了道德是一种特殊的社会意识。

求,不仅涉及对世界的改造,还涉及对世界的评价,最终是为了实现社会关系的协调发展、个体道德品质的纯洁高尚以及人精神世界的欣欣向荣。今天我们所使用的道德概念,是在中西哲学释义的基础上合成的,共有三层含义。第一层含义是个体的道德品质,如黑格尔认为,道德是一种"主观的法";第二层含义是社会的道德习俗与规范,如罗国杰教授认为:"道德是调整人和人之间关系的一种特殊的行为规范的总和"[①];第三层含义是作为价值关系存在的道德,比如李德顺教授认为:"道德是调节人与人之间社会关系的一种价值体系"[②]。这个价值体系主要是指人的思想、行为是否与社会所要求的规则、秩序等相一致。总之,道德是对人的内在规定,是人与动物相区别的重要标识。可以说,一个人的德性品质,是人成为人本身的重要标志。

此外,综观中西方哲学家,无论是孔子、孟子还是西方的康德、黑格尔,他们都将道德定义为"恰当的""适当的"行为或者"做"。"做"是人与动物相互区别的重要标志。即动物依据的是本能,没有恰当可言,而人的"做"却蕴含了人的理性能力、情感、意志以及人的价值精神等,也只有人的"做"存在着恰当与否的问题。与此同时,人的"做"不是单纯的行动和行为,它是人在一定精神指导下的"做",是人的实践理性。"道德是主体基于自身人性完善和社会关系完善的需要而在人类现实生活中创造出来的一种文化价值观念、规范及其实践活动。"[③]而且"道德作为人的行为定向形式必然要贯彻到行为实践中去;道德作为调节、改变现存关系的积极力量,也要通过人的行为而实现"[④]。简单而言,道德要将人的善、美等精神付诸实际行动,并在身体力行中,将人认知中对于做人的标准与认识变成实际的行动,在"做"中成就人本身并实现成人之道。因此,判断某人是否是道德的,不但要看她或他想

①　罗国杰. 伦理学[M]. 北京:人民出版社,1989:7.

②　李德顺,孙伟平. 道德价值论[M]. 昆明:云南人民出版社,2005:8.

③　肖群忠. 道德究竟是什么[J]. 西北师范大学学报,2004(6).

④　王育殊. 道德的哲学真义[M]. 北京:中国社会科学出版社,2008:79.

什么、说什么，更要看他或她做了什么。

道德行为意味着道德的现实化，稳定长久的道德行为意味着道德人的形成及人自身价值的实现。"正是在一系列、一连串的行为活动过程中，个体将自己的内心道德世界建筑于客观现实世界之上，形成自己的品德、人格或道德个性，也实现自己的追求和价值"①，在现实生活中，人的任何美德都不能仅仅作为潜能存在，勇敢的人因为勇敢的行动而获得勇敢的德性；智德通过人的精神活动和精神成就而获得智德的本义；幸福通过一切可能的创造性生活得以实现。总之，任何德性从其生成到其展开，都是在行动中养成的。"人们通过现实活动，而具有某种品质，品质为现实活动所决定。"③也就是说，要成为有德性的人，不仅需要通过学习，更为重要的是要做，要行动和实践。而且德性的养成与人的个性实现不同，它必然联结了人的道德认知、道德情感、道德意志以及普遍和特定的自我思维方式等，只有将它们统一起来，人的德性养成才会成为可能。"作为人存在的精神形式，德性在意向、情感等方面展现为确然的定势，同时又蕴含了理性辨析、认知的能力及道德认识的内容，从而形成为一种相互关联的结构。"④德性之所以成为人的一种精神形式，与主体人行善的意愿、对于善情感的认同等密切相关。可以说，行善的内在根据就在于人的德性。而道德以实践——精神的方式认识和改造世界，这就决定了道德作为一种精神指导的"知"与作为付诸现实行动的"行"的合一性。知本身"是一种特殊的内化的'行'"⑤。

① 唐凯麟,龙兴海. 个体道德论[M]. 北京:中国青年出版社,1993:170.
② 中国伦理学会编. 社会主义市场经济与道德建设——中国伦理学会第九届讨论会论文集[M]. 南宁:广西人民出版社,2000:259.
③ 杨国荣. 大学哲学[M]. 上海:华东师范大学出版社,2013:104.
④ 姚新中. 道德活动论[M]. 北京:中国人民大学出版社,1990:124.

### 3.1.4 道德的动机和效果的科学评价标准要求道德知行合一

我们在进行道德评价的过程中，需要将行为发生的原因和行为产生的后果统一起来，只有这样，才能进行科学合理的行为评价。而我们在现实生活中，往往会遇到"行而不知"的情形，即主体人并不是在一定道德意识的支配下，根据其对人与人、人与自然、人与社会关系的自觉体验所获得的道德意图和动机而做出道德行为。我们认为这种"行"不算是道德上的"行"。比如精神病人在发病期间的行为，不能被认作道德行为。因为道德行为的发生不是出于主观的意愿，不是出于行善目的的自愿，而只是恰巧或者偶然地产生了道德行为的结果。那么"知而不行"是否是合理的呢？我们认为，"知"作为主体人的内部活动，必须表现于外，"纯精神""纯活动"都没有实际意义和价值。在现实生活中，我们评价一个人，也并不看她或他知道多少道德规范，而主要看其在行为中能否将这种道德认知落实到行动中，是否对他人和社会具有积极的意义。一个只知道"纸上谈兵"，而不身体力行之人，实际是一个知行不一的"双面人"。且人的认知活动在没有成为人的行为时，仅仅以人的欲望、需要等动机形式存在，那么它永远也只是一种内隐性的行为，它不与现实生活相联系，便不会对现实生活产生任何积极的作用，只有转化为实际的积极的行动，才能是善的行为或是好的行为。

只有"从知到行"的"知行合一活动"，即将行为的动机和行为的效果联系起来的活动，才可以进行道德评价。"知"不仅作为"行"的倾向在现实生活中发挥作用，而且知必然要体现为实际生活中的"行"。"事实上还不只如此，从知到行，本身就是一种道德必然性，是道德活动发展的内在规律。"①古今中外，任何关于道德的学问，无论是对于规范的认知、把握，还是对于道德的坚守，最后的归宿都是道德行为实践，即都是道德认知指导下的行为实践。

---

① 姚新中.道德活动论[M].北京:中国人民大学出版社,1990:123.

古希腊时期,自苏格拉底始,伦理学就一直被称为"实践之学";中世纪的宗教神学尽管强调人的"信仰",但其归宿仍为实践;康德、黑格尔也强调道德的实践性,只不过,他们视域中的"实践"还不是科学的"道德实践"。在中国哲学史上,我们一直在强调"修身、齐家、治国、平天下"的道德行为实践,但发展到宋明时期,理学家尤其是王守仁等心学家,将"行"视作意识和"心灵"的活动与修养,在本体论意义上,将人的心性与行为统一起来。这虽然与我们今天所倡导的科学的实践观有所不同,但是我们仍然要高扬他们提出的道德领域的"知行合一""不行非真知"的道德实践观。总之,道德评价的标准,不是将道德认知和道德行为孤立对待,"知而不行""行而不知"都是错误的。我们应该将道德认知看作道德行为的必要准备,道德行为则是在道德认知基础上的行为,将动机和效果结合起来进行道德评价才是正确的科学的行为评价标准。

可以说,正是由于人的正确的动机(道德认识)结合及时、有效的道德行为实践,才使道德从应然走向了实然,成为一种现存,从而使道德自我得以实现。正是在对道德的反思中,我们获得了道德的知行合一性特征。如果认识得不够真切,不是自己的亲身经验,而是间接经验的话,从一定意义上来说,这种道德认识的获得相对比较容易,主体往往缺乏实践的决心,因而这种道德认知只是口头上的,不能成为真正的道德实践,或者说这种认知不是真正的道德认知。道德知行合一于主体人而言,具有本体论意义,它将人的心性与其行为相统一。而道德知行合一,更重要的在于道德行为实践,正是道德行为实践,使道德从应然走向了实然,成为一种现存,从而使道德自我得以实现。因此,将道德的动机和效果相结合的行为评价标准能够对一个人的道德行为作出正确的评价,是一种较为科学的评价方法。

## 3.2    道德主体如何做到道德知行合一

"完善的道德行为总是理性的判断、意志的选择、情感的认同之融合：如果说，理性的评判赋予行为以自觉的品格、意志的选择，赋予行为以自愿的品格，那么，情感的认同则赋予行为以自然的品格。只有当行为不仅自觉自愿，而且同时又出乎自然，才能达到不思而为、不勉而中的境界，并使行为摆脱人为的强制而真正取得自律的形式。"①这表明了道德认知(知善)与道德行为(行善)之间存在着某种互动关系，道德认知内在地具有实践倾向，二者为道德知行合一提供了内在的可能性。"作为道德知识与价值信念的统一，道德认识在确认何者为善(何者具有正面或肯定的价值)的同时，也要求将这种确认化为行动；从这一角度上说，道德认识内含着实践的意向，而这种实践意向又源于行善的定势(凡是善的，就是应当做的)。同时，就道德认识的实践趋向而言，关于当然的知识，不仅需回答'应当做什么'，而且要回答'应当如何做'"②，道德知行合一的前提就是道德认知。总之，道德认识是良好的道德行为与习惯发生的前提条件；道德情感是道德由知到行的动力保障；道德意志是道德行为发生的关键环节；道德信念则是一种强烈的道德信仰和责任感，是道德行为之所以发生的行为指南。而道德行为一旦成为人的一种稳定的行为习惯，其道德行为的稳定性便可以得到保障。所以道德品质的养成必然是道德认知、情感、意志、习惯和行为等相互配合、相互作用的结果。即只有诸多因素相互配合，形成合力，才能形成一种良好的环境系统，光靠教育者本人是不能发挥作用的。

"最可靠的心理学家们都承认人类的天性可分做认知、行为和情感，或

---

① 杨国荣.良知与德性[J].哲学研究,1996(8).

② 杨国荣.伦理与存在——道德哲学研究[M].北京:北京大学出版社,2001:18.

是理智、意志和感受三种功能，与这三种功能相对应的是真、善、美的观念。"①
"广而言之，道德法则本身从外在的他律到主体自律的转换，往往也需要通
过个体的情感认同、意志选择等环节来实现，仅仅停留于对道德的理性认
知，而无行善的热忱和从善的意向，则法则所蕴含的'应当'，常常很难化为
现实的道德行为。"②即对道德的理性认知，只是道德由知向行转化的重要条
件，但从人的行为的综合素质来考量的话，人的行为不得不依靠道德情感与
道德意志的配合。"对于伦理学而言，探究人的道德认知、道德情感和道德意
志乃是造就真善美相统一的完美人格的可靠保证。"③道德认知是基础；道德
情感是一种道德需要的表现形式，是行为的动力。"只有情感，而且只有伟大
的情感才能使灵魂达到伟大的成就，如果没有情感，则无论道德文章都不足
观了……道德也就式微了。"④道德意志则是保证道德行为持久性的力量。
"知以求真，情即达美，意为成善，这正是从人的精神世界的结构中所引发的
思路，从人的内在心灵的实存中所产生的召唤。"⑤道德认知与道德行为的统
一，必然需要研究道德认知、道德情感、道德意志等道德心理；而人的性格、
兴趣、意愿、性别、伦理环境、道德直觉、人性等因素也应该得到重视。

### 3.2.1　道德认知为知行合一的逻辑起点

主体有了正确的道德认知就一定会进行道德实践，产生道德行为吗？也
就是说，知善知恶就一定能行善纠恶吗？道德认识意义上所指认的"知"，虽
然不能完全等于对事实的认知，但就其对于是非善恶、人伦规范的理解而
言，却是对善恶是什么的探讨。从逻辑上看，知善并不能直接推论出行善，知

---

① 马克思. 1844 年经济学—哲学手稿[M]. 中共中央马克思恩格斯列宁斯大林著作编译局，编
译. 北京：人民出版社，1979:78.

② 杨国荣. 伦理与存在—道德哲学研究[M]. 北京：北京大学出版社，2001:207.

③⑤ 陈根法. 心灵的秩序——道德哲学理论与实践[M]. 上海：复旦大学出版社，1998:22.

④ 狄德罗. 哲学选集[M]. 北京大学哲学系外国哲学史教研室，译. 北京：商务印书馆，1963:1.

其善和行其善之间似乎没有必然的直接的承诺关系。仅仅具备了某种关于道德的认知,并不一定导向道德行为,实现善。"道德认知不是一个简单的认识论上获得道德知识的问题,关于伦理道德的知识,只是伦理道德在社会日常生活成为可能的一个必要条件,我们的伦理道德知识谱系固然重要,但其不能仅仅是道德学家的言说或外在的道德律令,它需要从理论到实践的转化,需要通过伦理道德教育等诸种方式内化为人的良知与习惯,并真正转化为人的日常生活中的德行。"[①]在实际生活中,道德知行不一的情况比比皆是,不少人是知而不行,甚至明知故犯的。所以,有了正确的道德认知并不必然产生道德行为,进行道德实践,实现知行合一。然而,将这个公式反过来讲:正确的道德认知不一定产生道德行为,那么道德实践或者道德行为是否必然需要正确的道德认知作为前提呢?

实际上,认知作为心理学研究的基础理论,对人有着深刻的影响。在人进行日常行为活动时,尤其是道德活动时,道德活动的绩效往往依赖于主体一定的道德认知。古希腊哲学家苏格拉底认为,没有人知善而不行善,知恶而故意为恶。因为主体人的道德认知并非单独发挥作用,它往往是与人的目的、计划相联,人总是在认知的基础上,为活动的实现与完成确立一个方向、目标,以保证活动的顺利实现。王夫之说:"凡知者或未能行,而行者则无不知。且知行二义,有时相为对待,有时不相为对待。如'明明德'者,行之极也,而其功以格物致知为先焉,是故知而有不统行,而行必统知也。"(《读四书大全说》卷六)行亦或道德行为是在道德认知的基础上实现的。孙中山在《孙文学说》中提道:"不知固行之,而知之更乐行之"。有了一定的认知,更容易发生道德行为。罗国杰教授认为:"真理的认知作为目的而成为道德行为的指针,决定着行为的成败;价值意识作为目的成为行为的动机动力,决定着主体行为的活力和命运。"[②]

---

　　① 李金鑫.道德能力的道德哲学研究[D/OL].南京:南京师范大学.2011:70.

　　② 罗国杰.伦理学[M].北京:人民出版社,1989:391.

尤其需要注意的是,道德认知中"无知"状态的存在。有的人是因为自身能力的缺乏;有的人则迫于外界的压力;有的人在特定历史背景中,可能会出现道德中的"无知"。有意的"无知"是出于对道德责任的逃避,而大多数情况下,人们的无知是无意的"无知"。但"有知"非必善,"无知"则易恶。对于"有意"或者"无意"无知的人,我们都不能过分期待其行为的道德性,正如,"一个人的无知,在于对自己是什么人,在做什么,在对什么人或什么事物做什么的无知;有些时候,也包括对要用什么手段——例如以某种工具——做,为什么目的——如某个人的安全——而做,以及以什么方式——如温和的还是激烈的——去做等等的无知"①。这样的人往往并非真实的道德主体。所以说,道德行为必然有一个正确的道德认知,必然不会是无知的。"惟有既懂得'应该做什么',又了解'应该如何做',才能扬弃自发性与盲目性而真正赋予道德行为以合理的品格。"②正确的道德认知更容易实践道德,成就有德性的"善"的人生。"如世上一等人说道不须就书册上理会,此固是不得。然一向只就书册上理会,不曾体认着自家身己,也不济于事。如说仁义礼智,曾认得自家如何是仁? 自家如何是义? 如何是礼? 如何是智? 须是着身己体认得。"(《朱子语类》卷十一)一个人懂得再多的仁义礼智等规范,能够将道德规范讲得口若悬河,这不一定是真正的道德认知;真正的道德认知是与主体人自身密切相关的,需要主体人自身的理解、认同且内心向往。

任何可以被称为道德行为的行为,都是由知而行的。即便有些人在最初认识某人、某物时,对彼完全不理解,而只是在道德情感牵引下发生了道德行为,但我们认为这种道德情感亦不是先验存在的,它是在后天不断的实践过程中逐渐激发出来的。这里有"循理而行"的意蕴在里面。"须是识在所行之先,譬如行路,须是光照";"譬如人欲往京师,必知是出那门,行那路,然后

---

① 亚里士多德. 尼各马可伦理学[M]. 廖申白,译. 北京:商务印书馆,2003:62-63.
② 杨国荣. 伦理与存在—道德哲学研究[M]. 北京:北京大学出版社,2001:18.

可往。如不知,虽有行之心,其将何之?"(《二程遗书》卷三),人的行为若没有知的指引,便是无方向、无目的的行,对人而言没有实际意义。所以知先行后,以知为本,行次之,有知后方能行。换言之,"知识虽然不能被直接地视作美德,但知识却是美德的基础,'真'并不一定为善,但善必须以真为前提"①。科尔伯格认为:"道德行动是由一种价值判断所决定的或以之为前提的"②。道德行为的发生需要以一定的道德认知(道德判断)为必要条件,但与此同时,"道德行为或态度并不能仅仅用纯粹的认知或者纯粹的动机指标来定义"③。这里再次论证了道德认知是道德行为发生的必要条件。

道德认知为道德行为之前导,道德认知越深刻、越全面,就越容易实现道德行为,从而促进知行合一。在实际生活中,我们会发现这样一些现象,好人做了坏事。如何理解这里所提及的"好人"?好人与有德之人是不同的,"好人"的概念很宽泛,大多数老实人、心地善良之人、乐于助人的人都会被称为好人,有行善意向但没有实际行善行为的人,也往往被列为好人。相形之下,有德之人,却不仅仅具有一种为善之意向,而且是一种行为的定势。即无论何时、何地、何种境遇,哪怕是个人独处的时候,都能严格按照自己所认定的道德标准行事。此时的行为不是出于外在的强制,而是行为者对于自我的一种内在要求,无关乎任何所谓的形象与面子。因此,知善与行善的合一,总是包含着正确的道德认知,如果抽离了这种知善的过程,道德行为便只是一种空洞的应该,不是真实的德性。"只有当善的意向与善的认识融合为一时,德性才呈现为美德,而善的认识则涉及对伦理原则、具体情景等等的正确把握。虽有善的意向,但同时以错误的道德认识为内容的'德性',只是片面的德性;与之相联系的行为者也许可以称为'好人',但却很难视为真正意义上

---

① 魏英敏. 新伦理学教程[M]. 北京:北京大学出版社,2012:299.

② 科尔伯格. 道德发展心理学[M]. 郭本禹,等译. 上海:华东师范大学出版社,2004:10.

③ Kohlberg. *The development of modes of moral thinking and choice in the years*[D/OL]. University of Chicago. Illinois:16.

有德性的人。"①从知其善到行其善,不仅要解决应该如何的问题,还包含了应该如何做的问题。"宽泛而言,从知善与行善的关系看,道德行为所以可能的条件既包括对普遍规范的把握、对具体情景的分析,也涉及特定的行为方式、程序。"②即对道德认知五要素的把握,是道德知行合一的必要条件。逻辑地看,任何行为都绕不开道德认知对道德行为的必要规定。

## 3.2.2　道德情感为知行合一的源泉动力

"如果道德认知不能内化为个人的情感意志,那么,这至多只是关于道德现象的一种知识性空洞了解,而未必能成为人们的现实行为。认知必须通过情感意志,才能成为人们生活实践的价值精神。"③人的行为是理智与情感双重作用的结果。情感涉及人的喜、怒等情绪行为,是在一定标准下评价自己与他人行为时产生的一种情感体验与主观的态度,它对于行为的产生、调控与实现都有重要作用。但这里讨论的是人的更高级的情感——道德情感。道德情感往往是道德行为的动因,其往往在面临重大事件与危机时,充当激发人的道德勇气,从而选择道德行为的角色。"无论什么——我们的言辞、思想,甚至我们的行为,都不能像我们的情感那样清晰、确切地反映我们自己和我们对待世界的态度。"④董仲舒认为:"仁而不智,则爱而不别也;智而不仁,则知而不为也。"(《春秋繁露·必仁且智》)也就是说,一个人有了道义心而无分辨判断力,可能会以善为恶或者以恶为善;一个人明确何为善恶,却又没有仁爱之道义心理,在实践中便会知而不行。这里凸显了道德判断与道德情感对于道德行为的意义。因此,研究道德情感对于人的意义,是道德知行合一的题中之义。

① 杨国荣.伦理与存在——道德哲学研究[M].北京:北京大学出版社,2001:154.
② 同上,2001:207.
③ 高兆明.荣辱论[M].北京:人民出版社,2010:135.
④ 雅可布松.情感心理学[M].李春生,等译.哈尔滨:黑龙江人民出版社,1988:27.

"道德情感是人们依据一定的道德观念或道德准则,依据社会的道德要求对自身的行为和身外的各种事件进行评价时所产生的情感体验。"①道德情感,发生在人们的相互交往关系中,是一种理性情绪,它以规范判断为中介,是与评价相联系的反应。如康德说:"一个人也能够成为我所钟爱、恐惧、惊异的对象,但他并不因此就成了我所敬重的对象。"②且仅仅将道德当作一种知识,并不能产生情感,"就善恶的真知识作为仅仅的真知识而言,绝不能克制情感,唯有就善恶的真知识被认作一种情感而言,才能克制情感"③。即道德知识只有被情感所关照,才能成为行为与否的动力,从而克制或激发人的某种积极或消极情绪。休谟则认为:"理性是完全没有主动力的,永远不能阻止或产生任何行为或者情感。"④他把人的道德或者德性更多地理解为一种情感。尽管休谟给道德与情感划上了句号,过分强调了非理性对于道德的意义,但从另外的角度看,休谟看到了道德情感对于道德行为产生的动力意义。总之,"道德情感乃是一种基于日常生活中的道德体验而养成的对'先天实践法则'的尊重,而对道德行动所采取的心理倾向性"⑤,即道德情感是行动发生的心理基础。那么道德情感如何发生呢?

第一,道德情感与人的自然情感、社会情感不同,它是非常个人化的,与个人的道德观念以及外在道德观念的个体内化直接相关。只有人的心灵将外在的道德规范变成对自己的要求时,道德情感才有产生的可能条件。无论人们的道德认知如何丰富与深刻,道德情感如果不能变成人的心灵体验,它也不会变成道德行为之动力。然而一旦道德情感成为压倒一切的人的内心的无声的命令,便会推动道德行为的发生。总之,道德情感一旦被适当地激发或者利用,便会成为人们道德行为的指南。只有将道德认知内化为一种自

① 陈根法.心灵的秩序——道德哲学理论与实践[M].上海:复旦大学出版社,1998:29.
② 康德.实践理性批判[M].韩水法,译.北京:商务印书馆,1966:78.
③ 斯宾诺莎.伦理学[M].贺麟,译.北京:商务印书馆,1983:180.
④ 休谟.人性论[M].关文运,译.北京:商务印书馆,1981:497-498.
⑤ 晏辉.论作为整体伦理之危机:上[J].探索与争鸣,2012(5).

觉的道德情感,并尽可能地转化成一种正确的道德信念,且能够付诸实际行动时,我们才可以认为他或者她是一个有道德的人。道德情感也容易形成思想与行为的相互尊重与理解。比如同在异国他乡的人,往往对自己的祖国形成某种共通的情感。

第二,道德情感往往同人的需要相联系,能够直接决定和影响主体人的活动。即凡是能够满足主体人的低级或者高级需要的事物,便容易引起积极的情绪,从而在亢奋中稳定下来,积淀成主体的行为。道德情感在需要的满足中又是分层次的,第一层次是较低级的个体的基本道德需要,往往与人的同情心、良心等相联系,比如内疚就是人的良心的一种情感发现;第二层次则是随着交往与文化的深入影响,以自我完善、实现自我为目的的情感。比如荣誉感、自豪感等就是一种以自我完善为目的的情感。但总体而言,道德情感作为理性的情感, 同人的需要密切相关。它在不同的关系与情感需要中,根据具体情形产生不同的道德情感,从而成为驱动主体人行为的内在动力。它对于道德行为的发生具有动力作用,属于高级情感。主要体现在,在某种突发的情境中,能迅速有效地采取高尚行为,对行为发生具有催化作用。而且在这种情境中,能设身处地为他人着想,产生一种外射的移情体验。积极的道德情感会使道德活动健康、优化发展;而消极的道德情感,比如厌恶、低迷、悲伤等,容易使人消沉,也耗灭了关系中的积极向上的精神与力气。所以积极的道德情感作为行为选择中的重要因素, 是道德行为产生的重要动机。"人的行为是一个有机整体,情感则构成了行为方式的动力状态,没有一个行为模式不以情感为动力。"[①]我们应培植积极的道德情感,鼓励积极的道德心境,提倡"乐而不骄,哀而不沉",不为现实生活中的外物所累,鼓励积极进取的人生态度和生活方式。

第三,道德情感与人的角色有着密切的关系。由于人总是处在一定的社

①　皮亚杰. 儿童心理学[M]. 吴福元,译. 北京:商务印书馆,1980:86.

会关系中,所以在不同的情景中会充当不同的社会角色。一般来说,越是贴近个人日常生活实际的行为,越容易引发人们不同的道德情感。比如,作为家庭成员,他或她会产生一种家庭道德感;作为某一国家的公民,他或她又会产生民族自豪感与民族亲切感,尤其国外学习或者旅游的经历,更容易激发人的民族与国家自豪感。道德情感本身包含很多内容,有的表现为正面的积极价值,有的表现为负面的价值。一般而言,荣誉感、幸福感等具有正面价值,妒忌、冷漠等具有负面价值。在不同的道德情景中,会有不同的情感反应,会有正当与否之别。

休谟认为,人类能够践行道德的原因在于其内在的人性,即人的道德情感。他对同情作了细致入微的察解,将同情视为道德体系之基。"德性是由情感所规定的。它将德性界定为凡是给予旁观者以快乐的赞许情感的心理活动或品质,而恶行则相反。"①激发人的道德情感,使人能够产生同情心,能够将这种情感外推出去,是人能够行动的重要动力。

羞耻与内疚,往往是与人自身的尊严相联系的,而尊严更多地基于对人的内在价值的肯定。儒家历来都十分推崇,人作为社会性的存在,应重视心理情感方面对于耻感的培养。从孔子的"行己有耻"(《论语·子路》)到孟子的"耻之于人大矣"(《孟子·尽心上》),直至后来的王夫之等人"世教衰,民不兴行,'见不贤而内自省',知耻之功大矣哉"(《思问录·内篇》),都是对人尊严的维护。而任何道德行为,都是人的理性和情感相交融的产物,用王守仁的"致良知"来表述道德是十分贴切的。良知既是情感与理性的统一体,含有自觉和自愿的气质,对于行善的人而言,从内在的真心出发,便具有了一种与自我密切相关的真实德性了,于我而言,自己制定的法规,自我遵行起来便较为容易。那么何为良心? 良心是道德情感之基本形式。它源于拉丁文conscire,意为知道,后西方国家用 conscience 表示良心,意为内心、意识。"良

---

① 休谟. 道德原则研究[M]. 曾晓平,译. 北京:商务印书馆,2001:141.

知"通常也是和良心一同被认识的。

在中国传统哲学中,"良知""良心"一词由孟子提出,"人之所不学而能者,其良能也;所不虑而知者,其良知也"(《孟子·尽心上》);"虽存乎人者,岂无仁义之心哉? 其所以放其良心者,其锋斧斤之于木也,旦旦而伐之,可以为美乎? "(《孟子·告子上》)王阳明:"见父自然知孝,见兄自然知悌,见孺子入井自然知恻隐,此便是良知,不假外求"(《传习录》)。孟子用恻隐、羞恶、辞让、是非之心来阐释良心,王阳明"良知说"亦是对孟子思想的发挥,其"致良知"更是对良心发挥作用的方式、对于道德评价和道德修养的意义作了最为深刻的阐述。在西方哲学中,也有很多关于良知的论述。德谟克利特将良知作为人与动物相区别的标志,认为人具有一种对自我行为判断的羞耻感;奥古斯丁将良心看作是对神的服从;亚当·斯密和萨甫慈伯里认为良心是人的先天情感;但只有黑格尔对于良心的本质作了规定,认为"良心是自己同自己相处的这种最深奥的内部孤独,在其中一切外在的东西和限制都消失了,它彻头彻尾地遁隐在自身之中。人作为良心,已不再受特殊的目的的束缚,所以这是更高的观念,是首次达到这种意识、这种在自身中深入的世界的观点"[①]。马克思在黑格尔关于良心的基础上又进一步提出了,良心作为客观道德义务的主体人内心的道德法庭,是引导和监督人们成为道德人的重要保障,是道德规范从他律到自律的转化。李德顺教授也认为:"它是个体将一定的社会道德原则和规范内化、为自己认同、并自觉实践的产物。"[②]我们判定一个人是否有良心,主要是根据社会公认的道德原则与规范,即讲求社会公认的道德原则与规范就是有良心;反之,无视社会的道德原则与规范就是昧良心。而这个社会规范必须是积极的,被大众认可与肯定的。因此,我们认为良心是人内心深处的一种自觉的、理性的道德意识,是在对道德本身正确认知的基础上逐渐形成的一种追求美德的动力与判断标准,是个人的自律表

---

① 黑格尔. 法哲学原理[M]. 范扬,张企泰,译. 北京:商务印书馆,1961:139.

② 李德顺,孙伟平. 道德价值论[M]. 昆明:云南人民出版社,2005:101.

现。"它不仅给人以内在的权威和标准裁决自身的对错,从而阻止人去有意做恶或劝导人积极行善,而且促使人对自己过去的所作所为进一步深刻反省,从而强化自己的责任意识或悔过要求。"①

"只有充分经历了道德社会化的人,即在道德修养中充分认识到自己所选择的道德的价值,这样的人才能真正形成道德意识,产生合乎善的、真实的良心。"②就是说,真实的良心是在社会化的过程中加以形成并实现的,必然要经历社会原则与规范的检验。那么它对道德行为具有哪些意义呢?良心是道德行为主体的行为调节器,主要表现为在行为前的鼓励与禁止,行为过程中的监督以及行为后的反省与省察。真正合乎良心的行为,容易使人产生一种心理上的宽慰与道德上的崇高感;违背良心的行为,容易使人产生一种心理上的痛苦与羞耻感。而且良心的力量是巨大的,"当一个人将一定的道德意识升华为自己的道德信念和良心时,意味着履行某种道德行为已经成了他自身的内在需要"③。良心既是人道德行为的向导,又是人们内心的判官。具有健全道德良知的人,能够实现对自己的道德监护,发挥内心道德法庭的力量。

实际上,良知或者良心,是道德内化成个人的情感,从而形成的一种行为习惯,是在长期的社会实践中形成的。它往往与道德习惯密切相关,是人道德品质经常性的外化表现。"一个人做了这样或那样一件合乎伦理的事,还不能说他是有德的,只有当这种行为方式成为他性格中的固定因素时,他才可以说是有德的。"④

总之,在道德情感与道德行为的关系中,耻感对于道德行为的内外约束具有重要意义。一个耻感缺乏的人,往往会走向无耻,而无耻之人是不会被

---

① 陈根法. 心灵的秩序——道德哲学理论与实践[M]. 上海:复旦大学出版社,1998:88.
② 李德顺,孙伟平. 道德价值论[M]. 昆明:云南人民出版社,2005:101.
③ 同上,2005:104.
④ 黑格尔. 精神哲学[M]. 杨祖陶,译. 北京:人民出版社,2006:189.

良心责备,亦不会被外界舆论所触动的。反之,一个重视培养道德情感的人,会时时为尊严而行为。在社会系统中,尊严的获得与维护,往往是在社会规定的法律与道德的界域内进行的行为,越轨即为耻。当然,耻辱感要有度,如果将耻辱看得太重,往往容易使人自卑,从而导致社会交往行为的某种不适宜。所以,尽管道德情感对于道德在从知到行的过程中具有重要作用,但是我们也不能过分夸大道德情感的意义,最终走向主观主义和情感主义,我们需要肯定道德情感的合理因素,但又不能矫枉过正,对于道德情感的合理定位与理解是十分必要的。道德情感就是通过个体内在的一种反省实现情感升华,从而影响个体的道德行为的。有的表现为积极的幸福感、荣誉感等,有的则表现为耻感、内疚等,以抑制道德责任冲突的行为动机。在一定意义上,我们说,道德情感为社会的健康发展作了心理机制上的承担与保证。

### 3.2.3　道德意志为知行合一的关键环节

就道德行为来说,其至少包含理性的品质及意志的品质。对于道德心理而言,人的心理是由知、情、意共同作用的结果。其中,意志为最后的环节,也是促进行为实现的重要保障因素。意志是由人的意愿与人的毅力构成的,其中毅力是从道德认知走向道德行为的动力,意愿是道德认知走向道德行为的方向性把握。"形成本来的人性的东西究竟是什么呢? 就是理性、意志、心。"①人之所以成为人的重要标志就在于人具有理性、意志、心灵(情感)。

在中国传统典籍中,志与意往往是分开使用的,然志与意又是可以相互解释的。"在《说文》中解'意':志也,从心察言而知,从心从音;《说文解字义》解'志':意也,从心之声也。"②具体到中国的传统哲学中,从孔子的"父在,观其志;父没,观其行"(《论语·子罕》)可以看出,志与行的关系之密切。"意志是人们自觉地确定目的,有意识地根据目的支配、调节行动,克服困难,实现

---

① 费尔巴哈. 费尔巴哈哲学著作选集:下[M]. 荣震华,等译. 北京:商务印书馆,1984:28.
② 阮元. 经籍纂诂[M]. 成都:成都古籍出版社,1982:643.

预期目的的心理过程。"①即意志作为人自觉衡量和思虑实现目的并支配行动的心理过程,是人行动的内在决心,是一种在主观认知基础上,将自身目标等贯彻其中的推动力。

意志首先必须是有意识的行为,但出于某种遵守性的习惯,一开始便体现为人的有意识的行为,最后会成为人的无意识的行为。比如不能随地吐痰这一禁令,随着人类文明程度的提高,会成为人的一种本能性的行为。其次,意志与克服困难相联系。这里所要克服的困难主要是与人的欲望、非理性相联系的,也包括对外部环境的克服。最后,意志对于人的行为具有直接的支配意义。这里有两种解释,一为发动和促进人的行为,一为制止与消除人的行为。任何行为的发生与实现,都需要经过意志的参与和决定。它不仅是行为目标确定的中心环节,而且是实现目的的推动力。"意志作为现实性的原因对精神之中的感性冲动和理性冲动起支配作用"②,即意志在步入实践的过程中,打破了外在的诱惑与冲动。"意志作为统觉,对观念、意识甚至情感等各方面都具有统摄作用。意志行为处于采取决定阶段即是行为所发之前的审度、准备阶段,即对意志行为的目的、方向及可能实现程度的思考,以计划之谋划为特色。"③即行为发动之前,人们内心处于对各种观念等的思考辨别阶段,到最终的目的之确立经历了一种对于价值的选择与再选择过程。即道德意志发生作用前,主体处于对于一般道德规范的认识阶段,这个阶段主要是理智和价值判断活动阶段。只有当主体将自身的道德认知与意志相统一时,才会使人的价值判断与事实选择联结在一起,成为个体人的道德选择。比如"撒谎是不好的"这一命题,只是普遍的道德规范,但如果改成"某人坚信撒谎是不好的",这就使普遍的道德规范变成一种个人的道德判断和个人在意志方面的坚定信念,这就涉及意志力问题。只有人从内心里真正敬畏

---

① 曹日昌. 普通心理学:下册[M]. 北京:人民教育出版社,1980:74.
② 席勒. 审美教育书简[M]. 张玉能,译. 南京:译林出版社,2009:59.
③ 陈根法. 心灵的秩序——道德哲学理论与实践[M]. 上海:复旦大学出版社,1998:199.

一种规范,才会成为人的行为的意志约束力。意志最终是要走向行动的,但在执行中,还会面临和遇到很多困难,因此在意志走向行动的过程中,要求人能够正确地估计新形势,保持冷静的思考,从而借助意志控制自己。这里的意志,一方面是保证行为发生的动力,一方面又不能完全束缚在规则下,成为戒律的奴隶。从这个意义上说,意志内趋于行动。但意志还不是行动,即行的想法与实际的行动,二者是不能等同的。只有当它进入行动,并与现实的规范等相联结时,意志才真正成为道德的鲜活内容。

意志反映在道德层面,就是在道德认知和情感力量的作用下,克服利益、爱好、需要、欲望等方面具有诱惑力的事物,坚持实现自我的一种心理特征。"道德意志是人们进行道德选择和坚持实现道德目的的能力,它体现了道德主体的自制力,是在道德认知和道德情感明确化和强化过程中形成的,是在反复的道德实践中磨练的"[①];"个体道德意志,是指道德主体的个人在具体的道德情境中,做出道德决断,并使之付诸实践的能力"[②]。即道德意志本身蕴含着将"知"付诸行的过程。也就是说,一个人有了正确的道德认知,可能会产生道德行为,也可能不会产生道德行为。那么从正确的道德认知到道德行为实践的转化这样一个由内到外、由能做到想做的过程,需要借助的中介是什么?"能做"到"想做",这种动力恐怕和行为者自己的自觉自愿以及自身的努力分不开。"只有自知而没有自愿自决,'应该'还仅仅停留在思维领域,还没有变成行动的意志,因而就不能实现从知到行的转化。"[③]即主体有了正确的道德认知,并不是道德的终极要求,道德知识必须借助道德主体意志才能成为其生命行为的一部分。如果说道德情感是道德认知走向道德行为的激励因素,那么道德意志便是克服障碍并实现行为,从知到行的一个重要转化过程。而且中外思想家对于道德意志的实践性品格的讨论由来已

① 李萍. 伦理学基础[M]. 北京:首都经济贸易大学出版社,2004:60.

② 魏英敏. 新伦理学教程[M]. 北京:北京大学出版社,2012:301.

③ 罗国杰. 伦理学[M]. 北京:人民出版社,1989:391.

久。比如,康德实践理性的含义就是在道德意志的基础上论证的;又如中国哲学家孔子说:"志于道,据于德"(《论语·述而》),其中的"志"就是行的意思。"意志还直接与实践行为相联系,意志本身就是实践的,只有在实践中才能说明意志的意义。"①具体到道德意志方面,"道德意志具有的实践性品格说明了在道德觉悟阶段的道德认识在意志的推动下,已经具有行动的趋向能力。所以,将道德意志视为主体的行动力,是一种能力,是可以成为现实的潜在,而不是行动或已在的现实。"②因此,我们不能忽视道德意志在道德知行合一中的保障作用,但也不能将道德意志直接等同于人的道德行为,即不能夸大亦不能缩小道德意志的作用。

在西方的行为主义心理学中,意志的作用是不被考虑的,他们将人的行为等同于动物的机械的动作。行为主义者华生与哲学家拉美特利都是典型的否定意志作用的学者。唯意志论者无限地夸大了意志对于生命的意义,其代表人物是冯特。"意志动作在最广泛的意志下包括冲动的动作、随意动作和选择动作,这些从原生动物的最简单的自发运动一直到人类的最高级的生命表现的意志动作,在我们看来,都是心理学过程的典型形式。"③其实人的咳嗽、吃饭等动作根本不是意志动作。在哲学上,唯意志论的经典理论是尼采的权力意志。"权力意志分化为追求食物的意志,追求财产的意志,追求工具的意志,追求奴仆(听命者)和主子的意志。"④人类乃至动物世界,都是以权力意志的方式构成宇宙秩序,是欺强凌弱的。

总之,道德意志是保障道德行为的内在要求,它本身是道德情感与道德理性的双向集合,一个人具有行善的道德情感,而没有行善的强烈意志,也不会产生相应的道德行为。因此,这里的道德意志是一种强烈的道德意志。

① 蒙培元.情感与理性[M].北京:中国社会科学出版社,2002:243-258.
② 吴瑾菁.道德认识论[M].北京:社会科学文献出版社,2011:197.
③ 陈根法.心灵的秩序——道德哲学理论与实践[M].上海:复旦大学出版社,1998:188.
④ 西方现代资产阶级哲学论著选辑[M].北京:商务印书馆,1964:17.

总之,道德意志一方面是道德情感和道德理性的内在司令,一方面还是人实现道德知行合一的内在心理品质。重视道德意志对于主体人的作用,不仅对当前的道德教育有重要借鉴意义,且对道德知行合一的实现亦有重要意义。

### 3.2.4　兴趣、性格等个体特征为知行合一的重要补充

"情感主义的著名代表史蒂文森说得明白,认为伦理判断的主要不幸在于它们的主观主义,在于这些判断不是关于事实的判断,而是关于价值的判断,即是包括判断者的意愿、爱好、需要和利益的判断,在这类判断中所表达的不是事实,而是判断者的立场及其影响反对者立场的愿望。"①影响民众道德行为的方式并非仅仅为人的理性能力和理性思考,实际上,民众自身的性格、爱好、兴趣、性别等个体性差异也是促成或阻碍民众选择道德行为的重要因素。"从小就养成这样还是那样的习惯不是件小事情;恰恰相反,它非常重要,比一切都重要。"②这里我们简要分析兴趣、性格、意愿等个体特征对于人的道德行为的影响。

兴趣是主体人的内心对于某一或者某类客体的积极的态度。它可以是某段时间内发生的稳定状态,也可以是长久的注意力倾向之活动。人兴趣的发生往往和自身的需要相联系。"兴趣的萌生以人的需要为基础,需要使某些兴趣成为必要。"③主体具有何种需要,体现在外部行动上,就表现为注意力与行动力的配合。因此,兴趣和人的物质与情感需要一同为道德行为的发生助力。"人以其需要的无限性和广泛性区别于其他一切动物。"④也就是说,人在"衣食足"后,便能够"知荣辱",即主动地要求荣誉,并避免受侮辱。而道德的生活就是人的一种较为高级的需要,在实际生活中,有的人主观意愿为

① 竹立家.道德价值论[M].北京:中国人民大学出版社,1998:42.
② 李德顺,孙伟平.道德价值论[M].昆明:云南人民出版社,2005:104.
③ 李德顺.价值论[M].北京:中国人民大学出版社,2013:132.
④ 马克思恩格斯全集:第 49 卷[M].北京:人民出版社,1982:130.

善。从需要的角度理解兴趣,不同的时代,不同的区域会引发不同的兴趣爱好。兴趣对于人"知德"与"行德"的意义在于,人总是集中选择那些自己感兴趣的事物来认识,或者其认识图式中往往只会看到自己兴趣所在的地方。比如,某人喜欢乐器,就算是在一个异常拥挤嘈杂的环境中,他都能够一眼看到乐器行,而这种"能力",对于普通人而言是比较难的。具体到规范方面,喜欢乐器的人就容易接受和遵守音乐会的会场规则与制度安排;喜欢军队的人,就容易关注和接受一些军人的道德与法则等。所以人的兴趣作为一种积极的心理态度,会和人的动机一起,共同促进人的行为的发生。从这个角度来看,兴趣是人道德知与行合一的重要影响因素之一。但兴趣不是主观自生的,它是主体人在丰富多彩的日常生活实践中,通过后天的培养发掘出来的。因而,兴趣必然有俗、雅、好、坏之分,而对于道德知行合一而言,只有那些积极的、乐观向上的、高雅的兴趣才容易让人产生进步的、先进的道德要求;反之,会让人走向庸俗和堕落。

性格是人最直观的外在表现,从性格中,可以看出一个人的行为方式,具有稳定性和连贯性的特征。人的性格有"内向"与"外向"之分,后天社会环境影响和塑造是导致人性格差异的原因。积极的性格特征容易产生积极的思想与行为;反之,悲观的性格特质会导致消极与不上进。一个外向的人,往往让人有亲近感,而且其活泼的语言风格与大度的行为容易感染身边的人,容易形成一种乐观的心理品质,在具体行为与认识中不容易钻牛角尖。同理,吝啬的人,容易形成自私自利的品质等。因此,性格对于道德的意义也是不容忽视的。

性别主要是指人与人之间的生理与心理的差异,具体包括生理性别[①]与社会性别。人们对男性与女性的社会要求往往是不同的,就穿衣服而言,现

---

① 当前能否根据生理构造来划分性别是存在争议的,随着社会的开放与时代的进步,以生理特征论性别已不再是最严谨的。转引自:吴瑾菁.道德认识论[M].北京:社会科学文献出版社,2011:209.

代的东方人,往往可以接受女性穿裙子,男性穿裤子,一旦某男性在日常生活中穿了不得体的衣服(比如裙子),带给别人视觉冲击的同时,也会让旁人产生一种此人"不正常"的想法。也就是说,社会对于男性与女性有着不同的期望和要求。女性往往被冠以温柔、体贴、贤良淑德等词;男性则是阳刚之气、智慧、勇敢等。具体到日常生活行为上,男性与女性会基于自我性别的考量来选择行为。比如,男性与女性容易根据性别"柔性"特征选择日常行为。女性相较于男性更适合缝补之类的"细致活",而男性相较于女性更适合"舞锤弄棒"的力气活。那么,性别因素是否会影响民众的道德认知和道德行为呢?"女性主义伦理学研究表明,道德是有'性别'之分的,男女两性在道德价值重心、思维方式和发展方式上均有差异。"①也就是说,性别能够影响人们的道德判断等思维方式;"男性在性别认同和道德动机方面相关性较为显著,女性在这方面的关联性则较弱"。②尽管我们不能完全从性别上来判断其对道德行为的影响究竟多大,但至少可以说明一点,性别对于道德认知有一定的影响。又如,在对于冒犯行为的认知方面,"男性对于冒犯行为的认定相对较为宽松,而女性则不同。由此也就决定了男性和女性在是否道歉问题以及是否采取道德行为方式上的不同"③。因此,性别对于人的道德认知和道德行为具有一定的影响,但更为根本的是,不同性别在道德思维等道德认知上的不同,导致了不同的道德行为。

　　气质也是人个性的重要组成部分。它"是指人的心理活动和行为的稳定的动力特征"④。但真正决定人与人之间气质差异的指标主要是人的心理特性。主要涉及人的情绪特性(情绪的兴奋)、反应能力、反应速度、感受性、灵

---

　　①　高德胜. 女性主义伦理学视野下道德教育的性别和谐[J]. 教育研究,2006(11).

　　②　Gertrud Nunner-Winkler,Marion Meyer-Nikele,Doris Wohlrab. Gender Differences in Moral Motivation[J]. *Merrill-palmer Quarterly*. 2007,53(1):26.

　　③　Karina Schumann,Michael Ross. Why Women Apologize More Than Men Gender Differences in Thresholds for Perceiving Offensive Behavior[J]. *Psychological science*. 2010,21(11):1649.

　　④　卢家楣. 对气质的情绪特性的探讨[J]. 心理科学,1995(1).

活性等。但这个划分也并非完美，它还在不断完善中。不过，毋庸置疑，气质与个体感情方面的性质密切相关。《简明不列颠百科全书》就认为，人的气质就是人格的一部分，与人的情绪反应强度、速度等倾向相关。而我们一旦将人的气质与人的感情方面的性质一同解释，就会发现人的气质对于人行为的影响。比如，黏液质的人，情绪反应较慢，敏感性不够，因而遇事就较为冷静，在行为处理上相对不易外显，因此在道德行为实现方面，需要经过各种情感刺激，亦或物理刺激；多血质的人，则情绪反应较快，易怒易喜易动情，一旦激发情绪，则感染力较强，因此在道德行为实现方面，容易被环境所感染，道德行为发生的可能性相对较大。

总之，由于每个家庭乃至每个社会成员生活、生长、接触的环境不同（民族、宗教、文化等），每个人的性格、兴趣、世界观、人生观的确立和发展会有个体性差异。正如上述证明和例证，个体性差异会在道德认知、道德行为实现等方面，对一个人的一生产生不可磨灭的影响。其中，人的性格、气质、爱好是较为稳定的因素，是主体人在长期的生活习惯中形成的因素；而情绪甚至包括"一时兴起"的兴趣都是较为偶然的因素，具有及时性的特征。但他们在刺激或者诱发人的道德行为或者不道德行为方面的作用，是不容忽视的。

### 3.2.5　客观社会伦理环境为知行合一的必要保障

"伦理环境是指影响个体道德品质的一切社会现实条件的总和。它不仅仅包括我们通常理解的个人生活的道德氛围，还包括社会经济、政治、法律、文化、教育、艺术、宗教等一切影响人的思想、品质形成与变化的社会因素——隐藏在这些社会因素中，并在日常生活中事实上起支配作用的价值精神。"①除了通过道德教育与榜样示范作用等激发人的道德情感、坚定人的道德意志，最终实现人的道德行为外，还需要通过外在的日常生活环境的激

---

① 高兆明.荣辱论[M].北京：人民出版社，2010：167.

励以及日常生活环境中支配人们行为的价值精神来促进道德行为的发生。

对于社会伦理环境与道德的关系，先秦时期的荀子就有过论述："居楚而楚,居越而越,居夏而夏,是非天性也,积靡使然也。"（《荀子·儒效》）;"蓬生麻中不扶而直"（《荀子·劝学》）,是对环境和道德关系的有力的说明;西方的思想家也在不同程度上提出了人与环境的关系,比如爱尔维修、霍尔巴赫等思想家都看到了不同的环境和不同的教育对于人道德品质形成的意义。马克思也认为,人是环境的产物,同时人也改变和影响环境。从反面来理解,一个政治黑暗、人心冷漠的社会,是无论如何也不会出现正义行为的,正如我们不可能指望在民不聊生的社会中,那些衣不遮体、食不果腹之人懂得分享、公平等价值观念。相反,一个好的社会伦理环境,有助于民众形成健全的心理和善良的品格。19 世纪英国的政治哲学家——威廉·葛德文在其《政治正义论》中就认为,改变道德堕落的现状,需要同时革新政治和文化制度。①也就是说,我们期待社会成员道德品质能够提升,不能仅仅注重道德主体的自我反省和自我修养,健康有序的社会日常生活对于公民道德品质提升的意义应该得到重视。

现代中国社会正处于转型期,转型期中国社会结构发生了深刻的变化。用高兆明教授的话说,现代社会转型使道德失范形势较为严峻。"道德失范、道德沦丧的主要特征,就是通常所理解的善恶是非标准混乱、荣辱颠倒错置。一般地说,道德失范首先指的是这样一种社会状态:在这种社会状态中,社会既有的行为范式、价值观念被普遍怀疑、否定,或被严重破坏,逐渐失却对社会成员的影响力与约束力,而新的行为范式、价值观念又尚未形成,或尚未被人们普遍接受,对社会成员不具有有效影响力与约束力,从而使得社会成员出现存在意义的危机,行为缺乏明确的社会规范约束,在现象界形成社会缺少某种正常交往秩序、行为规范的事实,呈现出某种紊乱无序状态,

---

① 威廉·葛德文.政治正义论[M].何慕李,译.北京:商务印书馆,2009:687-691.

道德失范所揭示的是社会精神层面的某种危机或剧烈冲突。"①道德失范实际上反映了民众在行为上的越轨以及思想中的迷茫、动摇与不解,是主体的心灵困惑在现实中的彰显。这表明了转型期经济结构、社会结构、文化结构以及政治结构的调整引起了民众道德生活方面的困惑。这也从侧面为我们证实了伦理环境对于健康的社会生活环境的意义。社会的政治、经济、文化等环境,不仅为社会道德提供了大的背景环境,而且在这个社会大环境中,民众能够通过外在的社会舆论、法律制度、传统风俗等硬性指标,思考、反省以及衡量自己的行为及行为方式,对于具体的个人而言,伦理环境的透明,有助于民众在现实生活世界中伦理行为的选择上形成积极向上的情感、态度、价值观,从而促进道德行为的发生。有德者应该得到社会的肯定,而不是有德者吃亏。

### 3.2.6 道德习惯的养成是知行合一的实现

"习惯是人生的主宰,人们就应当努力求得好习惯。"②具体到道德生活中,一个人一贯的、长期的、稳定的行为准则、行为方式和思维方式等构成了他或她的道德行为习惯。一个好的道德行为习惯体现了人内在的一种精神品格和行为方式的恒常而稳定的联系,是人的道德心理和道德行为的统一。因而,道德习惯是一个人行为的常态性表征,而这种常态性的行为习惯在长期的行为发展中,逐渐转变成人的一种道德品质,我们往往将道德习惯的养成及其在现实生活中的实际运用当作道德修养的实现,在这个意义上,我们认为道德习惯的养成就是道德知行合一的实现。亚里士多德就认为人的德性来源于人们日常的行为习惯(风俗习惯),中国古代哲人则有"积习"的思想。

但道德行为习惯与一般意义上的习惯不同,它是可以进行善恶评价的,具有善恶价值的,自觉的、主动的习惯。它包含了对规范的认同,对自我道德

---

① 高兆明. 荣辱论[M]. 北京:人民出版社,2010:171.

② 培根. 培根论说文集[M]. 北京:商务印书馆,1958:132.

行为的价值和意义的理解。"道德习惯必须是符合道德规范、准则的习惯,含有一定的道德内容、具有一定的道德价值的习惯。"①道德行为习惯的养成包含了人的道德认知过程、道德情感的表达、道德意志的自制和主动过程,并最终以一种稳定的形式表现出来,它强调人的行为中蕴含的实际道德内容。"道德习惯还是一种经过行为者本人的认识活动和意志努力,即当代认知心理学家称之为道德推理——包括对行为规范、准则和周围情境的认识、理解、辨别、判断、抉择和克服内外困难、决心付之行动——才作出具体反应的活动了。"②"纵观个体心理发展过程,儿童总是先具有第二类,即缺乏认知基础的那种行为习惯,随着个体的成熟和发展,儿童才会形成第一类行为习惯,即真正的道德习惯。这对道德教育就提出了如下一个要求,就是努力促使第一类行为习惯,即真正的道德习惯适时而又顺利地取代第二类,即缺乏认知基础的行为习惯,具体地说,教育者首先必须如前所述的那样清醒地认识到,缺乏认知基础的行为习惯决不是真正的道德习惯,但它却是儿童道德发展的某种萌芽因素,并为实施道德教育提供了教机。应该通过道德教育,如道德判断、自我评价、道德推理等活动,来促进儿童道德认知能力的发展,使第二类行为习惯'脱胎换骨',赋以新的内容,发生质的变化,'蜕变'为真正的道德习惯,这样的道德教育就会使儿童的道德发展健康地渐臻于'自律'的水平,即达到著名认知发展心理学家皮亚杰之称之为儿童道德发展真正成熟的境地。"③所以,我们认为道德习惯中不仅包括人的主观心理活动,更是一种在主观心理活动之上的行为活动,道德习惯的养成就是道德知行合一的实现和融合。当然,在一定意义上来说,道德品质和道德习惯也是高度一致的。只不过,前者是后者的常态化显现,后者是前者的动态形式。而道德知行合一就是要使人形成一种稳定而持久的德性,并将这种德性在现实生活中付诸实践。因此,从这个意义上而言,我们认为道德习惯的养成就是

---

①②③　岑国桢.论道德习惯及其培养[J].上海师范大学学报,1986(3).

道德知行合一的实现。

人的道德由两部分组成,一部分是人的道德心理,一部分是人的道德行为。而道德的知行合一性就决定了道德是知—情—意—行的统一。"'有道德的人'是综合的,既有道德认识,也有道德情感,更有道德行为。"①他们相互依赖、相互补充,缺一不可,共同促成了道德的知行合一。其中,道德认知是道德知行合一的逻辑前提和必要条件,道德情感是道德知行合一的动力原因,道德意志则是道德知行合一的关键。没有道德认知作为前提的道德行为是苍白的;没有道德情感参与的道德行为是盲目的;没有道德意志作为道德行为的关键因素,道德行为是很难长久而隽永的,道德认知、道德情感、道德意志三者也是相互配合的。道德认知指导下的道德意志不会陷于迷狂;道德情感与道德意志的结合是高尚而持久的;道德情感又以道德认知为基础,而道德情感又为道德意志注入了跃动的因素,道德意志又在不断地深化和促成着新的道德认知。如果将道德认知看作一种自觉因素的话,道德情感与道德意志便是在自觉基础上的"自愿"原则,它们三者共同构成了道德知行合一的重要基础。

从整体来看,知其善能否走向行其善,可以转换为,如何实现普遍的道德规范在现实中的有效性。规范是外在于人的,对个人而言,它作为对"当然"的规定,是神圣而崇高的,但在内心中,个体能否接受这种外在之物,并将其转化为自身的行为,是值得关注的事实。而知其善与行其善的统一就是将外在的规范转化为内在的一种品质、品性,这是从静态而言;从动态而言,就是将道德行为付诸实施。那么如何实现知其善与行其善的统一呢?"通过环境的影响、教育的引导,以及理性的体认、情感的认同和自愿的接受,外在的规范逐渐融合于自我的内在道德意识,后者又在道德实践中凝而为稳定的德性。"②也就是说,通过上述路径(道德认知、道德情感、道德意志的共同

---

① 高德胜. 道德教育的时代遭遇[M]. 北京:北京教育科学出版社,2008:6.

② 杨国荣. 伦理与存在——道德哲学研究[M]. 北京:北京大学出版社,2001:159.

作用），在实践中将规范真正实现由外向内的转化，并成为个体自身的道德
意识与道德心理，最终融合为个体人自身的人格，也就是成为一种稳定的道
德品质，这是道德知行合一的手段与方法。人在对善的追求过程中，"理智的
冷静辨析与情感的认同、意志的选择总是交织在一起，如果说，缺乏理智的
辨析往往便无法对善恶作正确断定，那么，没有趋善的意向则知善的过程也
将失去内在的动力；而在知善知恶的整个过程中，道德判断的形成同样离不
开情感的认同"①。

　　"将道德认知化为具体的道德行为，需要炽热的道德情感与顽强的道德
意志。如果没有道德情感的执着、没有道德意志的坚强，那么即便有了正确
的道德认知，也不能保证个体必然会按这种正确的道德认知要求行事。一个
社会需要的不是漂亮的道德言说，而是朴实的道德操守及其实践。"②人要与
道德发生实在的关系，必须经过道德实践。而反复不断的、坚持不懈的道德
实践，就意味着将道德意识表现在实际的活动中，"当道德意识转入到实际
着手解决的过程，那就意味着，我们在同恶的表现作斗争，在做善事，等等，
我们也就处在道德实践领域中了"③。实际上，只有在道德实践中，人的道德
认知才能实现有效的内化，从而才能指导行为。也只有在道德实践中，人的
道德情感才能得到培养与体味，道德意志得到磨炼，人的道德信念才能得到
坚持。总之，从"知善"到"行善"的转化机制可以看出，从道德认知实现道德
行为，是一个长期而复杂的心理和实践过程。在现实生活中，如果要"行德"，
需要重视对人内在的道德认知能力、道德情感以及道德意志等方面的培养，
还需要重视人的道德习惯的养成；在实践过程中，需要重视外在的伦理环境
对于人品格形成的意义，即"内部心理"与"外部环境"相互配合，共同实现道

　　① 杨国荣.伦理与存在——道德哲学研究[M].北京:北京大学出版社,2001:190.
　　② 高兆明.荣辱论[M].北京:人民出版社,2010:137.
　　③ 阿尔汉格尔斯基.马克思主义伦理学的对象、结构、基本方面[M].杨远、石毓彬,译.北京:中
国社会科学出版社,1990:41.

德的知行合一。

此外,作为对于行为的普遍的、一般的规定,在实践中,总是要落实在具体的特定的行为中,经历一个"具体化"的过程。而在现实的生活中,人们道德行为的动力是源于最直观的感觉,也就是说,当人们选择行为时,并没有经过大脑的理性计划,亦或是通过特定的程序化的道德原则与规范的审查,也许只是不假思索的,甚至只是当下的行为判断。也就是说,从知善到行善,往往与人的道德直觉有一定的关系。那么何为道德直觉呢? 道德直觉与人的理性是什么关系? 直觉真的如同它给人的印象那样,不需要经过思考与观察,只是一种与感性和理性都没有关系的"认识方式"吗?

"直觉"一词,中外思想家都有论及,而且是被大众所认可的。在中国传统哲学中,老子的"玄览"就是最早对于道德直觉的表达。除此之外,中国佛教中的"顿悟"也有直觉之含义。在西方,斯宾诺莎对直觉进行了分析。他认为知识有三种:一种是从经验中得来的"意见或者想象",这种知识是经验的产物,没有科学的根据;一种是理性的知识,它是从概念中抽象出来的;一种就是直觉的知识,这种知识不需要人的感性经验,只是人的心灵直接从实体属性出发而得来的关于事物本质的知识。斯宾诺莎认为后两种知识是真理性的,其中直观知识又是根本中的根本。马克思主义也承认直觉存在的合理性,但他认为直觉不是脱离感性与理性的认识形式,而恰恰是理性与感性共同作用的结果。[1]

"直觉就是指那种理智的体验,它使我们置身于对象的内部,以便与对象中那独一无二、不可言传的东西相契合。"[2]它总是以一种突然的创造性的思维方式,直触事物的根本和要害,而且这种直觉很多时候是正确的。比如,某些高中生,在做英语阅读题时,能凭直觉直接选出正确选项,而他或她根本就不明白其中的道理。但我们不能由此判定直觉是与人的感性与理性都

---

① 参引夏甄陶. 认识论引论[M]. 北京:人民出版社,1986:272–273.

② 同上,1986:272.

没关系的神秘的力量。实际上,直觉是人们认识的飞跃,是人的感性认识与理性认识高度统一后的产物。杨国荣教授认为:"直觉虽然与一般的逻辑思维有所不同,但从总体上看,它并不能脱离感性知觉与理性思维,这不仅在于直觉的发生需要感性材料的积累及理性思考的准备,而且在于直觉过程本身也不能绝对离开逻辑的推论。一旦隔断了直觉与其他思维形式的联系,则往往导致神秘主义。"①即道德直觉是人类在长期的生活实践中逐渐积累而来的,是一种理性认识与感性认识高度集合的一次性爆发,其形式虽较为简单,然实质内容却丰富多样。也有学者认为:"直觉就是认识主体运用原先的认识图式(知识、经验、数据、模式等组块),对有限的资料和事实进行下意识的组合、分解、对比,从而对客观事物及规律性作出迅速的识别、敏锐的洞察、直接的理解和整体的判断的思维、认识过程;这个过程是与逻辑分析思维相对应的。没有经过明显的中间推理过程。"②可见,直觉是一种更为高级的人脑机能,直觉也是一种思维方式,是行为发生的又一重要原因。

　　在由道德认知实现道德行为的过程中,人性论一直为中国传统哲学所偏爱。人性问题从孔子的"性相近,习相远"开始便进入人们的视野中,继而又产生了孟子的"人性本善",到荀子的性恶论,以及告子的"生之谓性"的自然人性论,从此,以善恶论人性的方法就流传下来。直至北宋,在王安石提出了"性情一"的结论后,张载"自立说以明性",对子思、孟子、荀子以来的人性论作了重构与总结,提出了"气一元论",并以此作为其人性论的基点,提出了"天地之性"和"气质之性"的人性二重说,儒家的这种性善或者性恶的预设,都从不同视角告诉了我们,德性的培养与实现的内在根据与外在条件。如果我们认可人性为善,那么成就德性的向善之潜能要发挥出来,亦需要通过教育、学习、修养等后天的实践过程;如果人性为恶,那么成就人的德性,更需要一个后天化性为善的过程。正如王夫之所说:"性者,天道;习者,人

---

① 杨国荣.理性与价值[M].上海:上海三联书店,1998:121-122.
② 郑伟建.试论直觉的本质及发生机制[J].南京师大学报(社会科学版),1990(2).

道。"①虽然德性是天性使然,但是主体的向善之潜能的激发,也并不是不需要后天之努力与学习的。就社会学的观点看来,德性的培养就是个体社会化的过程,就是个体接受规范与理解规范的过程。

①　王夫之.船山全书:第 12 册[M].长沙,岳麓书社,1992:494.

# 第4章 社会转型期的道德状况及知行困境

中国正在经历前所未有的转型期。转型期以中国在政治、经济、文化等领域发生的全方位的社会结构的重组、社会关系的调整以及民众生活方式的重大改变为标志。可以说,没有哪种改革能像今天市场化过程中发生的经济结构与行为方式的变化这样大。转型不仅给中国人民带来了震撼感,也使得世界人民为之惊叹。如果说以往的变革触动了社会的根本利益,那么今天的改革,既是一场深刻的社会结构与利益结构的调整与过渡,也是对人们的生活方式、行为方式以及价值观念与思维方式产生深刻影响的、灵魂深处的变革。社会转型期,是多元、多样、多变的价值观的碰撞融合期,民众在道德认知与行为方式上,对社会有了新的认知和理解,这可以促进新的价值观的形成以及社会道德的进步。但多元、多样、多变的价值观,也使得民众在道德认知与道德行为上表现出了道德困惑;在道德评价与道德选择上表现出了道德的知行不一。

## 4.1 社会转型:中国道德变迁的背景阐述

### 4.1.1 当代中国社会转型的内容

"转型"或"社会转型"的概念,1992 年后在中国学术界开始流行,其最初的含义是从计划经济体制向社会主义市场经济体制的转变。[①]在 21 世纪之前,辞海和现代汉语词典中并没有转型与社会转型这个概念。2002 年,在《现代汉语词典》的增补版中,"转型"和"社会转型"作为新词被纳入其中。可见,社会转型是一个新近形成的理论,这也就造成了对"社会转型"概念的多样化的理解。"转型"在英文中用"transition"一词表示,意为变化、转变、变迁等。在现代汉语中,转型是一种或者几种运动形式之间的过渡。将"转型"与"社会转型"相联,其蕴含的内容较为广泛,但一般而言,都是从社会学、经济学等层面对社会转型进行界说, 是指社会从某种类型向另一种类型的过渡和转变过程。国内学界主要是从以下方面来阐述"社会转型"的概念:

(1)社会转型,是一个整体性概念,是社会整体从传统向现代的转变,这种转变的实质就是社会现代化的全过程。[②]也就是说,社会转型是综合的时空过程,是对从传统到现代的社会整体性的变化过程的描述。

(2)社会转型,是一种存在形态的转变,主要包括社会内部的整体的、全面的结构变化。它同时影响着人们的生活、生产、机制等方式与结构的变化。[③]社会转型主要是社会结构的变化,包括政治、经济、文化等结构的重组和调整,进而使人们的生产与生活方式等发生改变。

(3)著名中国社会学家郑杭生教授认为,社会转型,主要是被用在社会学中,指社会整体结构全面地从一种形态向另一种形态的转换。而且当我们在使用社会转型概念的时候,往往也是在强调社会结构,而社会整体结构包括"经济、政治、思想、文化、价值观念等结构要素的一个高度概括"[④]。它主要是传统向现代,农村、农业向工业化的现代城市的转型,与"现代化"同义。这里的社会转型概念是对前两种社会转型概念的综合。

---

① 宋林飞.中国转型社会的探索[M].北京:中国社会科学出版社,2012:167.
② 唐忠新.社区建设:中国城市社会转型的必然选择[J].北京社会科学,2000(1).
③ 陈晏清.当代中国社会转型论[M].太原:山西教育出版社,1998:18.
④ 李彬.走出道德困境——社会转型期的道德生活研究[M].长沙:湖南师范大学出版社,2011:27.

(4)社会转型包括质变和量变两部分。质变包括一些社会规则、制度的彻底地改变；量变主要是在社会整体社会制度不变的基础上所作出的一些调整和变化。典型的社会质变例子就是苏联的解体，量变则是在原有制度的基础上，作一些全面的、具体的调整，比如中国的社会转型。①"年鉴学派第二代史学大师布罗代尔给了社会转型一个长时段的概念：社会转型是一个长时段，在这样一个长时段的过程中，它由一系列的社会转型(或变迁、转折及变迁史短时段，或至多是中时段内发生的事变)的不断蓄积而产生的，是在一个社会母体内经历长期与不断的变迁(量变)所导致的社会结构性的转变(质变)，这种结构性的转变包括经济、政治、文化等诸多领域，概言之，社会转型是一个包容人类社会各个方面发生结构性转变的长期的发展过程。"②相对于中国而言，社会转型不是对传统的社会结构以及文化的全盘否定，而是为传统社会文化和社会结构加入了新的因素，是一种批判和反思的过程。

(5)社会转型，从社会发展形态上看，是社会形态的根本变化。比如从奴隶社会向封建社会、从封建社会向资本主义社会的变革等。马克思恩格斯将人类社会的历史发展划分为依次更替的三大形态：人的依赖性社会、物的依赖性社会、个人全面自由发展的社会。他指出："人的依赖性关系(起初完全是自然发生的)，是最初的社会形态，在这种社会形态下，人的生产能力只是在狭窄的范围内和孤立的地点上发展着。以物的依赖性为基础的人的独立性，是第二大形态，在这种社会形态下，才形成普遍的社会物质交换，全面的关系，多方面的需要以及全面的能力的体系。建立在个人全面发展和他们共同的社会生产能力成为他们的社会财富这一基础上的自由个性，是第三个阶段。第二个阶段为第三个阶段创造条件。"③马克思恩格斯根据人类的生存状况对人类社会的发展更替进行划分：人的依赖型社会、物的依赖型社会以

① 扬森.中国社会转型的特殊性分析[J].甘肃社会科学,2003(1).
② 章辉美.社会转型与社会问题[M].长沙:湖南大学出版社,2004:2.
③ 马克思恩格斯全集:第46卷上[M].北京:人民出版社,1979:104.

及建立在个人的全面发展基础上的社会。其中,建立在个人的自由全面发展基础上的社会,是未来人类社会发展的形态,中国的社会发展形态仍然处于"物的依赖型社会"阶段。按照马克思、恩格斯的划分,传统社会以人之依赖关系为特征,现代型社会是以物的依赖为特征而指向人的全面、自由发展为特征的社会形态。中国的社会转型就是一种传统社会的消解过程与现代社会的生成过程的统一。

(6)转型期,就是变化剧烈时期。主要体现为:社会从以自然经济为基础的经济向以市场经济为基础的经济的转化,从农业向工业社会的转化,从农村向城市的转化,从封闭单一同质向开放多元异质的转化,从伦理到法理等方面的变化;是传统文化不断断裂,新的文化不断形成的过程,其实质是社会利益结构的解构与重构的过程。①

(7)社会转型还可以从哲学的角度进行界定。"社会转型是代表着历史发展趋势的实践主体,自觉推进历史转折的历史创造性活动。当社会生产力提出质向发展的新要求时,历史的实践主体,按照确认的'发展逻辑',对原型社会的结构、体制进行全面、系统地自觉转变,以求实现社会演化的创新。"②

总之,无论学者们如何演绎"社会转型"的概念,但概括而言,"社会转型"至少包含四方面的意思:其一,社会转型是一个整体的变化过程,包括政治、经济、文化、社会、科技、教育以及环境等全面整体的发展;其二,社会结构变化是社会转型的最为重要的方面,包括经济结构、政治结构、文化结构、社会结构等;其三,社会转型即社会的现代化过渡;其四,社会转型是一个渐进过程,不是一蹴而就便能完成的,但转型也具有历史性,具有明显的时代特色,不是永无止境的,而是由内而外(是传统和现代契合共生以及在自身的发展中实现由传统到现代的转型)、由表及里(由物质器具到制度、思想文化)、由名至实(由现代化的架构传统的管理模式到现代化的管理模式)的过

①　尚仲生.当代中国社会问题透视[M].武汉:湖北人民出版社,2002:2.

②　张雄.历史转折论[M].上海:上海社会科学出版社,1994:199.

程,是从生产力到生产关系,以及经济基础和上层建筑的整体变革。综合而言,对中国社会转型的特点进行概括,比较具有代表性的观点是:"改革是全面的改革,包括经济体制改革、政治体制改革和相应的其他各个领域的改革"①。它主要包括四个方面的变化过程。一是经济领域的转轨,主要是两方面的变化:第一是从以阶级斗争为纲转向以经济建设为中心;第二是计划经济向市场经济的转向。现阶段经济体制改革的核心是:"处理好政府和市场的关系,必须更加尊重市场规律,更好发挥政府作用。"②二是社会领域的转轨,从传统的农业社会向以现代工业、服务业为主导的社会转轨;从伦理型社会结构向法理型社会结构的转型;从乡村社会向城市文明的转型;三是政治领域的转轨,主要表现为从中央集权向现代民主的转轨;四是文化领域的转轨,以僵化的、一元的、封闭传统型文化向百花齐放的多元现代文化为转变为标志。具体而言:

第一,经济体制的深刻变革。中国从 1978 年开始实行改革开放,这是一次彻底的深刻的改革。它建立在对"文革"及鸦片战争的积贫积弱环境的深入反思中,目的是要开辟中国经济发展的新思路。从农村家庭联产承包责任制始,中国对计划经济实行了大幅度的改革。又加之,西方国家将制造业和服务业转移向发展中国家,客观上推进了中国的工业化步伐。而工业化蕴含着商品化,商品化又刺激着工业化与城市化的步伐,这一时期社会变革迫切地要求市场经济的建立与发展。"经济体制改革是要实现由原有的计划经济体制向社会主义市场经济体制转变。"③即经济体制从封闭的小农经济、计划经济、半商品经济转化为以社会主义市场经济为核心;生产资料的所有制形式多样化(以公有制为主体,多种经济成分并存);资源的配置方式逐渐以市场为主;经济的分配方面主要是按劳分配,多种分配方式并存。但中国作为

①　邓小平文选,第 3 卷[M].北京:人民出版社,1993:237.
②　十八大报告学习辅导百问[M].北京:学习出版社,党建读物出版社,2012:60.
③　十六大报告辅导读本[M].北京:人民出版社,2002:241.

一个以农业人口为主的大国,要实现工业化需要很长的过程。目前,中国"经济体制改革的目标,是在坚持公有制和按劳分配为主体、多种所有制经济和分配方式共同发展的基础上,建立和完善社会主义市场经济体制"①。"发展生产,提高综合国力,改善人民生活是中国社会主义(不论是传统社会主义还是中国特色社会主义)转型的重要目标。"②

第二,政治方面的转型。邓小平指出:"我们突出改革时,就包括政治体制改革。现在经济体制改革每前进一步,都深深感到政治体制改革的必要性。不改革政治体制,就不能保障经济体制改革的成果,不能使经济体制改革继续前进,就会阻碍生产力的发展,阻碍四个现代化的实现。"③中国"政治体制改革不是要用另一种政治体制来取代社会主义政治体制,而是要通过改革使之更好地实现自我完善和发展"④。"我们政治体制改革总的目标是三条:第一,巩固社会主义制度;第二,发展社会主义社会的生产力;第三,发扬社会主义民主,调动广大人民的积极性。"⑤即中国政治方面的转型,主要是社会主义制度和社会主义民主政治制度的不断完善、人民各项权利保障的日益增强等。

第三,文化方面的转型。文化方面的转型主要包括由比较单一的文化走向多元文化的共存,传统文化向现代文化的转型,精英文化与大众文化的交融,以满足人民日益增长的物质文化和精神文化需求为主要追求。随着文化与市场的结合不断增强(随着社会主义市场经济的建立,文化逐步走向市场,饮食文化、服饰文化、商业文化等等新的形式应运而生),社会主义核心价值观也正经受着不同文化的侵蚀与冲击,社会公德、职业道德、家庭美德、个体品德都在经受着不同程度的考验。

① 叶庆丰.中国特色社会主义重大问题深度解析[M].北京:人民出版社,2008:186.
② 徐家林.社会转型论——兼论中国近现代社会转型[M].上海:上海人民出版社,2011:63.
③ 邓小平文选:第3卷[M].北京:人民出版社,1993:176.
④ 十六大报告辅导读本[M].北京:人民出版社,2002:241.
⑤ 邓小平文选:第3卷[M].北京:人民出版社,1993:178.

第四,社会方面的转型。首先,社会结构发生了深刻的变动。社会结构是社会成员的社会组成方式和关系格局系统。包括人口结构、城乡结构、家庭结构、就业结构、分配结构、社会阶层结构等。社会结构的核心部分是社会阶层结构。"我国的社会阶层构成也发生了新的变化。这种变化突出表现在以下三个方面:一是工人阶级队伍发生了新的变化。改革开放前,我国工人阶级成分单一,主要是国营、集体企业和机关、事业单位中的职工。改革开放以来,工人阶级队伍不断壮大,大批的非公有制企业职工、乡镇企业职工、进城农民工等成为工人阶级的新成员。同时,工人阶级队伍的素质不断提高,知识化进程明显加快,特别是知识分子作为工人阶级的一部分,大大提高了工人阶级的科技文化素质。二是农民阶级发生了新的变化。1978 年全国务农的农民有 2.84 亿人,占当时全部就业人员的 70.5%。改革开放后,农民有了选择职业的自由,很多农民成为乡镇企业职工、农村进城务工人员、个体经营者和私营企业主。到 2001 年,虽然由于就业人员总量增加,务农的农民绝对人数增加到 3.25 亿,但务农的农民占全国就业总数的比重却下降到 44.4%……同时,由于我国社会正处在深刻的变革之中,社会成员流动明显加快,许多人在不同所有制、不同行业、不同地域之间流动频繁,人们的职业、身份经常变动,这种变化还会继续下去。"[1]江泽民在庆祝建党 80 周年大会上说:"改革开放以来,我国的社会阶层构成发生了新的变化,出现了民营科技企业的创业人员和技术人员、受聘于外资企业的管理技术人员、个体户、私营企业主、中介组织的从业人员、自由职业人员等社会阶层。而且,许多人在不同所有制、不同行业、不同地域之间流动频繁,人们的职业、身份经常变动。"[2]

其次,新的社会结构产生。"改革开放以来,从传统的工人、农民阶层中分离出来了一些新型的社会群体:①私营企业主,②个体劳动者,③自由职业者(律师、医生、软件设计师、自由撰稿人、影视明星、各类经纪人、企业形

① 十六大报告辅导读本[M].北京:人民出版社,2002:433-434.

② 江泽民文选:第 3 卷[M].北京:人民出版社,2006:286.

象策划师等）。①即改革开放以来，中国社会改变了传统的以身份、阶级为基础的社会结构，代之以职业为基础的社会结构，并出现了分化。当然，户籍制和干部用人制在一定程度上还影响着社会的结构。但由于计划经济被市场经济取代后，工人阶级内部脑力劳动与体力劳动、党政和企业领导阶层之间的差别在增大；农民阶级内部分化出了农民劳动者、个体经营者、私营企业阶层等；还出现了新的社会阶层，个体经营者、私人企业、自由职业、专业服务机构（律师事务所、咨询公司等等）、一些在外企中工作的阶层或者经理人；边缘化群体，主要具有较大流动性的群体，比如失业人群。总之，随着全方位、宽领域、多层次的改革开放格局的形成，中国在经济结构、就业形式、利益关系以及组织形式上发生了深刻的变化，这种局面在长时期内不会发生改变。

最后，社会利益格局发生深刻的调整。传统社会——计划经济体制，指令性方式进行资源配置，整个社会行政化与政治化趋势明显。因此，在利益方面，个人完全依附其所在的单位、集体，农民在人民公社中生活，城市居民则依托于国家和人事部门，靠工资生活。此时的中国人只有集体利益，没有独立的利益群体存在，呈现出了高度的整体性和一致性。

党的十一届三中全会以来，中国对政治、经济、文化等各个领域实行了改革和调整，调整的不仅仅是生产力，更是调整与生产力发展不相适应的生产关系、上层建筑，与此同时，改变了人们的生活方式、活动方式和交往方式。改革也使中国的利益关系格局由比较平均走向了利益分化。其一，表现在利益主体的多元化方面。一是原有利益主体分化。一些企业与个人成为独立利益主体，各大利益群体的内部分化出各级各类的不同群体，利益群体出现多样化，比如传统意义上的农民在减少，农民逐渐摆脱了户籍与土地的限制，而寻找新的生活来源，成为进城务工人员。二是新的利益主体产生。主要

---

① 宋林飞.中国转型社会的探索[M].北京:中国社会科学出版社,2012:183.

是多种经济形式的出现,如家庭承包、集体企业、私营企业、民营企业、个体工商户、股份制企业等;还有一大批的国有企业、事业单位,比如新闻、传媒、出版社等走向市场化经营。其二,利益来源与实现形式也更加多样化。即除劳动收入之外,增加了财产收入、奖金、退休金等按劳分配和按生产要素相结合的分配方式。其三,利益表达的多维化。主要是组织化利益表达,公共舆论的利益表达以及实际的行动表达。①其四,利益差距、利益矛盾和冲突也多样化和深层化。改革开放之前是"大公""小公"以及"大小公"内部之间的矛盾;目前的矛盾是不同经济成分,比如国有、集体与个体、私营等等经济成分之间的矛盾;不同阶层,工人、农民、个体劳动者等不同阶层之间的矛盾,而且每一阶层内部也有矛盾。在经济体制和政治体制的转型过程中,社会的经济成分、利益主体、社会生活方式、组织形式、就业形式等方面的变革在不断扩大和加深,还包括利益诉求的全面化,(不同利益主体不同的利益诉求)利益矛盾公开化。经济上的矛盾已深入生产与分配的基础领域和重要环节;政治上,也涉及权力的配置;思想上,则触及深层价值观。改革开放,尤其是经济体制的调整,"还原了利益观,培育了多元的独立利益主体和提供了一个利益激励机制,利益激励机制的创新又进一步强化了各利益主体的自我利益意识,利益激励机制还引导各个主体不断追求最大化自身利益"②。因此,利益格局的深刻调整也是转型期必然要面临的。总之,社会转型时期,利益的平均主义被打破,代之以社会的利益群体增多、群体差距加大。

第五,主体人的思想观念发生了深刻的变化。社会转型期,人们的思想观念发生了翻天覆地的变化,具体而言,转型期人们的观念开始从保守、封闭走向开放和多元;从依赖走向了独立和自主;从被动走向了主动和参与。具体而言,其一,民众的道德观念发生了转变。民众对于道德现象的认识和

①　洪远朋.利益关系总论——新时期我国社会利益关系发展变化研究的总报告[M].上海:复旦大学出版社,2011:519-555.

②　同上,2011:519.

理解更加理性化和现实化;对于日常生活中的道德困惑增多,尤其是从计划经济过渡到市场经济以后,民众对于利益的认识和追逐更加清晰和透明化,而传统中国社会是耻于言利的, 这就造成了民众在道德认识上的困惑。其二,民众的价值观念发生了转变。随着改革的逐渐深入发展,民众的独立性和个体性意识大大增强,其价值观从整体性的一元变成了多元。还有一个最为重要的变化,就是他们为了争取自身的利益而广泛地参与社会的政治、经济、文化生活,参与成为一种时代主题。主体人自主意识的觉醒也使得他们能够意识到社会利益结构、就业结构、组织结构、城乡结构等的不合理性。因此,人们有了危机意识、忧患意识。所以社会转型期是一个鼓励进步,充满机遇的时期,又是一个机遇与风险并存、竞争与创新并存等社会不断进步和发展的时期。

## 4.1.2　中国社会转型的特点

中国的社会转型,从广义来说,以 1949 年为界,分为早期社会转型与现代社会转型。从 1840 年第一次鸦片战争到 1949 年为早期社会转型时期,在这一时期,中国人开始了现代化的尝试。1949 年中华人民共和国成立后,中国开始了从传统到现代社会的转型, 这里又以 1978 年为界,1949—1978 为一个时间段,1978 年至今为一个时间段,在一般意义上,我们现代所指的社会转型就是指从 1978 年至今的社会加速转型期。本书主要研究的是当代社会转型,即 1978 年至今的内容。概括起来,中国的社会转型除了具备一般社会转型的特点外,还有自身的特点:

第一,中国的社会转型是中国社会主义制度的自我完善。孙立平教授在《现代化与社会转型》一书中认为,中国的这次转型不同于以往被动的转型,它是中国执政党自觉进行的"渐进式"的转型,"渐进式改革的一个最基本的特征,是在基本社会体制框架(特别是政治制度)和主导性意识形态不发生变化的前提下所进行的改革"①。转型是在我国的政治体制尽可能不发生变化的情况下进行的。与此同时,中国的社会转型是政府与市场一起并进下的双重作用,是政府主导的转型。政府力量与市场力量巧妙地结合起来,大多数人从中获利。因为中国市场经济发展还不完善,另外,地区经济发展不平衡以及渐进性改革条件下,法制和市场都处于不断完善的过程中,这就决定了政府干预的必要性。但中国国家政府的干预主要是在宏观调整方面,对微观经济发展涉及的较少。此外,在一些市场干预不能完全起作用的领域,比如社会福利、社会保障、科研、教育、环境等领域以及打击犯罪等方面,政府应该发挥巨大的作用。

第二,经济结构转型和经济体制的转型同步。经济体制方面,建立了以公有制为主体、多种所有制经济共同发展的结构。"改革了原有的高度集权的组织体制,使生产管理体制、流通体制、金融体制、财税体制、价格体制、分配体制、外贸体制等都发生了深刻的变化。在规范要素方面,初步建立起与商品经济相适应的规范体系,这特别是指引入了市场竞争机制,市场的扩大使资源的流动性显著增强, 以职业分化为主体的各种社会分化成为必然趋势,并随之产生各种新型经济—社会组织和职业群体。"②经济结构和经济体制的转型又带来了时间观念、效率观念以及法制观念等思维方式的变化。然而,旧体制被打破,新体制不可能在短时期内建立起来,因此在新旧体制的交替中难免会出现冲突、矛盾。改革也是利益调整,大部分人从中获利,但也有少数人暂时性失去一些利益;一部分先富裕,相对来说,利益差距扩大,而结构性的调整使得城乡之间、地域之间以及行业之间等出现了诸多矛盾。转型期,各种结构、利益、角色、体制等等相互摩擦、相互牵制,要使各方利益实现公平分配难度比较大。

第三,转型中的不平衡,主要是区域、城乡、行业及产业结构(相对于发

---

① 陈国权.社会转型与有限政府[M].北京:人民出版社,2008:4.
② 李培林.社会转型与中国经验[M].北京:中国社会科学出版社,2013:8.

达国家而言,中国仍然是劳动密集型产业)、经济与社会发展的不平衡,即经济改革相对较快,而科技、教育、文化以及社会保障等领域的发展远远不能满足经济发展的需要。①由此,决定了中国的社会转型是循序渐进的过程。

第四,中国的社会转型是整体的、全面的、多方位和多角度的转型。主要是经济结构转型(计划经济向市场经济的过渡)所引起的一系列变化,涉及中国社会的整体结构、资源结构、区域结构、身份结构以及组织结构等全方位的变化,并在此基础上引发的利益分配机制、保障机制和流动机制以及就业方式等的转化。此外,还包括社会经济结构以及利益结构转变所引起的价值观的变化,义利观、荣辱观等观念的变化。

第五,中国现代社会的转型是中国法制不断完善的过程。即传统社会以"情"为本体,形成了家庭、邻居、农村以至城市的发展,是一种以家庭血缘亲情为核心的同心圆式的发展模式。现代社会,流动性加强,城市文明以现代法制化模式为民众生活、交流与沟通提供了保障。

总之,"中国社会正从自给半自给的产品经济社会向社会主义市场经济社会转化,正在从农业社会向工业社会转化,正在从乡村社会向城镇化社会转化,正在从封闭半封闭社会向开放社会转化,正在从同质单一性社会向异质多样化社会转化,正在从伦理社会向法治社会转化"②。而"经济与社会的转型过程不只是经济和社会结构的变动,也是社会地位和利益格局的调整,必然引起理想、道德和价值观念的变化"③,"这个转型不但意义重大,而且极其深刻。它不但指物质方面的巨大转变,更是人们自身的巨大变化,社会关系的转变,生产、生活方式的转变,人们精神面貌的重大改变,其中也必然包含着道德观念和习惯的重大改变。没有这种道德观念和习惯的改变,所谓时

---

① 李培林. 社会转型与中国经验[M]. 北京:中国社会科学出版社,2013:8—15.

② 章辉美. 社会转型与社会问题[M]. 长沙:湖南大学出版社,2004:10.

③ 陈正良,范骏,康洁. 道德建设与区域和谐发展[M]. 北京:中国环境科学出版社,2006:45.

代或社会的转型不但不算完整,而且也无从实现。"①毫无疑问,经济体制、社会结构、利益结构以及思想观念的深刻变化,使得民众的主体性和进取心以及创造性得到解放和增强,从这个角度上看,全民的思想道德都有一个很大的提高。但"同历史上大多数的社会转型一样,它必然涉及社会利益格局的重新调整,必然对人们的思想价值观念尤其是道德价值观念产生剧烈的冲击。随着经济全球化背景下的全方位社会变革,主流价值观与非主流价值观、传统价值观与现代价值观、中华民族的价值观与其他民族的价值之间的冲突甚至对抗在所难免"②。

### 4.1.3　转型期道德的特点

#### 4.1.3.1　道德价值观多元、多变、多样

社会转型主要是社会结构方面的变革。根据马克思主义社会存在决定社会意识的关系原理,中国社会正处于转型的关键期,面临着经济体制的深刻变革、社会结构的深刻变动、利益结构的深刻调整以及思想观念深刻变化的新形势,人们的思想观念呈现出了多变、多样和独立性,价值选择多样化的趋势。即社会转型必然会引起人们价值观以及社会观念的变化。比如在计划经济条件下,社会统一配置资源、统一指挥行动,因此在价值观和道德观上,强调的是"服从"与"遵守"。而在转型期市场经济条件下,一方面是民众对利益的确认;另一方面是个体人主体性的增强。相应的,社会中必然会出现肯定人的自我价值、人的个性以及个人和社会价值的关系问题。即经济结构重组会带来利益结构的调整,相对于传统社会,"权威"与"服从",转向了"自由""民主""法治"等。因此,民主、法制、平等、个体等新的道德价值观形

---

① 陈瑛. 改造和提升小农伦理——再读马克思的《路易·波拿巴的雾月十八日》[J]. 伦理学研究, 2006(2).

② 吴潜涛. 当代中国公民道德状况调查[M]. 北京:人民出版社,2010:231.

成。相对于"文革"时期的"革命文化",仅仅强调"批资斗修"等"政治文化"下的政治道德,改革开放后,文化发展更为独立,内涵变得丰富起来,与此相联系,民众的道德生活也由单一化变为多样化。

此外,由于社会思想的多样化,直接导致了个体道德的多样性。由于社会转型分化出了不同的利益群体、阶层,因而不同的个体道德面貌会有差异性。市场经济发展过程中,个性、自主、利益关系彰显,这就导致道德的纷繁多样;多种经济成分共存,直接导致了不同利益主体的不同利益需求,导致道德选择的多样化。西方的价值观念和生活方式等与先进的技术手段一起进入中国,造成了中国道德状况的复杂化。即当前社会转型期,既有破坏道德成长的因素,亦有促进道德进步的因素;既有建设性因素,亦潜藏着各种危机。社会道德和个体道德展现出了高尚与卑劣并存、道德本位与道德虚伪并存、道德进步与道德退化并存的局面。

### 4.1.3.2　社会价值和社会思潮更加多元、多变——道德价值观多样

社会转型以前,中国实行以公有制为基础的计划经济,此时的社会价值观强调的是服从和遵守,集体主义是十分有效且可行的道德价值观;改革开放后,尤其是党的十四大之后,市场经济取代了单一的计划经济形式,这直接导致社会经济行为发生了变化。尤其是改革开放引起了社会利益和不同社会阶层的出现,他们在自身的利益范围和阶层范畴内,对社会价值观的理解不同,从而使社会的价值观呈现多元化。随着如何看待"利益"问题、如何看待社会和个人利益之间的关系等大讨论逐渐步入历史舞台,各种价值观念也如雨后春笋般涌现。

第一,与市场经济相配套的各种新的道德观正在形成,"在实行社会主义市场经济的一个很长的历史时期内,随着非公有制经济的发展,随着个体、私营经济的各种不同利益主体的出现,必然要形成从不同利益出发的世界观、人生观和价值观,这是一个不以任何人的意志为转移的客观规律,是我

们必须面对的客观现实"①,也就是说,市场经济的发展,出于经济发展的考量,不同利益主体的多元价值观是值得尊重的。

第二,旧有的道德观念在一定程度上仍然在发挥作用,仍然具有存在的空间。比如,传统的一些落后的(裙带关系、宗法关系、情本体、官僚主义等等)亦或先进的(集体主义、人道主义、诚信,等等)思想根深蒂固地影响着人们的思维方式与行为方式。

第三,西方道德观念涌入中国。中国在对外开放的过程中,西方的价值观,如自由、民主、个性、独立性等等道德观念进入中国,但与此同时,西方的自由主义、个人主义、消费主义等等与中国市场经济发展相冲突的价值观也涌进来了。多元价值观是当前中国社会转型期道德发展的主要特征,主要体现在中国传统道德价值观的影响和西方个人主义价值观的影响。"在社会的历史与现实中,真善美与假恶丑总是如影相随、结伴而生的,由于社会现象的复杂性、多样性和多变性,也由于人们认知水平与思想境界高低的差异,造成了道德是非分辨的不易。"②由此看来,多元价值观不仅受到复杂多样的客观社会环境的影响,还和主体自身的道德认知水平、能力以及素养密不可分,而这些因素都会导致多元价值观的存在,或者说多元认识能力和判断能力的存在。此外,还有道德相对主义、道德虚无主义等价值观的影响。迷失了生存的意义与人类的精神家园。

此外,中国社会价值观的多元性还体现在:中国社会的价值观从单纯强调集体主义走向兼顾个人合理利益的价值考量, 即由整体本位走向整体和个体统筹兼顾;从理想的道德至上走向世俗、理性与道德并重;从单纯追求物质利益走向物质和精神二者共同发展等社会生活的方方面面。当然,中国社会价值的多元性并不是一个完全合理的价值回归, 在很多方面都带有一

---

① 罗国杰.道德建设论[M].长沙:湖南人民出版社,1997:5.
② 张秀.多元正义与价值认同[M].上海:上海人民出版社,2012:195.

定程度的偏激性,这种偏激性主要表现为:"由矫正重集体利益、国家利益忽视个人利益,重人的社会价值忽视个人价值,重个人应尽的义务忽视个人应享受的权利,走向重个体轻集体和国家,搞极端个人主义,国家意识、集体意识、奉献意识淡薄;由矫正重政治轻经济、重精神轻物质、重理论轻实践、奉献意识淡薄;重形式轻内容、重义轻利,走向重实惠、实利益、务实,淡漠政治、精神、理论、道德等;由矫正重道义轻金钱、重农轻商,走向重商轻农、重金钱轻道义,搞拜金主义;由矫正重长远利益轻眼前利益、重远大理想轻现实目标,走向重近利轻远利、重现实轻理想"①。这些现象和特点反映了转型期人们在价值观上的过渡性特点。但相较于改革开放前的单一性价值形态,转型期的人们开始关注个人的思想、价值、态度、情感等。"家庭亲情价值取向出现的新特点,表现为重义轻利取向、个人功利取向、常人道德取向、权利至上取向及价值权衡取向五种特点;亲情的价值追求意义由单一的义利纠结转向多元,亲情的需求满足意义由遮蔽状态转向公开,亲情的价值度量由无价转向权衡。"②也就是说,多元价值观在社会最为基本的单元——家庭的亲情伦理方面开始,逐渐向外扩散开来。具体到社会中的其他领域,我们会发现,对于同一事件,不同的群体持有相同的意见,亦会有相同的群体持有不同的声音。

特别要注意的是,中国的社会价值多元不等于多元主义,"多元主义可以划分为价值多元主义、文化多元主义和政治多元主义三个方面,价值多元主义坚持个人或团体所追逐的价值目标的多样性;文化多元主义强调不同种族在国家中的独立地位;政治多元主义是指国家内部权力的多元化"③。尽

---

① 李皓.市场经济与道德建设[M].济南:山东人民出版社,1997:176.

② 王俊秀,杨宜音.社会心态蓝皮书(中国社会心态研究报告(2012—2013)[M].北京:中国社会科学文献出版社,2013:20.

③ 戴维·米勒,韦农·波格丹诺.布莱克维尔政治学百科全书[M].邓正来,译.北京:中国政法大学出版社 2002:580.

管多元主义坚持价值的多样性,但它所谓的多样性类似于价值的普遍性,认为任何领域都存在一定的善与价值。而中国社会价值的多元则是一种相对开放的系统。但多元价值观也必须用正确的方式加以引导,即坚持价值导向的一元和价值取向的多元与统一。①

　　总之,社会价值观的多元性和社会思潮的多变,反映了社会转型期中国人多元的文化生活、不同的阶层以及生活环境下的不同价值体系与知识体系中的不同利益需求主体,对于社会环境等的不同态度和理解,这是中国一元文化、一元社会结构解体后的必然产物。多元价值观共同影响着中国社会,使中国社会成为各种道德观念交融的大熔炉。在这种交融和撞击中,有的人能够把握时代的方向,成为新时期道德生活的榜样;有的人,面对多元价值观无所适从;也有人为了一己私利试图乱中"获益";还有的人完全否定了道德的意义和价值,奉行道德虚无主义,崇尚金钱至上……而中国社会转型正处于发展的关键时期,与市场经济发展相适应的法律体系、道德体系、监督体系、评价体系等还不健全,因此,社会转型期,道德领域还出现了一系列的失范现象。"现在,我国正处在经济转轨和社会转型的加速期,思想领域日趋多元、多样、多变,各种思潮此起彼伏,各种观念交相杂陈,不同价值取向同时并存,所有这些表现出来的是具体利益、观念观点之争,但折射出来的是价值观的分歧。"②我们必须实现价值导向上的一元化,"就是指在意识形态领域内, 从全社会来说, 它只允许有一种思想来作为全社会的指导思想,不允许有其他的思想来和它争夺意识形态领域中的领导权"③。即坚持以马克思主义、毛泽东思想、邓小平理论、"三个代表"重要思想、科学发展观以及习近平总书记系列重要讲话精神作为中国共产党以及国人行动的指南。

---

　　① 罗国杰.道德建设论[M].长沙:湖南人民出版社,1997:5.罗教授认为,道德建设要向前发展,需要采取价值导向的一元化和价值取向的多元化相统一的原则。

　　② 十八大报告辅助读本[M].北京:人民出版社,2012:252.

　　③ 罗国杰.道德建设论[M].长沙:湖南人民出版社,1997:6.

但坚持价值导向上的一元,并不是要否定由经济与利益状况决定的价值取向上的多元。而是在现实生活中,要分层次、循序渐进地提出适合不同层次人群的道德要求。

### 4.1.3.3 功利主义和拜金主义的非道德化倾向较为严重

中国传统社会中,自古就有对"义利"关系问题的讨论,且往往是重义轻利的。"义"就是道德和礼义,"利"就是个人利益,往往不包括国家的普遍的、整体公利。以孔子义利观为发端:"君子喻于义,小人喻于利。"(《论语·里仁》)"君子谋道不谋食……君子忧道不忧贫。"(《论语·卫灵公》)但孔子不是绝对地反对一切利,他认为:"富而可求也,虽执鞭之士,吾亦为之。如不可求,从吾所好。"(《论语·述而》)如果富贵金钱符合仁义道德,那么就算是挥鞭赶车,我也愿意求得,但是不符合仁义道德,那么"不义富且贵,于我如浮云"(《论语·述而》)。孔子肯定人的利益,但没有详细区分公利与私利,最终导致自孔子之后,中国伦理思想史上长达两千年左右的义利之辩。墨子曰:"义,利也。"(《墨子·经上》)孟子曰:"王何必曰利? 亦有仁义而已矣。"(《孟子·梁惠王上》)等等。中国人往往耻于言利,所崇尚的是那些具有高尚道德品格的君子,其典型的表现为"修身、齐家、治国、平天下"的思路。汉代的董仲舒更进一步在孔孟"安贫乐道"的基础上,提出了"正其谊不谋其利,明其道不计其功"(《汉书·董仲舒传》)的义利观。到了宋代,宋儒更是将义与利的对立推向了极端,提出了"存天理,灭人欲"的禁欲主义主张。

总之,中国传统的义利观,将个人利益与道德完全对立起来的观点,直到现代一直影响着人们的行为,尽管现代人并没有将"舍生取义"发挥到极致,然而也是耻于言利的。当然,除了孔孟等人在理论上对于义利关系的论证之外,中国传统的小农经济,是造成人们耻于言利的最根本原因。小农经济是这样一种经济,它采用的是完全封闭的生产系统,用庄子的话来解释,就是"民结绳而用之,甘其食……民至老死而不相往来"(《庄子·胠箧篇》)。

这种经济也是轻视商业、以农为本的，这就必然导致人们在金钱观上的不屑。当然这种不屑不等于视金钱如粪土，而是说人们缺乏投资的意识，往往会将钱存起来，在日常生活中，选择崇尚节俭。中华人民共和国成立后，中国的计划经济体制使人们的生活实现了从生到死的大包干，因此在义利关系上，中国人亦鄙视言利。在前两种经济形态下，人们在道德上会产生一种追求金钱是不道德的观念。

而改革开放后，随着中国商品经济的发展，（漫长的封建社会，中国的商品经济并没有得到充分发展），尤其是社会主义市场经济体制的确立，邓小平指出："社会主义时期的主要任务是发展生产力，使社会物质财富不断增长，人民生活一天天好起来，为进入共产主义创造物质条件。不能有穷的共产主义，同样也不能有穷的社会主义。致富不是罪过。"[①]贫穷不是社会主义，社会主义的本质就是解放和发展生产力，不断地改善人们的生活水平。这个论断不仅在理论上，而且在政治的高度上彻底改变了人们传统的致富观念。而"物质生活的生产方式制约着整个社会生活、政治生活和经济生活的过程。不是人们的意识决定人们的存在，相反，是人们的社会存在决定人们的意识"[②]。精神生活是包括道德生活在内的。因此，经济基础决定了人们对待金钱的道德观念发生了一个大的变化。人们不再惧怕金钱，对于个人而言，追求高收入，对于企业而言追求利润等都成了一种非常自然的事情。而且人们也深刻地感受到了物质利益对于人存在与发展的意义，国人在政治、经济、文化等各方面的利益亦得到了社会的承认，人们的利益意识和参与意识在一定程度上觉醒。

恩格斯曾经对资本主义进行了批评："在资产阶级看来，世界上没有一样东西不是为了金钱而存在的，连他们本身也不例外，因为他们活着就是为

---

① 邓小平文选：第 3 卷[M]. 北京：人民出版社，2001：171—172.
② 马克思恩格斯全集：第 12 卷[M]. 北京：人民出版社，1962：8.

了赚钱,除了快快发财,他们不知道还有别的幸福,除了金钱的损失,也不知道还有别的痛苦。"①社会转型期作为利益关系的调整期,人们的价值观多元化,新旧道德和中西道德相互碰撞,社会中容易出现是非、善恶 荣辱等观念的错位。市场经济被错误地理解为利益的最大化,在道德领域,利己主义和拜金主义泛滥,一切向钱看的人甚至为了钱铤而走险;有的人为了钱坑蒙拐骗;有的官员为了钱,出卖良心;有的家庭虐待老人;金钱婚姻等社会道德理想发生了不同程度的迷失。市场经济在张扬人的个性、肯定个体的同时,也激发了人的获利心。法律的完善有一个过程,因此市场经济条件下,个人在私欲的驱动下,难免会出现价值观的混乱。尤其在经济生活领域中,偷税漏税、走私、制假贩假等频繁;政治生活领域中,权钱交易、以权谋私的腐败现象滋生。

### 4.1.3.4　个人主义及极端利己主义有不良社会影响

传统社会中,个人的意义在伦理本位关系中,并没有那么重要,或者说,人被束缚在家庭、户籍、单位等中,并无太多自由可言。但随着社会的不断发展进步,个人、个体、个人利益逐渐得到了正面的认识,并受到了国家、社会以及个体的自我关注。可以说, 正视个体利益和个人发展是社会的一大进步。随着改革开放的不断深入,社会转型在全方位展开,个人的物质和精神生活发生了重大变化。"社会的转型,逐渐在'责''权''利'方面划清了个人和集体、个人和国家的界限,人们的思想和行为逐渐印证着马克思的名言:'衣、食、住、用、行等物质是人类生存和发展的前提和基础,人们奋斗所争取的一切,都同他们的利益有关。"②这就促使从依附中解放出来的个人,在经济理性的作用下,充分拿着自己手中的自由权和经济自主权,为了个人的价

---

① 马克思恩格斯全集:第2卷[M].北京:人民出版社,2005:584.
② 李彬.走出道德困境——社会转型期的道德生活研究[M].长沙:湖南师范大学出版社,2011:43.

值和权利、利益而努力奋斗。

首先,"个人利益的扩展在内容上表现为,人们不仅扩大了对各种物质利益的尽量占有,而且日益把个人的精神利益纳入思考的范围,精神利益的介入丰富了个体道德生活的内涵;另一方面,个体争取个人利益的过程中建立了个人与他人、个人与集体、个人与社会、个人与自然的关系,这些关系包含了新的价值意义,拓展了个体道德生活的范围。无论是物质利益的获得还是精神利益的维护,当这种新的价值意义与个体行为相关联时,产生了新的道德后果,对个体提出了新的道德责任。"[1]也就是说,个人利益在物质和精神两个方面都对社会提出了要求;而且个人利益与其他个体、社会,甚至生态等相关联时都将面临一些新的道德思考。随着社会转型期的深入发展,现代人对于人情因素以及社会价值方面的考量减少, 而自利目标越来越被实践着。

其次,每个人都意识到"自我"的存在及"自我"的价值,每个人都认为自身神圣不可侵犯。因此,个人本位初见端倪,如何处理个人与集体、个体间的利益关系,这直接影响着个体的道德生活。也就是说,个人本位和个人利益如果不加以规范和限制就会产生一些伦理道德问题。实际上,就个人利益和个人本位而言,在理论和现实层面上并没有错,但如果没有合理的价值取向对其进行引导,个人本位、个人利益往往就容易走向极端的利己主义。而且个人利益与正当的个人利益的关系、个人利益的获得方式等都是一种对于道德的考验。而转型期的中国社会中出现的道德沦丧、不公平以及腐败现象都与此有着密切的关系。

再次,享乐主义从人的自然性出发,将人的生活目的看作生理本能需要的满足,并尽可能的通过追求物质和生理享受获得所谓的人生意义和价值。改革开放后,中国的社会财富积累增多,人们有了享受物质生活的能力。因

---

[1]　杨国枢.中国"人"的现代化[M].台北:台湾桂冠图书公司,1989:345.

此,社会中存在着大量的"超前消费""欲望性消费"与"过度消费"等现象。享乐主义将满足人的自然生理需求当作人生的目的,现代生活中的消费主义就是享乐主义的重要标志,实际上,这是一种个人主义价值观,及时消费,及时行乐,过度消费、炫耀消费等等都是享乐主义个人主义价值观的表现。

在党政干部队伍中,也有一些人沉溺于过度的物质主义,过着奢侈糜烂的生活,对党和人们极端不负责任,除此之外,个别党政官员以权谋私,弄虚作假,大搞面子工程和形象工程,在名利面前成了祖国和人民的罪人。而随着经济全球化,世界各种思想的相互交融中,西方的一些资产阶级腐朽思想包括个人主义、享乐主义等在千方百计地通过媒体等手段腐化着中国民众的思想,而一些意志薄弱的党员,也最终走向了腐败的深渊。

最后,传统家庭教育和学校教育对于一个人的成长具有重要的影响。但是这种长期的正面教育的行为,使人们形成正确道德认知的同时,却又无法将功利化的市场行为和短视化的价值观排离出人的行为,在实际生活中,这就出现了认知与行为的分离。总之,人们的生活方式、价值观念的选择,在行为取向与行为选择上具有个体主义倾向。

### 4.1.3.5 道德意识的混乱及道德行为的失范

首先,在当前的社会转型时期,利益格局出现了分散性,而多元的利益格局使得中国的传统道德失去效力,不再适应现实社会发展的实际状况,而西方价值观又在不断涌入,因此,五花八门的道德观便发生激烈的冲突与交错并在的局面。先进的、落后的、马克思主义的、反马克思主义的、假马克思主义的道德观在中国人的生活中到处可见。国人在面对各种各样的道德观时,往往只能从自身的理解与自身的经济状况影响下的价值观出发,选择自己的行为,因此,道德与否,人们似乎并没有一致的认可。在假恶丑与真善美、是与非混淆的情景下,民众只会感到无所适从,或者说只能是仁者见仁智者见智了。

其次,在当前的社会转型时期,由于原有的道德规范体系被质疑,人们便走向一种反面的情绪状态,对现有的一切伦理道德规范持批判态度,以为重建一种新的伦理观便能解决现有的问题。然而,正是由于原有道德规范体系的消解和被"消解",在道德评价上才会出现混乱。而破旧立新,建立一种新的评价标准又绝非易事。所以,"面对较之以前复杂得多的活动领域、活动类型和利益关系,没有哪一个体系能把它们贯通起来,使之获得普遍有效性"①。尤其是社会转型期,功利价值较之道德价值在市场经济条件下很难建立一种共同认可的模式,在这种情况下,道德感缺失也就可以得到解释了。也难怪康德一再坚持道德的超功利性。道德意识的弱化是出于人们对于行为的功利计算,即道德行为的成本与不道德行为的成本哪个对于我更有价值,对于不道德行为的惩罚力度能否为人们所认可与赞赏等。

## 4.2　社会转型期道德知行困境在社会公德、职业道德、家庭美德与个体品德方面的表现

思潮或者观念将会推动社会的变革,而社会变革表征了某种思潮或者观念的流行。中国的社会转型发生的根本原因在于"一切社会变迁和政治变革的终极原因,不应当到人们的头脑中,到人们对永恒的真理和正义的日益增进的认识中去寻找,而应当到生产方式和交换方式的变更中去寻找;不应当到有关时代的哲学中去寻找,而应当到有关时代的经济中去寻找"②。从整个历史来看,生产力的发展必然要求生产关系、生活方式、社会管理方式、社会治理方式的改变,并进而导致人们的生活观念、价值观念乃至整个社会思想观念的转变。也就是说,社会转型必然引起道德领域发生变化。

---

① 陈晏清.当代中国社会转型论[M].太原:山西教育出版社,1997:231.
② 马克思恩格斯文集:第 3 卷[M].北京:人民出版社,2009:547.

　　每一次大的社会变迁都会引起思想上的百家争鸣,春秋战国如是,文艺复兴亦如是。当前中国的社会转型也不可避免地引起道德上的"百家争鸣",使道德具有一些新的特点。"我国文化领域正在发生广泛而深刻的变革,社会思想更加多样、社会价值更加多元、社会思潮更加多变"①,即社会生活各个领域,多元、多样、多变的多元价值观共存和冲突局面形成,同时,社会转型也使社会中一些领域出现了假、恶、丑等道德失范现象(腐败现象、个人主义、享乐主义以及其他丑恶现象)。当然,社会转型不仅仅带来了道德方面的变化,还产生了一些积极的影响。其一,脱离"大锅饭"的民众,开始形成自己独立的、自由的、个性化的人格;其二,民众在市场经济的竞争中,愈发明白道德对于利润的意义;其三,民众逐渐懂得依靠自己的努力改变命运等。但我们这里重点阐述的是转型期道德的知行困境在社会公德、职业道德、家庭美德、个体品德方面出现了哪些变化。

### 4.2.1　社会公德方面的困惑

　　社会公德作为维护人类公共生活有序进行的最简单、最起码的公共生活规则,《公民道德建设实施纲要》中将其含义解释为:"全体公民在社会交往和公共生活中应该遵循的行为准则。"它的基本内涵是:"大力倡导以文明礼貌、助人为乐、爱护公物、保护环境、遵纪守法为主要内容的社会公德。"②而随着社会生产力的发展以及公共领域的扩大,人们的社会化生活也日益增多。这直接导致了人与人之间、人与社会之间、人与生存环境之间以及人们与虚拟的网络空间的亲密度达到前所未有的程度。具体而言,社会公德主要分为以下四种类型:一是公共交往中产生的人与人之间的道德关系,这种在人际交往中产生的道德主要是助人为乐、文明礼貌等;二是公共交往中产生

---

　　①　十八大报告辅导读本[M].北京:人民出版社,2012:245.

　　②　胡锦涛.在省部级主要领导干部提高构建社会主义和谐社会能力专题研讨班上的讲话[M].北京:人民出版社,2005:20.

的人与社会之间的道德关系，处理这种道德关系的规范是遵纪守法与爱护公物；三是人与生存环境之间的关系，主要内容是爱护环境、保护环境等；四是人在虚拟网络空间中结成的社会关系中要求遵守的道德规范，主要包括文明上网、安全上网络等。①

　　然而中国社会转型期，社会发生变革的同时，道德建设一方面取得巨大进步，另一方面也出现了社会公德的缺失。根据中国人民大学伦理学与道德建设研究中心自 2005 年 12 月在全国范围内展开的关于"当代中国公民道德状况调查"的统计情况表，我们能够证实这一点。

受访者认为中国社会中道德问题最严重的领域②

| 领域 | 频数（人） | 百分比（%） |
| --- | --- | --- |
| 社会公德 | 3911 | 66.32 |
| 职业道德 | 1296 | 21.98 |
| 家庭美德 | 435 | 7.38 |
| 其他 | 255 | 4.32 |

　　随着中国社会进入转型期，中国的交通网与通信网等的飞速发展，中国人不仅在国内与人们互动交流的机会增多，而且与世界人民的交往频率增大。比如，各个领域中的合作、公益活动等使个人的生活与社会乃至世界的交往范围和交往内容更加丰富多彩。而转型期市场经济的发展，在一定程度上刺激了人们独立、权利、自我等观念意识。因此，整个中国的社会环境，在一定程度上加速了国人对社会公德状况好坏的关注。而社会公共环境中的一些不道德行为甚至是违法犯罪行为更加剧了人们心中对社会公德的普遍关注。

　　转型期的道德知行困境在社会公德方面的主要表现：

---

① 吴潜涛. 当代中国公民道德状况调查[M]. 北京：人民出版社，2010：51—52.

② 同上，2010：53.

## 一、诚信危机①

**访者认为现代人的道德缺失主要缺少的方面(最多可选三项)②**

| 内容 | 频数(人) | 百分比(%) |
|---|---|---|
| 公心 | 2899 | 48.71 |
| 善心 | 2290 | 38.47 |
| 爱心 | 2853 | 47.93 |
| 诚心 | 2998 | 50.37 |
| 孝心 | 1557 | 26.16 |
| 其他 | 221 | 3.71 |
| 有效样本量 | 5952 | 100.00 |

诚与信在说文中是可以互训的,诚即信,信即诚,但二者又有所不同。"诚者,真实无妄之谓。"(《四书章句集注》)诚就是真实,不欺骗。信的出现较早于诚,从信的构词来看,从人从言,信的基本含义就是履行诺言,言行一致。诚信连用,既指自己要真诚待人,说话算数,也指与他人相处中要讲信誉,言行一致等。诚信是对自己和他人的一种道德要求,是判断一个人道德水准高低的重要指标,即一个人在公共生活中甚至在任何情况下都能如实反映客观事实,能够遵守诺言,言行合一,能够言必行行必果,表里如一等,就证明此人是一道德上诚信之人,值得信赖之人。但是正处于转型期的中国社会,却出现了诚信危机,主要体现在两方面。一为诚信的力量在人与人的关系中所占比重逐渐降低,主体人首先是不真诚的;二是在与他人的关系中,对他人也表现出了不信任。这里,诚信在调节人与人之间关系方面其影响力的下降,直接反映在现实生活中就是出现信任危机。

其一,对他人的不信任。从中国社会科学院对中国社会心态 2012—2013 年研究报告的调查结论中,我们可以发现,人们在与陌生人打交道时表现出

①② 吴潜涛. 当代中国公民道德状况调查[M].北京:人民出版社,2010:59. 吴潜涛教授认为,现代人主要缺的是诚心(诚实守信)、公心(与私心相对,反映了人与社会及与公共物品间的关系)、爱心(人与人及人与自然的互爱与保护之心)。

的信任水平不高。"城市居民的人际信任由近及远分别是亲属、亲密朋友、熟人和陌生人。家庭成员的信任程度最高,2010 年三个城市调查的得分为 94 分,2011 年七个城市调查得分为 90.6 分, 亲密朋友两次调查得分分别为 79.9 分和 79.3 分,一般熟人为 62.8 分,单位同事为 60.4 分和 62.4 分,一般朋友为 60 分和 63 分, 单位领导为 58.4 分和 61 分, 邻居为 57.6 分和 59.4 分,陌生人为 22.5 分和 30.3 分,网友为 19.1 分和 24.4 分。"[①]在现实的公共领域中,陌生人相互间在很大程度上会表现出冷漠,比如,陌生人求助时,首要的反映是怀疑、诈骗等思维习惯与思维定势。比如,小悦悦事件等一系列撞人摔倒事件之所以成为街头巷尾热议的话题, 也反映了国人在面临突发事件时所表现出的矛盾心理。而这种在救与不救之间的选择与冲突,就是社会信任问题的一个突出表现。与此同时,这种不信任还发生在家庭亲人和朋友之间,比如,无止境的传销行为、绑架行为、抢劫行为等,很多都发生在熟人甚至是亲人之间,一旦"露财"便很可能招来横祸。

其二,对于特定群体的信任度下降。主要是医生与患者之间、警察(城管、交警等)与民众之间、官员与民众之间等等。"在近年来的社会信任调查中,民众对政府机构、政法机关的信任度不高,对广告、房地产、食品制造、药品制造、旅游和餐饮等行业的信任度极低,很大原因在于一些政府官员的不作为、乱作为或贪污腐败,一些司法机关执法者不严格执法或违法乱纪,一些不法商人和医生见利忘义等现象的出现。"[②]除此之外,民众对社会中某些特定的经济领域与公共服务业也缺乏信任,尤其是在食品安全方面。而对于公共事业部门,"燃气、自来水、电力部门受信任程度较高,对医院的信任度最低"[③]。尤其是一些企业,在利益的驱使下,不按合同行事,偷工减料,违反合同,以权谋私,在物质利益的诱惑下,腐败堕落,将权力当作换取金钱的筹

---

① 王俊秀,杨宜音.社会心态蓝皮书——中国社会心态研究报告(2012—2013)[M].北京:中国社会科学文献出版社,2013:13.

②③ 同上,2013:77.

码,有的官员不择手段,严重危害了国家、民众的利益。诚信危机是一种典型的言行不一和知行不一的表现。

### 二、缺乏秩序与规则意识

任何人在公共场合便具有了另外一种身份——公共角色中的道德人。比如,在商店中,我们是顾客,应该奉行等价交换的原则;在公园里我们是游客,应该尊重公园服务人员,爱护自然环境;在剧院里,我们是观众,应该保持安静和整洁干净的观影环境。这是一种场合身份。但有一部分人似乎没有意识到这种身份的变化,或者根本没有公德意识,不知道应该遵守哪些规范。比如,我们在乘坐滚动电梯的时候,应该将右边的通道让出来,供有急事的行人通过,但不少人并不懂或不遵循这样的规范。

在遵守公共规则方面,国人有规则与秩序观念,他们虽懂得排队买票、等车会提高工作效率,从而使社会成员都能公平地享受到这种福利,但是在实际生活中,国人挤公交、挤地铁的现象,层出不穷,车子在没有停稳之前,一群人便蜂拥而上,此外,抢座位现象亦成为一种国人的习惯,先到先得,似乎是一种惯性。这种毫无规则和秩序意识,知而不行,屡禁不止的现象到处可见。又如,在公共场所与公共交通工具(火车、飞机、公交车、地铁等)上不能吸烟、不要大声喧哗、不能闯红灯、不要践踏草坪等规定都是写在警示牌上的,但人们遵守规则的意识较弱。

与此同时,助人为乐的精神也较为缺失。人们总是抱着"事不关己"的态度,从所谓的经验出发,信守着自保的处事格言,不仅不主动帮助他人,而且对于自己在危难时刻获得的求助也认为理所当然,不知感恩。有的人奉行着不要惹事上身,袖手旁观就好的行为准则;有的人用冷漠、不信任、不关心且以看客身份看待他人;有的人视而不见,甚至还幸灾乐祸;有的人则患得患失,这些都是转型期社会公德缺失的主要表现。

### 三、公观念缺乏

在中国传统社会,人们在处理与他人、群体、集体的关系时,往往是在血缘亲疏的基础上,由近及远,所以中国人私德较为"发达",而公德缺失。但相较于传统社会较为简单的社会交往、经济生活与社会结构,进入社会转型期的中国,公共空间扩大,社会交往、经济生活以及社会结构变得越来越复杂,所以民众对公德的呼声提高, 但如何将亲朋好友之间的谦逊和礼节推及陌生人,减少私德泛滥而公德缺失的道德状况,是我们应该最为关注的。但在实际生活中,我们却时常看到公德缺失的现象。"在公共汽车站,给女朋友抢座位的小伙子把白发苍苍的老人挤在一边;挺着大肚子的妇女无可奈何地站在车厢里被摇晃着、推搡着,皱着眉头,喘着粗气,而年轻人却装作看不见,悠然自得,或闭目养神,置之不理;商店里、马路上,一点小摩擦、碰撞,就往往导致恶语相向,甚至拳脚相加;遇到人与人发生冲突时,看热闹起哄者围成一圈儿,而化解矛盾者却往往被误解、遭指责,甚至'引火烧身'……如此等等,不胜枚举。"①公共观念的缺乏引发了社会交往中文明礼貌、个人礼仪等都有所缺失。在公共财物的保护方面,没有"公"的观念。"由于种种客观原因,又由于有的部门、地区忽视精神文明建设,造成社会公共生活中道德失范,损公肥私、损人利己、见死不救、肆意破坏公物的现象时有发生。"②或者说,国人对于"公"观念存在误解。认为公就是大锅饭,公就是小集体等。不能爱护公共财物,因为相对于个人利益而言,公共利益对于个人的影响往往比较遥远,总是间接迂回,而不像个人利益那么直观。所以在面对公共财物时,不能爱护。在自然资源的保护方面,随意践踏草坪,随手摘取公园的花卉,随便乱扔瓜果皮核等垃圾,随地吐痰……我们的自然环境遭受着巨大的

① 罗国杰.道德建设论[M].长沙:湖南人民出版社,1997:204.
② 章海山.当代道德的转型和建构[M].广州:中山大学出版社,1999:345.

压力。生态平衡和多样性遭受着巨大的打击。由于传统社会小农经济的影响，人们的交往很单一、狭窄，但是在市场经济条件下，交换作为市场经济的中间环节，日常和非日常的交往增多，而规范这种行为的法则较为缺乏，民众也缺乏规范意识。

**四、在虚拟环境中的不道德行为**

虚拟环境，往往是指网络环境。随着互联网的发展，人类生活进入了一个新的时代。网络为人们提供了一种新型的交流和交往空间，它使得网民在网络中犹如现实生活一样，扮演着特定的角色。但由于网络环境的隐匿性，网络背后真实的个人信息和真性格被保护起来，人们从来没有像今天这样敞开心扉地交流情感与价值观。即网络集高科技和虚拟性为一体的环境，以超时空的方式改变了人们的生存模式，而且网络的便捷性以及资源的共享性在为人们生活提供便捷的同时，也使得人们的价值取向与行为选择发生了重大的变化。它一方面为民众提供了自由交流的公共空间，让每个人拥有自由表达的权利与机会，这对于现代民主的发展有积极意义；但另一方面，由于网络的这种虚拟性质，有的人便在网络虚拟身份的掩护下，从事一些不道德甚至是违法行为，主要表现为：利用与他人聊天获得信任后实施一系列欺诈行为；盗取他人的聊天工具，冒充他人进行银行卡、现金等诈骗活动；利用网络销售假冒伪劣商品；利用网络从事不法交易；裸聊；色情、暴力、窥探隐私、"人肉搜索"、发表不负责任的言论等等。在网络这块遮羞布的掩盖下，人们的道德感荡然无存。网络也理所当然地成了道德沦丧的重灾区。

**五、社会公共领域的冷漠及善恶美丑观念的颠倒**

冷漠，就是对人和事表现出冷淡和漠不关心的态度；麻木不仁，就是对外界的人或者事反应不灵敏。这两种心理倾向在社会公德领域时有发生。直接表现就是对规范的忽视，对行为的漠视和不屑一顾。比如，垃圾桶上直接写着可回收垃圾与不可回收垃圾的字样，但有多少人按照要求行事了？又如，公交车、地铁等公共交通工具中，"请主动给老弱病残孕让座"的提醒也被很多人抛在耳后。除此之外，社会公共领域的冷漠还体现在某些人身上，比如，2012 年 7 月 3 号发生在湖南娄底的救人事件，被救之人获救后对于施救之人遇难一事非但没有心存感激，反倒用一句"关我屁事"作为回应。某肇事司机撞人后，在准备施救时，众路人高喊"快跑"；某男子准备跳楼，在民警劝说之际，民众高喊"快跳啊，浪费人时间"等等，结果加剧了试图跳楼者激动的情绪，进而纵身一跃，跳楼而亡。这体现了公共领域某些人缺乏基本的同情心与怜悯心。总之，社会公德不仅仅直接影响着整个社会秩序的好坏，而且也是整个社会大环境好坏的体现，对整个社会的道德风气有深刻影响。

### 4.2.2　职业道德方面的失范

不同的职业具有不同的职业道德规范。比如，医生有医德，教师有师德，商人有商德，做官有官德等。职业道德是在一定社会的政治、经济制度基础上发挥作用的。而改革开放后，中国社会进入转型期，转型期市场经济的发展促进了职业道德的变化，尤其是市场经济作为一种利益经济和竞争经济，它合乎人们对于利益的追求，激发了人们的生产与生活积极性，是对人性的自然诠释，因而在社会转型期，市场经济条件下的职业道德亦随之获得了长足的发展。

但是由于市场经济的发展缺乏正确的价值观作为指导，因而在对待利益的时候，便会产生正确与错误之分，正确的利益观不仅能使个人利益得到发展，而且能够促进社会整体利益的实现。然而，错误的利益观则可直接导致唯利是图的拜金主义以及利己主义。比如在商业领域中存在的"毒奶粉""毒馒头""假猪血"等食品安全现象，直接反映了职业活动中以不道德的手段，甚至是非法手段换取利益的不法商家的丑恶行为。具体到职业群体中，反映了商家不遵守职业道德甚至是职业道德的缺失。这些都是拜金主义、缺乏良心和社会责任感的表现。更为气愤的是,这些黑心商家还打着美丽绝伦的广告,在众多权威媒体上大肆宣传假冒伪劣产品,不讲信誉不说,还通过坑蒙拐骗的方式牟取暴利,说到底还是表里不一地为了利益而出卖了自己的良心。信用危机还表现在合同失效导致的经济方面的信用危机、假冒伪劣商品导致的市场失效。但假冒伪劣商品之所以有如此巨大的市场,还在于客体人知假买假,比如,假名牌、假学历、假官员……职业的神圣性缺失。比如,职业群的职业责任心淡漠,将职业道德规范视为虚无,"以职谋利"现象多见,贪污腐败泛滥。对待自己的本职工作没有热情和责任心;在同事相处中冷淡懈怠,在领导面前却积极表现,行为反差极大;在社会服务方面,不尊重群众,甚至故意刁难。

市场经济下的商品交换原则向权力领域渗透,导致了权力寻租,权钱交易等贪腐现象频繁发生,严重地损害了党与政府的形象。总之,腐败现象的发生主要是掌握公权力的人通过不合法的方式为个人牟利。比如,中国的腐败现象呈现出以下特点:主体中高层干部腐败人数增多;在重要领域与关键行业的腐败增多(主要涉及一些重大的国有企业);在城乡小隅的官员腐败较为明显,官僚主义作风严重;腐败主体以及腐败行为更为隐蔽,一些官员曾在百姓心中的形象非常高大,甚至是感动中国的杰出人物,然这些人却成了腐败的大蛀虫;腐败行为出现群体化倾向,一人落网,一群关系网中的人被牵涉其中,有时甚至涉及几百人。而且一项调查也表明:"人们对机关工作人员的工作作风表现出很大程度的不满情绪。总的调查表明,选择'办事公道,很满意'的比例仅为5.84%,选择'办事基本公道,基本满意'的比例为34.16%,这两个数据之和为40.00%。同时,受访者选择最多的是'门难进,脸难看,事难办',其比例为34.36%,同时还有21.20%的受访者选择'以权谋私,不给好处不办事',这两个数据之和为55.56%,这就是说,多数受访者对当前的机关工作人员的工作作风不满"①,而政府工作人员应该为人民服务。
吴潜涛教授在《当代中国公民道德状况调查》一书指出,机关工作人员自我
评价、自我认可程度较高,满意比例高达 58.56%。②因此,在自我道德认知与
社会评价之间的差距如此明显,需要我们作深刻的反思。

此外,经济领域市场主体行为短期化,很多企业是没有经过工商登记的
无证经营者,他们捞完钱就走人;有些部门乱收费;有些媒体爆料虚假新闻、
有偿新闻;有些商家生产假冒伪劣商品,冒充大品牌;而市场客体方面,存在
大量的走私、贩卖假冒伪劣商品等非法交易的行为。最近在网络上讨论最为
热烈的是网络购物与电视购物中欺骗消费者的行为。教育领域也出现了严
重的道德危机。比如,学校乱收学费、杂费以及各种名目的择校费;有的学校
不够招生资格,打着正规学校的牌子随意招生等。如何规范行业秩序,提高
职业道德,使社会诚信度上升,从而降低社会的交易和管理成本,使人民安
居乐业,而非终日惶恐不安,担心食品安全、医疗卫生安全、饮水安全等,是
社会转型期职业发展中尤为需要关注的。

### 4.2.3　家庭美德方面的缺失

转型期,从计划经济走向市场经济的过程中,中国人的思想观念发生了
深刻变化,具体到家庭伦理方面,"妇女在家庭中的经济地位得到加强,家庭
成员之间的平等关系建立在新的经济体制基础之上,使新型的家庭道德有
了坚实的经济的和社会的基础"③。同时,男女平等、婚姻自由等现象,证明了
中国的家庭道德获得了一定的发展。然而与此同时,我们也看到了现实生活
中 "小三横行""离婚率居高不下""赡养老人纠纷""财产分割纠纷""邻里关
系剑拔弩张"等不良现象时有发生。

---

① 吴潜涛. 当代中国公民道德状况调查[M]. 北京:人民出版社,2010:125.

② 同上,2010:130.

③ 章海山. 当代道德的转型和建构[M]. 广州:中山大学出版社,1999:379.

　　家庭美德包括夫妻、父母、子女、兄弟姐妹、祖孙,邻里道德等。它要求男女平等、尊老爱幼、邻里团结、勤俭持家等。在孝顺父母方面,"关心父母健康起居;常回家看看;传宗接代;按照自己意愿行事;完全服从父母;成功回报父母;说不清这几项中,将孝理解为'能养'的居大多数,占到62.94%,视为'不辱'的仅占8.4%,理解为'显名'的达到28.62%"①。这是对当代中国转型期对于"孝"内容的理解的调查,相对于古代孝的含义"一为奉养;二是服从;三是父母死后的祭祀"②,是现代家庭伦理道德的一大进步。然而,家庭成员之间在赡养老人,尽孝方面,却出现了不尽如人意的利益计算。比如亲人之间,为了利益(拆迁补偿款、赡养老人、遗产、财产分割……)而反目的大有人在。比如,持续多年的某香港豪门遗产分割案,至今仍未有定论。此外,受金钱至上的影响,有些人对父母的态度是:父母有钱的时候百般孝顺,而一旦没有钱了,便撒手不管;有的人将父母看成免费劳动力,在父母有劳动能力的时候,接到城里收拾屋子,照顾孩子,父母没有劳动能力的时候,不管不问;更有甚者,对老人百般折磨,酿成老人自杀的悲剧……总之,不孝顺,不尊敬甚至打骂老人的现象也大量存在。章海山教授认为:"由于市场经济本身的一些消极影响,金钱也侵蚀着某些家庭成员之间的关系,亲情减少了,家庭成员之间的关系被看作是赤裸裸的利害关系,这势必影响家庭道德。"③此外,家庭的关注点主要是子女的教育和成长,而对老人的赡养和精神的关注不够。

　　还有一种现象,在中国封建社会,寡妇再嫁亦或守节终老,都会成为旁人关注的焦点。但现代人对于婚姻家庭的评判标准是"那是人家的家事"。婚姻家庭越来越私人化,不会受太多别人的干涉与操纵。总之,社会舆论和家人对于家庭道德规范的谴责和监督作用愈发弱化。也正是因为家庭以及社会舆论的监督手段弱化,导致了一些人在结婚、离婚问题上的草率,以及在

---

①　吴潜涛.当代中国公民道德状况调查[M].北京:人民出版社,2010:152.

②　安云凤.新编现代伦理学[M].北京:首都师范大学出版社,2001:278.

③　章海山.当代道德的转型和建构[M].广州:中山大学出版社,1999:379.

赡养老人问题上的无所顾忌。此外,溺爱下一代,虐待上一代,也是普遍存在的现象。比如,部分家庭中的小孩集百般娇宠于一身,只关注孩子的实用性才能的培养,而不注重德性的培育。同时,重男轻女现象仍然存在,尤其是在偏远的农村,生不出儿子便永没有出头之日,生不出儿子便永远不能停止生孩子的脚步。

邻里关系是血缘关系之外距离最近,接触最为频繁,影响家庭、社会的一种重要关系。因此,俗语常言:"远亲不如近邻。"然而,现代城市的兴起,在高墙铁门之外,邻里之间几乎没有任何交往。更为可悲的是,近年来发生多起邻居死亡数月,无人报警,无人得知的事件。在婚姻爱情方面,现代人从传统的父母之命、媒妁之言中解脱出来,可以自由地恋爱和结婚,但却过分注重感情,忽视了法律义务和道德责任,"只求曾经拥有,无论坚持多久","闪婚闪离"等对婚姻和家庭不负责任的事件频发。

## 4.2.4 个体品德方面的迷失

正视个体利益和个人发展是社会的一大进步。社会转型期促使个体人形成了独立的品格,尤其是改革开放使个体的道德生活发生了深刻变化。社会价值观从整体到兼顾个体、从一元到多元、从理想到世俗以及从重物质到兼精神等变化,带来了一系列新的伦理责任和后果。具体问题体现在:公民个体功利化趋势明显,主要表现为友爱关系、合作关系、家庭关系的不纯粹性;公民个体出现了诚信危机;自私自利、良知缺失、没有社会责任感,对人冷漠或者道德不作为;言行不一,说一套做一套;对待他人的标准不一,对他人高标准、高要求,对自己则相反,得过且过,知而不行。比如,在一些基本的、简单的生活、学习环境中,有些人受了多年正统的道德教育,这些道德教育对其的影响也较为深刻,应该说,对于特定的群体,如大学生,官员等,应该有了比较正确的道德认知,但在现实中,我们发现,大学生在功利、利益的影响下,目光短视,实用主义倾向较为严重,道德认知与行为分离较为普遍;

没有道德理想和道德追求,甚至嘲笑他人的理想和美德;个体道德尤其是未成年人,服务意识较差。

总之,公民个体道德失范,主要表现在人的外在行为和社会规范的要求不相符;从内在方面而言,主要是人的价值观和精神世界发生动摇和不稳定,即道德对社会生活的调节、控制等作用受到怀疑、否定,一方面是既有价值观受到怀疑,一方面是新的价值观又不能被普遍、及时地接受。

## 4.3 当代中国社会转型期道德知行困境的原因分析

道德困境,主要体现在道德认识方面的混乱不清以及道德行为方面的"不作为"和动力不足,可以用"迷失"来形容这种道德状态。[①]简而言之,道德困境是一种心理上的困惑和迷失状态,致使行为上缺乏动力。如果我们用知行关系来界定道德困境的话,就是知行困境。其一为不知不行。由于没有正确的认识或者没有正确认识某物的意识,从而在潜意识中、行为习惯中没有从事某事的动力,这种现象表现为不知不行;其二为知而不行。事前对于某事的前因后果、来龙去脉等较为熟悉,亦有能力根据某一规律实现某种行为,但在行动上表现为迟疑、拒绝、不作为,这种现象是知而不行;其三为假知错行。"假"对立面为"真","假知"是自以为知,实则是错误的知或者根本上属于未知。具体到转型社会背景下,无论是社会公德中出现的诚信危机、秩序规则、公观念淡薄亦或缺乏,还是职业道德、家庭美德以及个体品德中出现的诸多道德问题,我们认为,它们都是中国社会转型期最为突出的道德知行困境问题,都可以囊括在知、行这对范畴下。具体而言,当代中国社会转

---

① 对于道德困境的概念,很多学者都认为难以定义。而且在现实应用中,道德困境往往与道德失范、道德冲突等词混用。但可以确定的是,道德困境是社会转型期更为突出的问题,主要表现为道德认识上的混乱不清以及道德行为上的动力不足。这种社会道德处境的出现,除了客观的社会转型原因外,道德认识方面的模糊和混乱状态,是造成道德困境形成的最为主要的主观原因。

型期道德知行问题产生的原因主要有以下方面。

### 4.3.1　小农伦理及多元价值观为"不知不行"现象产生的根源

#### 4.3.1.1　小农伦理对民众道德观念的影响仍然存在

中国社会为传统的农业社会,农业文明所彰显的是个体的小农经济,而小农经济的经济活动范围往往是本村或者周遭的邻村。在这种经济条件下,人们往往能够自给自足;政治、经济等方面的生产方式和交往方式较为单调、松散且是稀少的,彼此处于隔离状态;而在家族内部,则由于具有共同的生活经验,可以遵守共同的规范与准则。因此可以形成中国古代所指的"父子有亲"等规范道德。但离开家族这个狭窄的生活圈子与交往圈子,由于缺乏一种共同的生活体验,又加之小农经济散漫的生产方式,就注定了国人公共生活空间的有限性。人们遵守的规则也是一些潜在的风俗习惯,没有法律意识及现代的公共生活规则意识。但我们又不能说中国人不讲团结、礼让。实际上,林语堂先生在《吾土与吾民》中就曾指出,中国人在熟人圈是十分讲究礼貌的,只是在此界限外,文明礼貌的受用空间就较为狭窄了。总之,在小农经济基础上产生的伦理道德观念我们称之为"小农伦理"。那么何为"小农伦理"?"所谓小农伦理就是指在农业社会里,人们被局限在狭小的生产和生活范围内,进行小规模的生产劳动时所形成的一些道德观念和道德习惯,主要体现在农民和小手工业者身上。"①而对于小农伦理,每个中国人都或多或少的具备这种伦理观念。

转型期市场经济条件下,随着城市文明的崛起,社会公共生活日渐丰富和增多,它要求人们接受与遵守现代市场经济和现代城市生活的伦理规则。

---

① 陈瑛.改造和提升小农伦理——再读马克思的《路易·波拿巴的雾月十八日》[J].伦理学研究,2006(2).

毫不避讳地说,不少人根本不知道什么是公共道德行为规则。比如在公共场域中,包括在电梯与公交车内,中国人习惯于大声喧哗、大声说笑,习惯于横跨马路,习惯于随手乱丢杂物,习惯于无拘无束……而这在现代西方国家是不太可能发生的。难道我们由此就可以直接得出中国人道德素质低下的结论吗?答案是否定的。因为在中国传统的文化观念中,日常的生活行为遵循的规则只是当地的道德与风俗习惯,没有也不可能在短时间内接受现代社会应该遵守的行为规则。而西方国家的现代商业文明已经历了几百年,甚至几千年的发展,对于1978年开始实行改革开放,市场经济起步与发展才不到40年的中国,建立和形成适应现代商业文明和城市文明的现代伦理精神,需要一个长期的过程。而且道德问题的发生往往也主要集中在一些领域。"一是与市场经济联系紧密,容易发生权钱交易和容易受到金钱腐蚀的领域……二是现有道德严重失范的领域,是现有道德所调节的社会关系和社会人群发生了重大变化:从'熟人社会'到'陌生人社会';从农民到城市新市民;从单位人到社会人;从体制内的人到体制外的人;从国有制的人到个体、私营和外资等多种所有制的人等。"①也就是说,中国社会正处于从农业社会向现代工业社会转型中,转型期的新旧交替阶段,必然会在一定时期内使传统的道德价值观遭受危机,而这个过程是城市文明和商业文明发展中必然经历的阶段,中国如是,西方亦如是。上海外国语大学跨文化研究中心教授史蒂夫·库里克就曾说过:"中国要解决经济快速发展背景下的道德领域问题,让灵魂跟上发展的脚步,或将是一个跨度长达百年的艰巨工程;而事实上,欧美的一些国家也经历过类似的道德重建过程。"②但令人可喜的是,"还有一种现象也值得研究:中国的'80后''90后'及现在的中小学生遵守社会公德的情况,总体上似乎要好于更年长的人。他们更快地适应着'陌生人社会'的

① 秋石.正确认识我国社会现阶段道德状况[J].求是,2012(1).
② 新华网.中国以核心价值观化解转型期道德建设难题,2014年2月28日.

公德规范——不随地吐痰、不乱扔垃圾、垃圾分类、过马路走斑马线、在公交车上主动让座、在公共场所不大声喧哗、在滚动电梯上靠右站、遵守银行和邮局的一米线规则——这些'小节'的变化,反映的正是中国道德进步的大趋势"①。在现代城市文明和商业文明中成长起来的新一代,已经能够逐渐地在"骨髓"中彻底地接受现代文明。因此,处于转型期的中国社会,应该首先解决的问题是中国人不知而不行的小农伦理道德观。

另外一种小农伦理的表现,可以称为"人伦伦理"道德。比如,许多人在家庭外与家庭内、学校内与学校外、人前人后等等道德行为表现完全不同。一个在家里做卫生尽心尽力,使家中一尘不染的人,在外面却会随手乱丢垃圾;有的人对待亲朋好友彬彬有礼,但对待陌生人却冷漠无情;有的人在单位里人人称赞,但在单位外却可能是一个完全无德性的"小人"。人与人之间一旦离开人伦关系,道德便随即处于失效状态。所以,公民道德建设、公民精神文明建设、社会主义核心价值观等道德文化的建设,就显得非常必要。

### 4.3.1.2　多元价值观导致的认知困境

#### 4.3.1.2.1　多元道德准则导致的多元价值观

当今世界以全球化为趋势,当今中国是一个开放的中国,这就决定了中国必然要在政治、经济、文化、生活方式以及价值观等方面宽领域、多层次、多领域与世界实现交流与沟通。而全球化的多样性,会造成价值观的融合和冲突。此外,中国内部的转型,引起了社会成员在区域间、民族间、不同文化之间的流动和交流增多,人们接受着不同的文化观念、传统习俗甚至不同的道德规范的多元规范要求。加之,"当今世界正处在大发展大变革大调整时期,各种思想文化交流交融交锋更加频繁"①,中国传统文化与外来文化各自

---

① 秋石. 正视道德问题加强道德建设——三论正确认识我国社会现阶段道德状况[J]. 求是, 2012(7).

施展自己的优势,这就造成了先进文化与落后文化鱼龙混杂。而这种多元的规范要求和多元的价值标准,在客观上会促成社会中原有的、权威的核心价值观和道德观遭受冲击。比如,西方的价值观对于中国的集体主义价值观和社会主义的价值观造成了巨大的冲击;个人主义与拜金主义更进一步促使中国原有道德规范体系的动摇,从而造成社会秩序的混乱和危机的发生。而普通民众在多元、多样的价值文化冲突、激荡与交流中,难以分清对错好坏。因此,在对待道德问题的时候容易产生道德上的认知混乱,在思想观念上产生了一定的困惑,从而陷入道德知行不一的困境。

转型期的中国社会,一方面,国家管理和控制形式发生变化,主要体现为,国家对社会整体的政治、经济、文化等方面的干预减少,其服务性明显加强,人们的个体性和独立性得到了重视。另一方面,转型期中国的伦理道德出现了多元价值观,这加大了社会成员道德认同的难度。转型期的中国,随着多元价值观的涌入,大众普遍面对多种行为准则与标准,在道德认知与道德实践中难以作出一致的选择。各种道德规范、价值观念容易使民众误入歧途。

### 4.3.1.2.2 多元道德理念导致的多元价值观

"人们对于一些道德事件产生不一致的态度,原因通常被认为是他们具有不同的道德理念,而出现恶劣行为往往是因为个体具备或者缺乏道德理念的支撑。"[2]一方面受多元价值观影响,干扰了民众形成一致的道德信念;另一方面,西方价值观的倾入,为中国植入了"绝对自由""个人主义"的价值观,使人们的道德评价和判断系统出现混乱。正如齐格蒙特·鲍曼在《生活在碎片之中》中提到,世界看起来碎片化而没有逻辑性。[3]"原子化"的个人行为取向是难以预测到的。与此同时,不能期待所谓一致的道德规范认同,因为

---

① 十八大报告辅导读本[M].北京:人民出版社,2012:244.
② 杨韶刚.西方道德心理学的新发展[M].上海:上海教育出版社,2007:125.
③ 齐格蒙特·鲍曼.生活在碎片之中[M],郁建兴,周俊,周莹,译.上海:学林出版社,2002:35-70.

"某一规范之所以成为道德性的,其必要条件就是它并不能得到所有社会成员的自觉认同;而一旦人们对其内容达成共识,它也就完成了自身的道德功能"①。即道德认同一旦达成,此道德规范便成为人的一种本能,继而,新的道德规范又会产生。"多层次、多样化的具体主体的现实利益、需要,也存在着普遍的、深刻的差别与对立。"②因此,在具体的操作上,很多人认为一元的价值认同等于自身身份的丧失,这种情绪在不同国家的文化博弈中体现得最为明显。"人类的实际状况决定,普遍一致只能是道德约束的结果,而不能是形成道德规范的前提。由于道德实践体现的始终是社会的一部分对另一部分在心理上的强制,或者社会成员加于其自身的规范性约束,所以主体性仍然是任何道德规范得以存在并发挥作用不可或缺的基本前提。"③

而较为发达的大都市,由于"移民"现象较多,大部分 80、90 后都是"移民"后代,这种流动人口所持有的交往方式、生活方式相互交融,使人们形成多元价值观。加之,生活成本增大等压力对人思想和行为的影响,人与人交心的机会较少,传统的情本体被经济主义原则所代替。

### 4.3.1.3 市场经济发展所需的政治、经济和文化准备正在逐渐发展——价值观调试出现"真空"状态

第一,从改革开放至今,中国的转型一直在紧张地进行着。由于中国所有制格局发生了重大的变化,主要是非公有制经济崛起。这一系列的经济转轨与改革,在客观上为不同的利益群体与阶层提供了大量的自由选择的制度环境。因而,在这种宽松的制度环境中,在法律规范限制外的地方,不道德行为的发生便有了空间。也就是说,道德出现问题与法制的不健全有密切关系。

---

①③ 唐士其.主体性、主体间性及道德实践中的言与行——哈贝马斯的论辩伦理与儒家道德学说之比较[J].道德与文明,2008(6).

② 张秀.多元正义与价值认同[M].上海:上海人民出版社,2012:200.

　　法律与道德要发挥作用,从来都是要相互配合的,但由于中国法律制度存在不健全现象,即便有法可依,在实际生活中,执法者也往往是有法不依、执法不严,甚至野蛮执法。这严重损害了道德的力量与道德的作用,在一个法制不健全的社会,其道德的意义一定是极有限的。

　　第二,物质水平的提高难度不算很大,更关键的是人们精神领域的升华。因此,要解决转型期道德建设所涉及的精神沦落等道德困境,其任务的艰巨程度是可以想象的。旧的道德规范体系出现一定程度的失范,新的适合市场经济发展的道德规范又没有能够适时地建立起来,这造成了大量的经济活动与经济行为处于行为困境和缺乏规范保护和限制阶段。

　　转型期,是多元价值并存的时期,是多种良莠不齐的道德规范并存时期,也是真善美与假恶丑交织时期,更是价值观的激烈碰撞和冲突时期。这个时期必然会出现新旧交替过程中的价值观与道德观的"真空",民众在道德信仰与道德选择上,会产生迷失、冷漠、知行不一等道德问题。而舆论又在一些社会事件的催发下,往往放大了这种矛盾冲突,因此,在客观上,使人们的道德勇气、道德责任感下降,在做与不做之间,出现了两难选择。

　　"道德上的欺诈及由此引发的道德秩序混乱,在从传统经济向市场经济转轨的过程中极易发生。之所以在转轨时期易产生道德秩序混乱,是由于这一时期原有的与自然经济相适应的、以'忠义'作为核心的道德秩序受到冲击,而新的与市场经济相吻合的、以'信任'为核心的道德秩序尚未形成,因此社会有可能进入既不讲忠义也不言信任的道德无政府状态。"[1]因此,我们不能把道德问题的出现完全归结为市场经济的作用。市场经济本身要求的是平等、公平、诚实守信、等价交换等规则。只是由于中国处于转型期,发展市场经济过程中,市场规则、道德环境、民众的素质等方面没有能够跟得上市场经济发展的步伐。因此在现实生活中,市场经济本身的一些弊端(利益

_____

① 罗国杰.道德建设论[M].长沙:湖南人民出版社,1997:267.

经济)被放大,而一些软的配套设施和软件环境没有得到很好的配置。当然,市场本身的不完善所产生的负面效应,对于良好党风与社会风气的形成,也具有重要的影响。很多人因此而沦落了,特别是一些党政干部在拜金主义的影响下贪污腐败;与商品生产和交换相联系的领域生产和销售假冒伪劣产品,损人利己的现象也较为多见。"市场经济的利益导向、竞争机制和淘汰机制把社会成员'瞬时间'推入一个新的生活空间、交往空间,众多人的'集体性迷茫'使社会成员的道德失范成为社会变革进程中一种短暂的必然现象。"①

### 4.3.1.4　价值观的困境导致道德意识的混乱及道德行为的失范

第一,当前的社会转型,造成了利益格局的分散,而多元的利益格局使得中国原有的传统道德失去效力,而西方价值观又在不断涌入,因此,五花八门的道德观便发生激烈的冲突,形成多种价值观交错并在的局面。先进的、落后的、马克思主义的、反马克思主义的、假马克思主义的道德观在中国人的生活中到处可见。国人在面对复杂多样的道德观时,往往只能从自身的理解出发,选择自己的行为。因此,道德与否,人们似乎并没有一致的认可点。在假恶丑与真善美、是与非混淆的情景下,许多人只会感到无所适从。

第二,在当前的社会转型时期,由于原有的道德规范体系受到质疑,人们便走向一种反面的情绪状态,对现有的一切伦理道德规范持批判态度,以为重建一种新的伦理观便能解决现有的问题。然而,正是由于原有道德规范体系的消解和被"消解",在道德评价上才会出现混乱。而破旧立新,建立一种新的评价标准又绝非易事。所以,"面对较之以前复杂得多的活动领域、活动类型和利益关系,没有哪一个体系能把它们贯通起来,使之获得普遍有效性"②。尤其是社会转型期,功利价值较之道德价值在市场经济条件下,很难建立一种共同认可的模式,在这种情况下,道德感缺失也就可以得到解释

---

① 席彩云.当代社会公德教育研究[M].武汉:湖北人民出版社,2008:64.
② 陈晏清.当代中国社会转型论[M].太原:山西教育出版社,1997:231.

了。道德意识的弱化,是出于人们对行为的功利计算,即道德行为的成本与不道德行为的成本哪个对于我更有价值。对于不道德行为的惩罚力度能否为人们所认可与赞赏。而麻木不仁、见怪不怪的心理是最为可悲的道德反应。经济转轨与社会转型既是社会关系调整和人们生活方式的调整与改变期,亦是多元价值观的交流碰撞期。民众在日常生活中主要表现为道德认知困惑;道德评价和道德选择标准的不一,个体在道德认知与道德行为方面的错位,概括而言,道德知行问题主要包括"知善之当行而行、知善之当行而不行、知不善之不当行而不行、知不善之不当行而行、不知善之当行而行、不知善之当行而不行、不知不善之不当行而行、不知善之不当行而不行"①。

4.3.2　城市文明、商业文明与小农伦理的矛盾加剧了"知而不行"现象的发生

第一,在中国传统的熟人社会中,人们交往所依据的是自然的血缘情感及地缘结构,所以能够将心比心,容易产生某种生活的共鸣,因此,人们总是能够自觉自愿地维护社会公德,践行道德,往往吃了亏也会一笑而过。比如,在公车上,熟人之间容易发生互相谦让的让座现象;又如在中国农村地区,邻居家常年没有人住,尽管没有委托他帮忙照看住所,但他似乎本然地具有一种自觉替邻居看家守院的心理和行为。但是在市场经济下形成的城市文明,人与人彼此建立在平等互利的交往关系中,彼此遵守的规范对于每个人而言都是公平的,因而,每个人都认为自己应该要享受这种福利,充分应用自己的权利。卢风教授就认为:"现代人重视权利而不重视美德"②。比如,在公车上,每个人都认为自己应该坐座位,假设每个人都是按照次序上车,而一旦有人插队或产生了轻微的碰撞,人们往往都不能选择隐忍,而是会因为权利受到了侵犯而表示不满。在陌生人环境中,人与人之间遵循的是一种现

---

① 欧阳教. 德育原理[M]. 台北:文景出版社,1988:204.
② 卢风. 现代人为什么不重视美德[J]. 道德与文明,2010(2).

代的法制化规则,往往不太能引起一种移情式的情感体验。

第二,现代商业社会促进了社会的分工细化。但这种分工方式在提高产品生产力的同时,也带来了道德的冷漠。一方面,人与人之间是互利合作的权责分明关系,每个人只关心自己分内的部分即可,无关乎个人的行为,他们往往会自动过滤掉,有一种局外人心理。另一方面,每个人都只是整个生产环节的一部分,荣誉感等往往被共同分担,久而久之,具体到每个个人,道德感会钝化。而且快节奏的生活方式与生存压力使得每个人无暇顾及别人的难处。其次,细化的分工使人们的荣誉感、负罪感淡化。一切荣誉、批评都是共同分担,分摊到个人头上,情感的钝化比较严重,不会特别敏感。

与此同时,细化的分工在强化个体"自我"意识的同时,也在一定程度上丧失了与外界交往的能力。实际上,最终走向了不知而不行的迷途。社会转型催生了许多专业部门,人与人之间的分工更加明确,每个人所担当的社会角色转化加速。而专业化分工越细,人们原本生活中的公共空间,比如体育场、音乐厅、公园等都被更多的专业化机构占领了,这造成了人们生活空间的狭窄化。最典型的例子是,原本我们可以在一块开阔地上随意地进行体育运动,打羽毛球、踢毽子、放声大唱、跳广场舞等等,现在却被一些专业化机构经营着,人们要打球需要到专门的体育场进行收费运动;跳广场舞需要交地盘费等等。总之,生活空间的狭窄化从侧面会使得每个人在调节与他人关系的过程中,丧失一定的交往能力,但人的"自我意识"反倒提高了。每个人总是从"我"出发来思考问题,我之外的事物有时候是无暇顾及的。亦或说"在专门化的组织结构中,科层化组织管理系统日趋完善,组织机构中的成员越来越成为接受命令和执行命令的'机器',只能在组织机构的强制下行动,因而他们缺乏自主、自律的精神,这无疑造成了道德自律性的弱化"①。处于繁重的压力下的人们,在道德领域中,可能只会按照专业化的规则约束自

---

① 李皓.市场经济与道德建设[J].济南:山东人民出版社,1997:178.

我,而在交往关系中丧失了换位思考的能力。人们接受的是一种现代的职业交往规则,而除此之外的事情,于己而言,都是丁卯不相干的。细化的分工还造成了一批人担当了不同的社会角色。但这种迅速的角色转换,对于个人而言,必然要经历一个不同的个体道德价值观的转化和适应阶段,在一定程度上会导致道德价值间的冲突,造成道德上的知行困境。而在个体意识增强的同时,公民个体的自我修养意识却没有得到相应的发展,而且人们在道德修养方面往往重视得不够。这与中国现代的家庭结构有关系,家里孩子比较少,容易发生过度溺爱的倾向。

此外,商业化所引起的城市化,也是引起人们知而不行的原因。在城市化进程中,城市的变化主要表现为从开放型的四合院以及平房向高楼林立的现代建筑群的转化,人们彼此间泾渭分明,个人生活的空间仅限于自己的单位及住所,所以,即使是亲密无间的同事,彼此交流的内容也比较有限,"在一起却各自独立地生活,私人化,分享空间但不分享思想或感情。这种意识不一定导致憎恨或仇视,但一定会传播逃避和漠视情绪"①。加之,快节奏的城市生活,使得人们将交通、街道、人物等当成一种生活快照,一切都是转瞬即逝,人们的情感等等相对比较短促。另外,城市化过程中,人们之间的交往变得更为理性化,既缺乏血缘关系的凝聚力,又没有地缘亲情的约束力,陌生人之间甚至是邻里之间的关系都较为冷漠。

### 4.3.3 集体主义价值观的误解是"假知错行"现象发生的重要因素

相对于"真知必能行",假知也是客观存在的一种现象。中国人对集体主义原则的强调历史悠久,但是真正懂得集体主义真义的人却少之又少,对集体主义存在严重的误解。比如人们在讲道德的时候,总是被冠以"牺牲"之称

---

① 齐格蒙特·鲍曼. 生活在碎片之中[M]. 郁建兴,周俊,周莹,译. 上海:学林出版社,2002:77.

谓。其实是没有正确地理解道德的内涵、集体主义的内涵以及道德与利益的关系。当然,个人利益与集体利益是对立的,二者是此消彼长的关系。首先,在某些特定的情境中,个人的正当利益也会与集体主义发生冲突和矛盾,此时,我们鼓励集体利益的崇高性,但也并非绝对提倡牺牲个人利益;其次,集体主义所面向的对象是真实合理的,但在现实生活中,民众将集体主义仅仅理解为小集体、小团体;最后,由于人认识的局限性和历史的原因,集体主义等道德原则仍然被大众"普遍"误解,甚至出现一提集体主义就联想到"大锅饭"的情况。"有少数人认为,社会主义集体主义原则是计划经济的产物,随着我国经济逐步由计划经济转变为市场经济, 集体主义已经过时; 更有甚者,认为社会主义作为一种实践模式在世界范围内已经失败,社会主义道德已经丧失了先进性、合理性,它已经不再适应现今时代发展的新要求;在当代,应当根据社会的发展规律提倡某种'新道德'(实质上是旧的个人主义道德),以此来取代已'过时'的社会主义道德。"[1]具体到当代中国转型期,之所以会出现道德问题,从根本上说,"假知错行"是不能忽视的重要因素。

### 4.3.4 "知行不一"现象发生的其他原因

#### 4.3.4.1 利益经济的促发

改革开放后,随着中国商品经济的发展,尤其是社会主义市场经济体制的确立,人们深刻地感受到了物质利益的重要性,国人在政治、经济、文化等各方面的利益均得到了社会的承认,人们的利益意识和参与意识大大提高。

中国的改革开放正处于摸索期,没有现实的直接的经验可以借鉴,而且任何事情都具有两面性。金钱观的变化使得一部分人置法律与道德于不顾,为了金钱铤而走险。有的人通过坑蒙拐骗而获得金钱;有的人通过损人、损

---

① 张明仓.知行矛盾论——当前德育难题的一种教育学沉思[J].中州学刊,1999(1).

公而利己、肥私;而有的党政干部置党和国家、人民于不顾。因此,"改革开放以来,我国公民道德建设取得了显著成绩,思想道德领域的主流积极、健康、向上。但是,必须看到,随着社会主义市场经济体制的逐步建立,人们的道德观念和行为方式发生了深刻变化,一些原有的道德规范不能适应新的实际,而新的道德规范还没有形成。因而一些领域和地方是非、善恶、美丑界限混淆,拜金主义、享乐主义、极端个人主义滋长蔓延。经济活动中,参假制假、以次充好、欺行霸市、偷税漏税、不讲信用等现象时有发生。这些都严重腐蚀人们的灵魂,污染社会空气,阻碍市场经济的健康发展"①。人们沉淀已久的金钱观被激发出来,金钱等于财富,人们开始大搞金钱崇拜。道德、人心、天理甚至法律都受到了冲击,价值观发生了扭曲。社会中容易出现是非、善恶、荣辱等的错位。市场经济被错误地理解为利益的最大化,在道德领域,利己主义和拜金主义泛滥。

### 4.3.4.2　道德教育的困境

"当代的道德状况,争执正酣,却是众说纷纭,莫衷一是,远未取得一致,观念既不一致,则行为相差更远。正如麦金泰尔所指出的,我们每个人所拥有的道德,其实是各色各样的道德碎片,而它总体的图景是什么样子,我们却毫不知晓,无法得到一个共同的根基或支撑的基础。"②道德作为强大的社会约束力量,它的实现需要通过后天的着力培养。道德教育的内容主要包括道德观念、道德理想、道德行为等方面的教育,最终是为了使人形成高尚的道德品质,从而将道德行为作用于现实生活。但由于多元道德观、多元道德评价标准和道德规范的存在,使得道德教育的内容缺乏统一性和稳定性,道德教育的科学性和认同性需要进一步斟酌。比如,学校教育的内容往往只注

---

① 十六大报告辅导读本[M].北京:人民出版社,2002:299-300.
② 高国希.道德哲学[M].上海:复旦大学出版社,2005:11.

重于实际功用,重智育,轻德育,强调高的升学率与就业率,强调人自身的"百般武艺"与"全能型"的发展,培育了考试机器,但却不懂善生,不懂素质培养。因此,道德失范的出现,与学校教育的误区存在很大的关系。

而与之相伴,在孩子早期成长的家庭教育中,由于父母的知识水平、道德水平、道德认识等方面的缺乏,在众多形形色色的家庭环境中,有些未成年孩子所接受的和耳濡目染的道德标准不一致。因而,无论是家庭道德教育还是学校道德教育,在内容、形式等方面,都存在误区和盲点。实际上,青少年普遍存在的问题是道德认知与道德行为的脱节,即知道什么是对的,什么是应该的,但实际上并不那么做,知行处于分离状况。究其原因,是道德教育思想本身存在问题,即仅仅将道德看作一种知识性存在,只是用考试的方式考察学生的思想品德课程,根本不重视学生实际的习惯培养。正是因为这种知识论的存在,所以道德难以深入人心,并没有成为一种行为准则,说一套,做一套的教育风气长期存在,进而导致整个社会出现诚信危机。

### 4.3.4.3　社会交往与社会阶层的巨变

现代社会,一方面,传统的按照阶级和出身划分阶层的时代已经远去,城乡二元结构在逐渐被打破;另一方面,随着交通工具的发展以及开放程度的提高,对于个体而言,其阶层的变化客观上要求价值观进行一定的调整,这必将会造成个体人的道德不适应感, 即原有的道德价值体系与社会结构的一一对应发生了错位。也就是说,传统社会中,人与人的交往关系被限定在相对固定的交往体系与组织结构中,但是转型期,原有的既定的社会关系和组织结构受到了巨大的冲击,旧有的规范体系的约束力变得势单力薄。对于个体人和组织人而言,他们的道德行为常常只会发生在朋友、亲人等熟人关系中,出此范围,便没有那么强烈的道德感了。

此外,在旧有的社会关系遭受冲击,社会结构发生激烈变动的同时,社会阶层与社会地位也发生了巨大的变化。而变动意味着资源、财富等利益关系发生了分化与重组。人们在原有的组织机构中,受束缚的机会比较多,但转型后,很多人成了从原有单位脱离出来的"自由人"。比如下岗职工,他们失去了原单位对其经济等利益的保护,这在一定程度上,也促使其追逐财富的机会增多。但由于约束这类群体的日常行为和道德行为的公共法规处于正在完善时期,也就是说,"旧的社会关系体系与社会组织结构以及与此相适应的秩序、规范等逐步解体,新的社会关系、社会组织以及社会规范等仍未建立起来,即使人们破坏了阶级道德和行业道德,他受到的惩罚也是有限的,甚至根本不受任何处罚。这使一些人更加肆无忌惮地谋取暴利或追逐更高的权力,破坏和践踏阶级道德和行业道德。由此,人们的道德意识淡化,阶级道德和行业道德不再能够在社会生活领域中发挥作用"①。不仅如此,在不同阶层流动过程中,还产生了一些较为边缘化的群体,比如,城市中具有双重身份的人——农村进城务工人员,他们既是地地道道的农民,又是城市发展中不可或缺的工人,如何使他们适应身份调整过程中的个体道德调整,减少不同阶层、不同群体间道德价值观冲突,也是转型期出现一系列道德问题的重要原因。"在体制化社会中,全体社会成员都被组织到各种形式的单位、机构之中,成员的一切行为都是在完成单位或机构全局任务的一个很小的部分,成员的个人意志淹没在高高在上的统一意志之中,日常生活被严重挤压,只留下纯粹的生理需要活动。改革开放所带来的政治、经济的变化,使社会格局出现了重大变化,最显著的特征是来自单位、机构的控制变得松弛,个人的活动空间增大了,自主选择的余地扩大了,相应日常生活领域也得到展示,私人关系、交往、个人、地方性、民族性等生活层面越来越受到人们的尊重。但由于与传统出现了断裂,基层民众的自发行为缺乏理性指导和足够的历史演变进程,伴生了许多不良现象,如农村中家族、宗族力量复兴,与修族谱等活动相关的重男轻女意识有所抬头;在城市,各种排外的准入机制

---

① 李皓. 市场经济与道德建设[M]. 济南:山东人民出版社,1997:178.

（如公务员考试、开办私营企业的限制等），激化了'原住民'与外来人口的矛盾，阻碍了良性日常生活秩序的正常建立。"①

### 4.3.4.4  不良道德环境的影响

道德的实现一方面需要借助人内在的良心，一方面需要外在社会舆论的配合，二者共同发挥作用，才能产生效果。但在实际生活中，对于个体人而言，他或她在道德判断方面，对于道德评价标准意识模糊，对于善恶对错没有清醒的认识；而外在的社会环境，又经常会给人以一种假象，即那些践行道德的人，反倒在具体情形中被冤枉，吃力不讨好；那些选择冷漠的人，却安然无事地生活着。比如在诚信问题上，"调查发现，有 10.79% 的受访者非常反对'当前诚实守信的人往往吃亏'的判断，22.00% 的受访者基本反对这一判断，这两项相加的结果是 32.79%，也就是说，只有不足三分之一的人反对诚实守信会吃亏的判断。44.18% 的受访者基本赞同'当前诚实守信的人往往吃亏'的判断，13.11% 的受访者非常赞同这一判断，这两项相加的结果是 57.29%，也就是说，一半以上的受访者认为，诚实守信尽管是传统美德，但坚持诚实守信原则是要吃亏的，需要付出个人利益方面的代价"②。可想而知，在这种"不讲道德的人获益"的思想下，长此以往，人们的良心只会感觉乏力、困惑，而不会轻易地选择道德行为。也就是说，如果行德总是意味着牺牲，那么道德何以能够保障？与此同时，社会中很多越轨行为、道德失范行为及相关现象发生后，不道德行为并没有受到应有的谴责，而道德行为亦没有得到相应的赞赏，这又涉及公正问题。即侵害他人权利的行为是不道德的；同理，一个人自身的权利没有得到应有的对待，这也是不道德的。而现代中国社会缺少关于公正方面的规则，因此，行德之人的权利没有得到保障，而

---

① 李萍. 公民日常行为的道德分析[M]. 北京：人民出版社，2004：18.
② 吴潜涛. 当代中国公民道德状况调查[M]. 北京：人民出版社，2010：132.

失德之人不履行义务亦没有得到惩罚,权利与义务的这种长期不对等,久而久之,人们的权利观念和义务观念便会淡化,在实际生活中便不会真正践行道德。

### 4.3.4.5　舆论的错位及制度的不完善

社会舆论对于民众的行为取向具有重要价值。但处于转型期的中国,一些舆论往往将大众引向歧途。一些媒体忽视了对民众精神世界的培育,只注重赚取人们的眼球,追求新颖而不关注事态发展,造成了很大的负面影响。正是因为舆论导向的错误,造成了民众对于社会道德状况以及人们认识判断的错误。比如,2013年年底,某北京人在过人行道的过程中,被一个外国人撞倒,但很多不明因果关系的人理所当然地认为"又是一起讹诈事件",且将此视频传到网上,并取名"老外被讹",当民众纷纷指责老人的时候,真相是那个外国人确实撞了老人。可想而知,如此不负责任的舆论报道,一定会促使民众选择"不作为"。更为气愤的是,社会舆论并没有及时地还原事实真相,反倒采取了纵容态度,以讹传讹,这导致了民众道德认知的混乱。此外,一些失德、败德的社会现象没有得到及时纠正,也没有得到及时的批评,这进一步加剧了民众的认知困境。比如,有的学者认为:"强奸卖淫女的比强奸一般妇女的恶行要小";有些社会学家认为:性解放是正确的,个人有追求身体快乐享受的自由等……这些舆论的错位进一步恶化了原已不堪一击的社会大环境。

此外,中国的法律制度正处于不断完善和发展时期,或者说中国的制度建设严重滞后,因此一部分人利用法律漏洞行恶。更为可怕的是,执法不严、有法不依的现象最为普遍。健全的制度应该将道德与不道德行为的界限划分得十分明确,即哪些行为应该得到褒奖,哪些行为应该给予惩戒和批评应该详尽地说明。但中国社会转型期名实不相符的道德现象大量存在,是什么与应该是什么之间发生了脱节。不完善的社会制度是造成转型期道德问题产生的重要原因之一，但是公正的社会制度和公正的社会环境亦是道德建设的重要保障。比如，公正的社会制度和公正的环境，可以保障公民的权利与义务，可以避免道德行为的"冤假错案"，可以促使道德主体产生不行德便无地自容的外在压力，等等。而且从正面力量的塑造上来说，如果公正的制度充斥在社会生活中，那么见义勇为之人便不用考虑是否会受到恶徒的打击报复，从而对于提高人们行善的积极性大有益处。但公正的制度和公正的环境亦是转型期中国道德建设和社会发展中所缺少的。

随着生产力的发展，人们的物质生活水平在逐渐提高，与其相应的精神文化生活也日渐丰富与发展，国人的文明程度也有所提高。可以说，当前中国的社会道德总体上处于发展的机遇期，社会主义精神文明呈现出了良好的发展态势，社会的道德建设迈开了新步伐，社会的道德风尚有了可喜的变化。"改革开放特别是党的十六大以来，我国公民道德建设取得长足进步，社会思想道德主流积极健康向上，人民群众展示出良好的精神风貌。这可以从我国科学发展、社会和谐的良好局面中得到生动反映，从近年来举办大事喜事、应对急事难事的成功实践中得到有力印证。"①但同时，我们也应该看到，当前社会道德领域亦存在不少问题，社会发展中的一些领域和一些地方存在着严重的道德失范现象，是非、善恶、美丑的界限不明。"一些领域道德失范、诚信缺失，一些社会成员理想信念淡漠、人生观价值观扭曲，是非、善恶、美丑界限混淆，拜金主义、享乐主义、极端个人主义有所增长，以权谋私、造假欺诈、见利忘义、损人利己现象时有发生。这些问题冲击着社会的道德底线，拷问着人们的道德良知，严重败坏社会风气，损害正常经济社会秩序。"②即转型时期市场经济的发展，一方面较为明确了道德建设的方向，取代了道德建设上的道德空想主义，代之以市场经济尊重知识、尊重人才、尊重平等、公平等新的思想和新观念。一方面由于经济体制改革引发的社会变动，冲决

---

①② 十八大报告辅导读本[M].北京：人民出版社，2013：249.

了旧有的道德栅栏,而新的道德秩序又没能迅速地建立起来,导致一些领域与一部分人出现了失德和败德现象。"当前确立社会主义市场经济体制以来,现实的经济生活、政治生活、社会公共生活、职业活动、婚姻家庭生活提出了许多迫切需要解决的道德问题。"①具体而言,社会整体价值观的变化主要体现在社会生活的三大领域:家庭生活(家庭美德)、职业生活(职业道德)、社会公共生活(社会公德)。本章紧扣转型期道德的特点、表现及原因,最终揭示了转型期道德知行困境产生的主要原因——价值观冲突。

---

① 章海山.当代道德的转型和建构[M].广州:中山大学出版社,1999:6.

# 第5章 社会转型期道德知行问题的对策思考

社会要从道德失范状态走向秩序清明的道德繁荣阶段，需要发挥各方面的力量。"现实社会中的道德运行主要依靠这五种社会机制，即教育培养机制、舆论引导机制、风习熏陶机制、行政奖惩机制和法律规范机制。"①充分发挥现有道德运行影响机制的作用，是化解当前社会道德问题的主要方式。

## 5.1 重视道德知行合一的教育涵养

中国自古以来对知识的重视程度都逊色于对人的培养和对如何做人的强调。而对如何成为一个有德的人，主要强调的是主体的修身、反省和外在的道德教化与教育培养。而道德的教育培养"既指道德主体自身的反省、修养过程，也指通过社会外部力量影响、教育的过程"②。实际上，主体自身的反省，也是在外部道德教育的影响中逐渐成为可能的。主体自身的反省与外部的教育是相辅相成的，二者相互促进、互相影响。但由于外部道德教育面临着种种劫难与非议，因此我们在研究道德行为践行机制的过程中，更需要注重外部环境对道德主体道德品质培养的意义，更加注重道德教育的内容。针对社会转型期道德多元、多样、多变的特点，社会转型期道德知行困境及道

① 罗国杰.道德建设论[M].长沙:湖南人民出版社,1997:491—492.

② 同上,1997:492.

德知行合一的机理、道德教育的内容应该主要侧重于道德认知能力、社会主义核心价值观及公共观念的培育,道德情感的培育,"三位一体"与职业教育的整合——重视道德意志、道德信念及道德习惯的养成教育。道德教育不是被动的说教和灌输,道德教育需要影响人的心灵,才能保证行为的持久性。"突出道德价值的作用,国无德不兴,人无德不立,要持续深化社会主义思想道德建设,继承和弘扬我国人民在长期实践中培育和形成的传统美德,加强社会公德、职业道德、家庭美德、个人品德建设,激发人们形成善良的道德意志、道德情感,培育正确的道德判断和道德责任,提高道德实践能力尤其是自觉践行能力。"①道德教育应该是一种综合的行为过程,在知、情、意、信、行方面都应该做到有的放矢,将这几个方面统一起来发挥整体的作用。最后,道德教育必须在实践中发生,而不能坐而论道,只有在实践中,主体才能实现知与行的合一。也就是说,无论是哪种道德教育的方式,最终的归宿都应该是要走向实践的。"只有在恰如公正和节制的人所做的那样做时,才可以称为公正和节制的。"②实践是道德完善的根本途径。"道德教育的一般过程包括主体提高道德认识、陶冶道德情操、锻炼道德意志、树立道德信念、养成道德习惯几个环节。德育过程的最后完成体现为道德主体养成一种良好的道德习惯,即无论面临怎样的选择,无论处于何种道德冲突的困境中,都能自觉选择善的行为,摒弃恶的行为。"③总之,道德教育一方面可以提高道德认知,为道德知行合一提供认识基础;另一方面可以培养人的道德情感,为道德知行合一提供情感基础。道德教育的目的就是塑造道德品质,从而形成良好的道德风尚。

①　中共中央宣传部. 习近平总书记系列重要讲话读本[M]. 北京:学习出版社,人民出版社,2016:191–192.

②　苗力田. 亚里士多德全集:第 8 卷[M]. 北京:中国人民大学出版社,1994:32–33.

③　张锡勤,关键英. 从中国古代的知行学说论及德育的内涵[J]. 道德与文明,2012(5).

### 5.1.1　"知德"的培养——道德认知能力、社会主义核心价值观及公共观念培育

#### 5.1.1.1　道德认知能力的培养

一般而言,道德教育首先应该从道德认知开始,以道德行为的发生及道德行为习惯的养成为终结。由于道德认知是人的道德情感、道德意志以及道德行为产生的根源、动力和行为之思想基础,因此,道德教育应该十分重视道德认知能力的培养,能够按照不同年龄阶段人群的认知水平,分层次、分阶段地进行道德教育。

##### 5.1.1.1.1　道德认知能力的培养源于现实的生活体验

道德认知能力就是一种辨别善恶的能力,包括道德判断、道德推理、道德创造能力等在内的一切道德能力。它表现为在任何时候都不为外在的权威与人言所动,能够根据实际情形,根据自身的判断,选择、实施道德行为。也就是说,具备了道德认知能力,人们就不会照本宣科地按照既有的道德规范行事,而是能够针对不同的环境,随机地、灵活地处理一些较为复杂的道德问题。中国传统道德教育的缺陷之一,就是注重对道德规范的灌输,而忽视学生主体性的培养,即缺乏对学生道德认知能力的培养。也就是说,现代中国的道德教育,没有将道德认知能力作为道德品质形成的关键因素培养,而是将道德认知作为一种知识论,作为一种知识进行灌输,忽视了美德、品质方面的培养。鉴于学校教育本身弱实践性的特点,我们在道德认知能力的培养过程中,应该逐渐转变道德教育的方式,多实践、多体验,"道德来源于民众鲜活的生活实践中,道德的形成,不是自上而下的单纯论证和教化,而是民众在实践中通过互动、协商、契约、履行而逐步形成的,离开了民众的生活实践,道德将会成为无源之水,将会枯竭和衰亡,一种道德如果已经和民

众的生活实践没有关联,那必将成为一种伪善"①。比如,在城市中生活的学生应该有每年下乡学习和生活任务;农村学生每年都要加入城市生活完成体验和生活方面的任务。教育家陶行知先生认为:"没有生活做中心的教育是死教育;没有生活做中心的学校是死学校;没有生活做中心的书本是死书本。"②因此,道德认知能力的培养应该在生活中获得现实的体验。

5.1.1.1.2　道德认知能力的培养需要发挥特定道德规范的导向作用

在中国社会转型期,急需建立与社会主义市场经济发展相适应的道德规范体系。即针对中国目前道德教育中存在的问题,需要建立在对一定道德规范的认识和理解的基础之上的道德规范,尤其要从社会公德的基本规范学起。随着中国现代化的发展,公共领域逐渐扩大,我们要在从根本上找到解决小农伦理所引发的一系列道德问题前,让学生在德育中明确基本的善恶、对错以及基本的日常行为规则。只有在了解基本道德规范的基础上,才有可能进入道德的理性阶段和理性层次进行道德判断、道德推理,并将自身的道德知识应用在实践中。尤为重要的是,社会主义核心价值观作为国人学习的重要道德规范,应该充分融入国人的日常生活、学习、工作。中国共产党新闻网2013年12月24日全文转载了中共中央办公厅印发的《关于培育和践行社会主义核心价值观的意见》,该意见中提出要将"爱国、敬业、诚信、友善"作为公民个人层面的价值准则。"坚持以理想信念为核心,抓住世界观、人生观、价值观这个总开关。"③这里讲的是社会主义核心价值观对于国民"三观"的导向作用。在当前多元、多变、多样化的道德发展过程中,"建设社会主义核心价值体系,必须坚持弘扬主旋律,通过宣传教育,大力传播先进思想,营造文明健康、蓬勃向上的舆论氛围,使社会主义核心价值体系在整

① 肖群忠.伦理与传统[M].北京:人民出版社,2006:10.
② 陶行知.中国教育改造[M].上海:东方出版社,1996:150.
③ 中共中央办公厅印发的《关于培育和践行社会主义核心价值观的意见》。

个社会占据主导地位"①。而且道德规范导向应该给学生和社会确立一种基本的善恶对错方向,但在学校的道德教育中,善恶对错的道德评价和判断等应该要回归到学生的生活体验中,让学生参与实践,在实践中提升自身的认知热情。在实际的环境氛围中,实时地引导和对现实问题及时讨论,因势利导地培养学生的道德认知能力亦是提升道德认知能力的重要手段。

### 5.1.1.2　加强思想教育——以培育和践行社会主义核心价值观为核心

"道德教育是一种品格教育或被称作价值观教育。"②青少年阶段是人的情感、态度和价值观形成时期,青少年的可塑性最强,因此,"要将青少年价值观教育摆在突出位置,坚持与人为本、德育为先,融入国民教育的全过程,贯穿到学校教育、家庭教育、社会教育的各个环节和各个方面"③。"培育和践行社会主义核心价值观要从小抓起、从学校抓起。"④具体而言,从小学、初中、高中阶段的启蒙、发展到形成相对完整的价值观,都需要学校、家庭、社会的牵引。一旦忽视了这个阶段的思想道德教育,各种自由化的思想便可能会侵入他们的思想,进而成为影响他们一生的污点。"由于人们活动过程始终受价值观念的支配,所以,价值取向具体表现为行为取向。可以说,有什么样的价值取向,就会有什么样的活动,价值观念对人们行为的导向作用就是通过价值取向来确定的,如果没有社会主导价值观念的导向,就容易造成盲目无序的价值失范状态。"⑤因此,加强社会主义核心价值观教育,使受教育者接受和认同核心价值观,并能够将其落实到实际行动中,从而产生一种巨

---

① 北京马克思主义理论研究与传播基地. 社会主义核心价值体系建设与首善之区的实践研究文集[M]. 北京:中共中央党校出版社,2007:22.

② 冯俊,龚群. 东西方公民道德研究[M]. 北京:中国人民大学出版社,2011:432.

③ 刘云山 2014 年 1 月 4 日在培育和践行社会主义核心价值观座谈会上的讲话。

④ 中共中央办公厅印发的《关于培育和践行社会主义核心价值观的意见》。

⑤ 韩震. 社会主义核心价值体系研究[M]. 北京:人民出版社,2007:81.

大的凝聚力,是当前思想教育的重中之重。

"20世纪80年代末,邓小平同志曾经指出,十年最大的失误是教育,主要是思想政治教育削弱了,一手比较硬,一手比较软。一些领域内的道德失范,文化事业受到消极因素的严重冲击,危害青少年身心健康发展的东西屡禁不止。封建迷信活动沉渣泛起,在有的地区还比较猖獗。"[1]学校的教师在德、智、体、美、劳方面会影响青少年一段时间,甚至是一生。因此,针对青少年受教育阶段可塑性强的特点,教师首先应该发挥好为人师表的作用;其次,在社会转型期,价值观多元、多样、多变的道德环境下,教师要肩负好学生思想道德教育的重任,以避免学生出现是非不分、善恶不明的价值观混乱局面。教师应该是学生正确的行为方式与思维方式习惯养成的引领者。

改革开放以来,尤其是自党的十六大以来,中国共产党更加高度重视思想道德建设。各地区和各部门都在认真贯彻社会主义核心价值体系观这一中央精神,深入开展了"社会主义荣辱观宣传教育,不断深化群众性精神文明创建和志愿服务活动,广泛开展道德模范评选表彰和学雷锋活动,切实加强未成年人思想道德建设和大学生思想政治教育,有力促进了公民道德素质的提升,巩固和发展了积极健康向上的思想道德主流"[2]。党的十七届六中全会通过了《中共中央关于深化文化体制改革、推动社会主义文化大发展大繁荣若干重大问题的决定》;党的十八大报告提出了"富强、民主、文明、和谐,自由、平等、公正、法治,爱国、敬业、诚信、友善"的24字社会主义核心价值观。与此同时,针对一些领域、一些社会成员的失德败德现象,要开展道德突出问题的专项治理活动,加强诚信教育和诚信建设,"将加强道德教育和依法解决问题、健全制度保障结合起来,强化道德修养,强化职业操守,力争使社会道德状况明显好转,为全面建成小康社会、夺取中国特色社会主义

---

① 李永丰.改革的轨迹——从三中全会到十六大[M].北京:中国文史出版社,2003:282.
② 十八大报告辅导百问[M].北京:党建读物出版社,2012:108.

新胜利提供强大精神动力和道德支撑"①。

### 5.1.1.3　深化公共观念的培育

道德教育需要从高处着眼，即我们应该用社会主义核心价值观指导社会道德，但是在具体的实施过程中，应该从小处和低处着手，从日常小事的一点一滴做起，养成良好的道德行为习惯，从而提高自己的道德情操。在实际生活中，言必行，行必果。尽管社会公德是社会生活中最为简单的领域，但它却是社会发展中作用最为广泛和普遍的领域。

转型期中国实行市场经济。市场经济作为一种开放性经济，需要有相对成熟的公共规则与公共空间与之相适应。同时，市场经济也是强调交换的经济形态，而交换行为的发生也需要在公共场所中进行。因此，市场经济体制的正常运行，客观上要求成熟的公共空间与公共观念与之相匹配。所以，公共生活中的不道德行为，直接根源于公共精神的缺失，因而，对于公共精神的培育迫在眉睫。在各级各类的规范体系中，首先应该重视公德体系的系统化建设。

第一，对公共观念的建设与培养要充分发掘中国传统文化中关于"公"思想的精华。比如儒家思想中有"仁爱""尚公""民本"与"忠信"等集真、善、美于一体的道德观念，大力弘扬传统的个体道德并借鉴个体道德的作用机制，实现社会公德对于个体人的意义。而且要逐渐建立适合现代社会发展的"秩序""诚信""文明"等公德要求的规范。

第二，对公共观念的培育还应该建立与社会主义市场经济发展相适应的科学、合理的道德规范及控制系统。"在体制转型时期之所以出现道德危机，就是因为这时的不道德行为既受不到旧体制的惩罚，又受不到新体制的惩罚，这样，不道德行为带来的利益就会超过损失，随着信息的迅速传播，不

---

① 十八大报告辅导百问[M].北京:党建读物出版社,2012:108-109.

道德行为就会泛滥。"①而科学、合理的道德规范的缺乏以及控制系统的不严格,直接导致了个体人在面临日渐丰富的产品和利益时,将个人利益视为成功的标准,房子、票子、车子成为人生的全部价值。而人欲望的无止境便使得沉沦的个体人在"自我放逐、自我堕落"中越走越远。我们还要明确,在建立科学、合理的道德规范以及控制系统后,还需要法律的硬保障,以及新闻媒体的软监督。总之,与传统社会不同,现代社会的开放性已使得一些传统家族式的、私人性质的交往不能够继续处理公共空间发生变化所出现的问题。因此,建立与此相适应的具有公共性质的伦理要求是必然的。一方面,我们应该具有现代的公共价值理念(核心价值);另一方面必须建立与之相配套的法制体系(现代的法制秩序),只有这样,真正的价值认同与社会引领才可能形成。

第三,在由道德认知走向道德行为实践的过程中必须回归生活。"因为社会公德是公民在日常公共生活中所应持的适宜态度及表现出来的合理行为方式,它是一种社会性道德,而非私人性美德。日常生活中的道德规范与日常生活世界的道德秩序相联系,它必须在参与日常社会生活和公共事务中获取。"②任何一个道德行为的发生,都需要在道德认识基础上不断地实践,形成一种稳定的行为倾向,而这种实践需要回归到日常的生活日用中,只有从一点一滴的小事上着力教育与培养,才能在大事上学有所成,将认知与行为统一。

第四,在网络道德的建设方面,要将网络法制建设、网络道德建设以及网络技术的完善三者进行统筹规划与管理。其一,在网络法制建设方面,制定具有强制性的网络法律性规范,比如,2013 年 9 月 10 号正式实施的,由最高人民检察院和最高人民法院作出的《关于办理利用信息网络实施诽谤等刑事案件适用法律若干问题的解释》,其中一条:"利用信息网络诽谤他人,同一

---

① 陈新汉,冯溪屏. 现代化与价值冲突[M]. 上海:上海人民出版社,2003:12.

② 吴潜涛. 当代中国公民道德状况调查[M]. 北京:人民出版社,2010:111.

诽谤信息实际被点击、浏览次数达到 5000 次以上,或者被转发次数达到 500
次以上的,应当认定为刑法第 246 条第 1 款规定的'情节严重',可构成诽谤
罪。"①这为网络道德划定了清晰的法律界限。我们认为,这只是肃清网络犯
罪和网络道德失范行为的开端。其二,在网络道德建设方面,首先要制定明
确的网络道德规范,比如,不可偷看他人的文件就是美国计算机行为规范的
其中一条。中国亟待建立这样具体明确的计算机道德规范。其次要建立网络
管理机构,专门监督网络行为,并配有专门的奖罚系统。最后就是要加强"网
民"②自身的道德修养。

## 5.1.2　道德情感的激发

人们具有道德情感,才能形成对道德规范的普遍尊重,才能使自己在任
何情况下都不背弃道德,在道德的方向上始终攀岩。俗话说,动之以情方能
导之以行。一个冷漠的人,绝不会进行自觉的道德行为。而如果没有先天下
之忧而忧的道德情感,就绝不会形成"天下兴亡,匹夫有责"的道德理想和信
念。而且道德规范本身在一定意义上就是对道德情感的规定,比如幸福、荣
誉、良心、节操、羞耻,等等。因此,对于道德情感的培育,是对道德的内在规
定。道德教育中常言"动之以情,晓之以理",即以情感感染人,以理说服人。
具体而言,在道德教育中应该注重培养人的自尊心,懂得自爱,避免羞耻;要
注重人的同情心、感恩心以及宽容心,包容他人,通过一种移情式的情感体
验,做到推己及人。而且一个富有爱心的人,其高尚的道德人格会对自己以
及他人产生一种积极的正能量。

道德情感不仅要将社会的道德要求变成自己的道德需要, 而且它能够

---

① 最高人民法院,最高人民检查院.关于办理利用信息网络实施诽谤等刑事案件适用法律若干
问题的解释[EB/OL].[2013-09-10]. http://news.skykiwi.com/world/dl/zh/2013-09-10/166434.shtml.
② 网民就是六周岁以上,在半年内使用过互联网的公民。也有学者认为,网民是指平均上网至
少一小时的公民。

将这种内化的情感外化于道德实践中。在这个意义上说,道德情感和道德实践存在某种指向性的内在关联。一方面,人们在活生生的道德实践中获得深切的道德情感体验;另一方面,道德情感又是道德实践产生的助力。即当人们有了真实的道德认知,并在情感中体验到了道德事件,那么道德情感便会成为人们进行道德实践的内在的精神动力。因此,在道德教育中,要设立环境激发受教育者的情感体验,从而鼓励他们的道德实践行为。"由于道德情感的发展与人的认知能力和道德判断力的发展联系在一起,与人的行为模式的完善联系在一起,我们必须根据人在成长过程中的不同年龄特征,在遵循道德情感发展规律的基础上对人进行综合的训练。"①而传统的道德教育往往强调灌输式的教育模式,忽视了受教育者的主体性培养,从而在知、情、意、行等方面没有形成自律性的道德体系。而且相对于一般的知识传授而言,道德教育和道德情感等方面的教育往往更为复杂,它对道德教育系统提出了比较高的要求。而中国的道德教育系统正处于不断的建设和完备中,需要一段时间的开发和锤炼。我们在道德教育的设计中,需要转换观念,将传统的道德教育作为客体的教育方式转向主体自身德育的培养方面,唤起道德主体的自觉性。

### 5.1.2.1 自尊心、荣辱心的培育

尊重包括尊重自己的自尊与尊重他人的他尊。自尊是自我肯定与自我接受的表现,不仅包括物质方面对自我需求的满足,还包括对自己内在的良心、个性与责任感等精神方面的满足。他尊是对他人权利、道德要求等的尊重,是责任感形成的重要方式。社会中的每个人都是自由、独立、平等的个体,因而在人际交往中,要培养民众对他人的尊重之心,时刻以自爱、自尊的心理和行动关心他人。一个人在自尊和他尊中,更容易实现道德行为。与此

---

① 陈根法.心灵的秩序——道德哲学理论与实践[M].上海:复旦大学出版社,1998:33.

同时,道德品性的养成与荣辱心亦密不可分。"纯粹意义上的一般道德认知并不必定成为现实的行为。一切道德认知,只有内化为个人的道德情感,成为一种荣辱操守——对善,耻己不为;对恶,耻己为之——那么,才能真正成为实践理性意义上的道德认知,才能成为指导人们日常生活的生活智慧。"①"荣誉感是促使人完善发展的重要情感力量,它使人追求社会的肯定性评价和自己的赞赏性认可,并在这种评价和认可中感到无限的荣幸与欣慰。"②由于人们在自尊心的培育中,可以形成一种荣誉感,既能使人自强、自立,又能使人更加重视自身道德品质的培养。因此,培养人的自尊心和荣誉感是推动道德行为发生的重要情感力量。一个人一旦知道何为耻、何为荣,便容易对他人宽容,更容易理解他人。尤其是现代人处在激烈的生存压力下,对外在的物质力量关注多了,而对内心的修养关注的少了,因此,现代人整体的心理承受力在快节奏的生活中变得十分脆弱,似乎有一碰即碎的趋势。换言之,我们可以承受起大的荣誉,却担不起小的侮辱。

总之,自尊、他尊与荣辱心是一脉相承的道德情感,我们在重视培养人自尊和他尊情感的同时,无形中也进行了荣辱观教育。"荣或辱不仅是指人们在进行自我评价时产生的自尊或自愧的心理体验,而且是指社会在对人们的思想行为进行评价时形成的褒奖或贬斥。荣辱观是人们在依据一定的思想道德标准进行自我评价、社会评价的活动中,逐渐形成的关于荣辱观念的总和,是个别的、零散的荣辱观念的理性升华。"③因此,荣辱与自尊、他尊不可分。而以"八荣八耻"为主要内容的社会主义荣辱观,包含了爱国主义、集体主义以及社会主义的正确价值观、道德观,涵盖了包括家庭美德、职业道德、社会公德以及个人品德在内的一切社会生活领域,是道德情感培育中应该得到充分发挥的。

---

① 高兆明.荣辱论[M].北京:人民出版社,2010:136.
② 姚新中.道德活动论[M].北京:中国人民大学出版社,1990:179.
③ 吴潜涛.社会主义核心价值体系的科学内涵[J].道德与文明,2007(1).

### 5.1.2.2　同情心的培育

道德情感是道德认知走向道德行为实现知行合一的重要推动力。同情心作为一种浓厚的道德情感,容易产生移情式的情感体验,容易实现道德行为,也就是说,同情心作为道德情感中的重要内容,它直接表现为对他人不幸的关注和理解,有的人甚至会由此发出一种行为上的支援。"在人的道德情感发展历程中,同情心出现得比较早,将近1岁的儿童在与周围人交往时,就开始能对他人的情绪表露出直接的反应。这虽然很难说是道德情感体验,但它却是发展同情心的基础。"①对于同情感而言,孟子在人心天性善良的四端中,通过人人具有恻隐之心来证实人的同情心,"无恻隐之心,非人也"。尽管这种说法过于极端,将人的同情心看成一种人生来具有的自然属性,但从人性论的角度告诉我们,同情心作为主体人内心对于他人的不幸、痛苦等遭遇所萌发的伤心、体恤以及怜悯等情感,有其自然发生的可能性。实际上,同情心、怜悯心在本质上是一种纯洁的、利他性的体现,是一种社会性的德性,是外指性的道德。归根结底,同情心是通过后天修养实现的。"正是更多地同情别人,更少地同情我们自己,约束我们的自私自利之心,激发我们的博爱仁慈之情,构成了人性的完善。"②因此,我们在后天的教育培育中,要注意培养人的同情心。因为具有了同情心,人与人在交往过程中便容易换位思考,容易在他人面临道德困境时,伸出援助之手,甚至做出舍己为人的行为。道德教育就是要培养人的一种自我道德认识,以及自我的道德冲动与理性良知。一个人具有了感知善恶的能力,便容易爱憎分明,也容易在情感的引导下,施行道德行为。

---

① 黄岩.旁观者道德研究[M].北京:人民出版社,2010:82.
② 亚当·斯密.道德情操论[M].余涌,译.北京:中国社会科学出版社,2003:22.

### 5.1.2.3 道德人格培养

"道德人格主要是指人们的道德主体意识,包括追求高尚道德的内心动力,道德选择的权利感、责任感,独立进行道德选择的能力自信和人格尊严等。"[1]人格与人的名声有重大关系。人格最初的含义就是指人所扮演的角色以及表示身份的脸谱,是心理学中的一个重要概念,[2]用在伦理学中,主要就是人格培养方面关于荣誉感、自豪感、羞耻感、爱护自己的名声等等的内涵。一个什么也不关心的人,觉得他人及崇高都与自身没有关系,可想而知,这样的人能作出道德的行为吗? 道德人格相对于外在的道德规范,其强调的是人内心的更深层的道德心理与道德动机。而现实生活中,我们不能穷尽所有规范来治理国家,且规范的多样与多元性,总是需要人们的选择和判断。因此,只有把这种外在的规范灌输转换成一种主体内在的道德人格,成为主体的一种自尊心、荣誉感,人们在道德行为的选择过程中,就会产生一种自主的、负责的态度,并在久而久之的实践锻炼中,变被动接受为主动实施。只有将道德植根于灵魂中,成为持久的力量,才能发挥其旷日持久之人格魅力。

道德情感也是由诸多复合的情绪构成的, 人的情感与利益和文化相结合时,就会产生相应的道德情感。不同的情感会产生不同的道德行为。在道德情感的培育过程中,首先,要明确什么是善、恶、对、错。因为,个体人只有明白了具体的规范, 有了具体的道德认识, 才能在情感上有一个具体的倾向。其次,道德情感在一些情绪的基础上产生,要懂得设身处地为他人着想,体验情感苦乐,从而酝酿人的情绪,并逐渐使人的情绪敏锐起来。最后,真实的情感容易感染别人,因此我们要利用情感的感染性,以培养和熏陶个体人的道德情感。"道德情感的陶冶不仅关系到个人道德品质的形成的动力,而且关系道德个人道德品质发展的方向……道德教育的重要一环就是培养个

---

① 李德顺,孙伟平.道德价值论[M].昆明:云南人民出版社,2005:214.
② 黄希庭.人格心理学[M].杭州:浙江教育出版社,2002:5.

人的道德情感,使人在健全的道德判断或道德良知的基础上形成诸如勇敢、虔诚、敬畏、自豪和崇高等积极性的情感以及诸如负罪、愧疚、自责、羞惭等消极性的情感,为个人的道德动机、道德体验、道德判断和道德行为奠定内在的情感基础。"①

根据道德教育中的问题,我们不应该仅仅关注崇高道德理想和先进道德模范的积极意义,而应该重视日常生活中学生的道德良知、道德情感的培育,以适合恰当的道德知识和道德情景影响人,培养学生爱人、合作的意识和心理,培养他们的法律认知和日常生活习惯,只有这样,我们的道德教育才不会本末倒置,才不会出现小学生学习"共产主义道德",而成年人学习"不要随地吐痰、不要插队"等基本道德规范的局面。尤其要注意,道德情感并不能通过教而实现,它需要一定的境遇和情感场。因此,学校教育需要为学生提供情景体验,从而逐渐激发学生的道德情感。

### 5.1.3 "三位一体"与职业教育的整合——重视道德意志、道德信念及道德习惯的养成教育

俗语言,无规矩不成方圆。人们的道德规范和道德行为都不是先天带有的,需要经过后天的道德培养,从而实现他律向自律的转化。道德教育不仅仅是学校、家庭与社会的责任,道德教育是全民的系统教育,社会大的道德环境对于社会公德、职业道德、家庭美德、个人品德等形成具有极大的渗透和影响力。但这种影响力不仅仅是对于道德知识的学习,它还需要人的道德意志、道德信念以及道德实践行为的参与。因此,"三位一体"与职业道德教育,应该重视人道德意志、道德信念及道德习惯的养成。

---

① 陈伟宏.道德冷漠及其矫治的多维审视——基于心理、文化和社会的三重分析[J].唐都学刊,2015(5).

### 5.1.3.1　发挥学校教育的主渠道作用

学校作为系统的道德教育的重要场所和阵地，是一个国家道德素质培养的关键部门。由冯俊教授与龚群教授主编的《东西方公民道德研究》一书，分别考察了法国的公民教育、英国的公民教育、美国社会中的公民教育、澳大利亚公民教育、德国公民教育、芬兰公民教育、苏联解体后俄罗斯公民道德建设概况以及韩国、新加坡共九国的公民道德建设状况。从上述九个不同国家公民教育的比较中，我们发现，他们几乎都有特别具体详尽的道德教育大纲，而且学校是道德教育的最为主要的场所。①中国的学校从小学教育到高等教育不分专业，不分年级，也始终开设有专门的思想品德教育课程。

我们反对一刀切式的道德教育模式，反对呆板的灌输性道德教育。但并不是完全反对灌输教育。道德灌输不等于强制性的"填鸭式"教育模式，它实为启发式的引导型教育模式。比如，列宁在《怎么办？》一文中认为："工人本来也不可能有社会民主主义的意识。这种意识只能从外面灌输进去，各国的历史都证明：工人阶级单靠自己本身的力量，只能形成工联主义的意识"②。因此适当的灌输是当前中国社会发展必须要有的教育方式。因为先进的道德理念，只有为思想先进的人所掌握，通过外部的灌输，才能为社会上大部分人所了解。此外，道德在成为道德之前，绝不可能是自发形成的，需要有一部分人专门对他人进行道德认知方面、道德行为等方面的灌输。"坚持灌输和渗透相结合，让人民大众在生活实践中通过反思和感悟，理解并认同社会主义核心价值体系。"③但是，当前道德教育的重要缺失在于过分强调道德教育的知识性把握，而忽视了学生自身的情感、态度和价值观培养，不分层次

---

① 参见冯俊,龚群. 东西方公民道德研究[M].北京:中国人民大学出版社,2011:429-434.

② 列宁专题文集——论无产阶级政党[M].北京:人民出版社,2009:76.

③ 罗国杰. 社会主义和谐社会核心价值体系研究[M].北京:中国人民大学出版社,2012:330.

地一刀切,从而压抑了学生自己的创造性与积极性。学生在具体情境中自主的选择能力和判断能力、分析问题的能力却没有得到应有的重视。因此,在未来的学校道德教育中,我们应该重视培养学生内在的道德接受能力,重视学生的道德心理变化,努力在生活实践和教育实践中,促进人良好的道德生活习惯的养成,使道德发展不再成为一种口头上的应允、行动上的矮子。①

与此同时, 学校教育注重教育内容和教育形式的因材施教以及学生道德情感与意志的培养,不仅仅包括灌输与说教,而更应该是一种以叙事的方式获取意义价值的活动。比如英雄史诗、神话、寓言与传说,可以向人展示人的完美德性,②应该是一种劝善的形式。言行一致,知行合一,是道德教育中应有的态度。人们接受道德教育,往往不是接受一种观念,而是在上行下效。我们不看现代人怎么说,而是关注现代人怎么做,是一种言传身教的结合,更应该是身教重于言教。我们要重视这种道德上的示范作用。比如,领导在日常工作中,能够平等、负责地对待每一件事,能够诚实守信,那么这个部门的人往往容易形成一种积极、认真的实干作风,相反,如果领导夸夸其谈,浮躁肤浅, 那么这个部门的人往往会呈现一种得过且过、盲目跟风的虚伪性格。当然还应包括社会的道德教育,而社会是一个复合概念,是综合了学校、家庭、职业、社区、基层组织教育的大课堂,因此社会学校包括老年学校、成人教育、职业教育、社区等,这些都是生活中重要的学习场所。

## 5.1.3.2　提高职业道德教育的专业化作用

"职业道德是从业人员在职业活动中应遵循的道德规范以及与之相适应的道德观念、情操和品质。职业道德教育的内容应包括职业道德责任的教

---

① 生活德育理论强调教育不应该仅仅是对道德认知的学习,道德教育应该从学术型的知识型教育走向生活实践型的教育模式。人在生活实践中更容易激发道德情感、锻炼人的道德意志,从而实现知行合一。

② 杨国荣. 伦理与存在——道德哲学研究[M]. 上海:上海人民出版社,2002:176.

育、职业道德规范的教育和职业道德品质的教育。"①而提高整个行业的职业道德水准、提升职业和企业形象是职业道德教育的最终目的。但现实情况是"调查中发现,受访者的年龄与单位对其道德品质的影响具有一定相关性。在未达到退休年龄的受访者中,年龄越大,单位对其道德品质的影响越大"②。所以,应该重视职业道德教育,职业道德教育应该是贯穿人类发展始终的、终生奋斗的事业。职业道德建设方面,外在的教育和培养、竞争与淘汰机制以及自我的修养都应受到重视。

其一,职业道德教育中的奖惩教育、道德责任心和知耻心教育。首先要正确处理个人奖惩和集体奖惩的关系、物质奖惩与精神奖惩的关系。其次,职业道德责任教育,就是敬业教育。无论什么职业(除职业盗窃团伙、职业卖淫团伙等有害的"职业")都是社会与国家需要的,都是值得尊重的。因此,职业道德教育的重要内容是培养职业荣誉感、职业幸福观、职业自豪感等内容。而且在职业学校中职业道德教育课程作为专业课是必须加以保证的。

其二,各行各业都要制定非常严格、严肃的职业道德规范,必须有一系列相应的考察机制与考察方式。比如,近几年出现的腐败行为、教师猥亵学生案等, 在一定程度上源于其在职业道德培育之初的道德与法律意识的淡薄,甚至是岗前选择的某种缺失。因此,岗前职业道德培训的内容包括敬业精神、诚实守信教育以及职业生涯中的职业道德的培养与训练。无论何种职业,岗前培训都是从事本行业工作最为基本的且必须具备的要求。比如,商人、医务工作者、教育工作者等岗前技能培训的重要性不言而喻,而在技能培训的同时,职业道德的培训不仅仅是入职教育,更应该是终生的事业。此外,领导者自身的道德素养对于新员工的影响是至关重要的,他(她)的言行直接影响初次入职者对于职业本身的定位和职业道德的初步体验, 因此领

---

① 道德建设新论——八十八位知名学者党政领导纵论新时期道德理论和实践[M].北京:中共中央党校出版社,1996:158.

② 吴潜涛.当代中国公民道德状况调查[M].北京:人民出版社,2010:280.

导者的作风、思想修养等榜样示范意义对于员工潜移默化的影响将会贯穿于其整个职业生涯甚至家庭生活以及社会生活中。所以，职业道德规范不仅仅是为入职者制定的，最为严格的职业道德规范应该是为岗位的领导者制定的。领导者自身的亲身示范就是一种最为直接、影响效力最大的教育手段。当然，我们不能排除部分人是在其位谋其职的过程中出现堕落与腐化的，这个另当别论。此外，不同的单位扮演着不同的社会角色，承担着不同的社会责任，包括企业的社会责任、机关的社会责任以及不同的道德责任。与单位的社会责任相对应的就是单位的职业权力，包括资源的使用、翻新、拍卖等，如何规范不同职业利益主体与国家利益、社会利益、公共利益与个人利益的关系，是职业道德规范制定中首先应该考虑的。职业道德规范直接关系从业人员的生产积极性、主动性，是职业道德建设中应该重视的问题。再者，职业道德规范的制定，主要是针对职业人员在职业道德教育中应该注意的事项。不同职业所面临的道德关系不同，但同一职业行为，面对的群体是固定的，比如医生与病人之间的医患关系、教师与学生之间的师生关系等等，如何在同一职业行为中处理好相关人员之间的关系，是职业关系规范制定中要考虑的且对职业人员而言是应该加以明确的。

其三，在职业道德教育中，首先要加强对党政干部的教育。一是领导干部要在思想上真正做到爱民、利民，想人民所想，一切从人民的利益出发；二是领导干部的形象的好坏直接影响民众对于国家腐败与否的判断，因此国家要严惩那些罪大恶极、损害国家和人民财产、以权谋私的贪污犯罪行为，杜绝铺张浪费，杜绝耀武扬威，杜绝虚张声势的官僚作风；三是建立内部约束与外部约束机制，内部约束机制主要是将权力置于法律与规范的约束下，坚决抵制越轨行为，外部约束机制就是外部舆论及群众监督制度的完善。

其四，职业道德品质的养成。职业道德品质是从业人员应该在职业活动中所具备的职业品质，是从业者能否胜任某一工作的基本素质要求。具体而言，包括敬业、诚信、合作、规则意识、钻研和创业精神。比如对于教师而言，应该具备的品质是传道、授业、解惑、仁慈、博学、耐心以及为人师表等方面的要求；对于医生而言，应该具备的品质是耐心、宽容、善解人意等；科学家应该具备的品质是求真、勤奋等。总之，只有清楚明了自身的职业道德品质要求，认清该职业应该具有的职业道德品质，才能有的放矢，在职业道德教育中加强道德修养。与此同时，要大力宣传优秀员工的职业道德品质并予以适当的奖励，对于那些违背职业道德的行为，尤其是给人民财产造成严重损害的行为更要严加指责，甚至要追究其刑事责任，从而提高其职业道德觉悟。

### 5.1.3.3　增强家庭道德教育的基础性作用

家庭教育注重启蒙影响。其一，转型期道德教育对象的转变需要重新明确。在传统社会中，家庭道德教育关注的对象，其主体为父母、长辈，客体（受教育对象）为孩子，家庭道德教育就是父母、长辈专门针对孩子而言的。在转型期出生和生活的孩子，更容易接受现代生活的公共生活规则。[①] 而且不同家庭具有不同的家庭氛围和不同的文化、知识、能力等素养，因此他们的教育方式、教育内容、教育理念等是千差万别的。我们可以肯定地说，这些父母或者长辈对于孩子的基础成长具有不可磨灭的影响，因为孩子总是在模仿父母的一言一行中成长的。但随着孩子教育水平的逐渐提高，他们经历了系统的学校学习后，其知识、能力、价值观等方面相较于父母，都有很大的提高，甚至超过父母。而此时父母如若不能及时跟上孩子学习成长的步伐，及时提升自身的道德水平，其滞后的道德教育会干扰孩子的健康成长。因此，转型期出现的一系列道德问题，无论属于哪个领域，其教育对象应涵盖整个家庭。所以，主要的家庭成员都应该是家庭道德教育的重要对象。教育者本人首先应该是受教育的，无论在教育内容上还是在教育"艺术"上，都要根据不同阶段孩子的能力与兴趣来因材施教，且这种家庭教育应该是终身的。无

---

① 秋石.正视道德问题，加强道德建设——三论正确认识我国社会现阶段道德状况[J].求是，2012(13).

论孩子是否自立门户,父母及长辈都应该严格要求自己。无论是家庭还是学校,教育者本人首先应该是受教育者。具体而言,家庭的道德教育应该包括:法律意识教育,减少犯罪行为发生,道德习惯的养成教育。比如很多犯罪分子几乎都有类似的不和睦的家庭氛围。同时,在贪污犯罪中,其家庭成员在加速其走向犯罪的深渊中,发挥了不可推卸的作用。因此,家庭作为一种启蒙性教育,家庭成员之间要注意自己的言行举止,相互影响和鼓励。具体到道德习惯的养成方面,家长要通过反复的叮嘱和反复的行动方式,使孩子形成一种道德习惯。但任何一种习惯的形成,都需要在反复的训练中不断克服种种困难,通过心灵的信念影响,从而成为人的稳定的道德行为习惯。

其二,建立和睦的家庭氛围和伦理关系(包括父、母、子女、兄、弟、妻)。孝最早出现于商代卜辞中,但不是在伦理道德意义上使用的。直到西周时期,《金文》《尚书》等中常出现"孝",此时的孝已经具备了道德的含义。孔子认为:"父在,观其志;父没,观其行;三年无改于父道,可谓孝矣。"(《论语·学而》)即父亲在世时,要看其志向;不在世时,要看其行孝行为。当然,中国古代的孝总是同敬一同出现——孝敬。"今之孝者,是谓能养。至于犬马,皆有能养;不敬;何以别乎?"(《论语·为政》)由于孝直接与人的血缘亲情相关,是血浓于水的情感,因此,孝道应该是人性光辉最为直接的体现。而尊重他人、有公德心、有职业道德等是一切情感发挥作用的前提,也一定是从爱其亲开始的。试想,一个连亲生父母都不孝敬的人,怎能关爱别人、推己及人?此外,随着中国社会保障体系的完善,中国人在物质赡养老人方面所需要付出的努力相对可以减轻,但独生子女应该给予老人更多的精神关爱,比如,依据新修订的《老年人权益保障法》,国家于 2013 年 7 月 1 日起以法律形式规定与老年人独立居住的家庭成员,需要"常回家看看"。老百姓对于此法律的出台,赞不绝口。然而,此法律规定的出台,需要相关的配套设施与之相适应。比如,年轻人认为,法律出台了此项规定,但其所在单位却没有设置相应的探亲假,没有相应的差旅费报销制度,对于远途的、低收入阶层而言,回家的成本让人不能接受,因此,广大网民认为,此项政策尽管是一种引导性法律,但是实施起来难度重重。

其三,婚姻道德方面,爱情应该是婚姻生活的基础。但为了爱情而放弃自身的事业,是不合适的。正确的恋爱婚姻观应是,彼此都十分在意和看重对方的事业发展,关心对方在事业中的苦乐哀愁。在爱情和金钱关系中,要树立正确的爱钱观和金钱观,正确看待婚姻爱情的目的。良好家庭婚姻道德的养成,一定需要双方共同的意志、情感、信念的激发和努力。因此,应当重视人的意志、情感、信念对于婚姻道德的意义。

### 5.1.3.4　强化社会教育的激励化育作用

社会教育,具有广义和狭义两种内涵。从广义上讲,社会教育是指社会各种活动对民众言行举止的影响;从狭义上讲,社会教育是指在学校教育、家庭教育之外的团体、机构或组织对民众言行举止的教育活动。本书强调的社会教育包括一切社会活动内容, 以及社会大环境对民众认知和行为的示范意义。马克思认为:"人创造环境,同样,环境也创造人"。如果说,学校教育是具体的专门化的道德文化教育,那么社会教育就是世俗化的道德教育。相对于学校和家庭道德教育,社会教育的影响更是潜移默化的、不自觉的,对人道德行为的影响更为直接、更为有力,特别是在人的道德认知与道德行为习惯的最终养成过程中。"就所调查人员而言,有 56.64% 的人认为'社会影响'是影响其道德品质的最大环节。"①如果在大的社会环境中,能够让那些遵守道德并乐于施善予人的人在行善时降低行为风险以及行为成本, 让那些行恶之人、不遵守道德之人为自己的恶行付出惨重的代价,打击挫伤好人积极性的行为,那么整个社会风气便能好转,久而久之,人们行善的心理与行为便能统一起来。而当前社会中,有一部分人,虽有清晰的道德认知能力

---

① 吴潜涛. 当代中国公民道德状况调查[M]. 北京:人民出版社,2010:112.

与判断能力,但缺乏行善的决心与行善的行为,很大的原因就在于不希望出现吃力不讨好甚至流血又流泪的局面。

当然,在多元价值观的文化环境中,有很大一部分人并没有清晰的善恶观念,甚至认为任何行为都有一定的合理性。因此,如何使这部分人确立善恶标准,认同社会的道德规范,有正确的道德认知能力,能够进行道德判断,进而实施道德行为,是尤为重要的。如果社会环境给予他或者她一种善的良好的社会风气,那么这部分人形成善的价值观便是可以期待的,反之,为恶之人也许就会出现在他们之中。而"人们价值观的形成是一个潜移默化的过程,既包括外部环境的影响,也包含人与环境的实践互动。世上根本不存在抽象意义上的价值观念,一切价值观念都是在具体的社会环境中经由实践形成的"①。此外,在保障"善有善报,恶有恶报"的前提下,还应该进行积极的榜样宣传、先进宣传,同时敢于揭露丑恶,使民众对社会增加信心。"综合运用道德教育、法规制度、行政管理和社会舆论等方式,实现个人自律与社会监督相结合,营造扶正祛邪、扬善惩恶的社会风气。"②比如,在日常的生活中,不能总是让受教育者瞄准高尚的道德行为,一味地偏执于崇高,认为只有崇高的道德、先进的道德行为才是要学习的。实际上,在大的社会环境中,我们恰恰应该重视"小德""小节",一个不懂排队的人,我们试图期待他或她有更大的道德要求和抱负,必定是徒劳的。总之,一个人道德品质的养成,需要从最初的道德认识走向稳定的行为,经过一系列的教育培养,有针对性地培养公民的道德素养,不断探索科学的道德教育方法,从而创造一个和谐的道德环境,切实加强道德教育的实效性,这是当前道德教育培养的核心任务。

---

① 教育部思想政治工作司. 光辉文献·政治宣言·时代号角·行动纲领——十八大报告学习体会[M]. 北京:中国人民大学出版社,2013:63.

② 十六大报告辅导读本[M]. 北京:人民出版社,2002:301.

## 5.2 狠抓道德知行合一的制度规制

对公民进行道德教育和法制教育都是公民道德建设中最为重要的系统工程。但在很多领域,尤其是与经济相关的行业,家庭、个体品德方面,诚信缺失、弄虚作假、言行不一等现象严重存在。而这些领域和部分道德败坏的人群,仅仅靠道德教育的自觉约束,是远远不够的,必须通过法律的强制性,将道德规范上升为法律法规的制度约束。我们认为,制度是最为基础性的东西,它管根本,管长远,最能深入人心,最容易被人们所熟知。"制度是普遍的集体理性,正当合理的制度安排有助于消除个人行为对公共利益的侵害,维护社会正常的秩序,引导公民回归理性选择,制度可以改变行为预期,使行为具有最大的可预见性,制度的基本功能是调控人的行为。"①制度规导就是通过确立明确的、具体详尽的法律法规,来提高公民道德素养,规范社会风尚与秩序,含有规范以及价值导向的意思。总之,良好的制度能够鼓励善行,不良的制度则能为恶行提供便利之门。"制度好可以使坏人无法任意横行,制度不好可以使好人无法充分做好事,甚至会走向反面。"②因此,制度建设不仅是道德建设的重要内容,而且是道德建设顺利实施的保障。

在转型期,我们应该进一步加强制度、法律以及规范的引导功用,建立一套适应社会主义道德建设的制度。"个体行为选择有个心理机制问题,有个行为选择合理性的问题,利弊权衡是其重要内容之一……他们经过成本——收益比较权衡后,自以为在那种特定情境下选择贪赃枉法、为非作歹,就是一种明智的选择。而之所以他们能够得出这样一个结论,除了暴利的诱惑以外,就在于它们知道或感觉到制度体制的缺陷。正是这种缺陷使他

---

① 黄岩. 旁观者道德研究[M]. 北京:人民出版社,2010:218.

② 邓小平文选:第 2 卷[M]. 北京:人民出版社,1994:333.

们有机可乘,择恶弃善。"①因此,如果没有建立一套专门的利益机制、安全保障法,没有一种公正互惠的制度安排,那么公民在选择道德行为时就会畏手畏脚,最终导致处世态度的冷漠、理性计算等。所以,对于道德的知行合一,需要公正的社会制度予以保障,需要基于民众对于高尚道德行为的价值认可。"要善于通过科学的立法、执法、司法实践推动核心价值观的培育和践行,用有效的制度机制来规范人们的行为,使符合核心价值观的行为受到鼓励,使违背核心价值观的现象受到制约。"②

### 5.2.1　强化道德奖惩机制

奖惩主要包括物质性奖惩和精神性奖惩两种方式。物质性奖惩主要是通过金钱、利益、升职或降职、加薪或减薪等方式来影响个体道德行为的方式;精神性奖惩则主要是通过荣誉的获得、舆论的褒贬等方式来影响人的道德行为的方式。道德的奖惩机制主要通过对个体人的奖励与惩罚对社会中的他人形成一种暗示和示范警戒作用。只不过,道德奖励机制是正向的肯定,道德惩罚机制是反向的鞭策。社会的赏罚机制作为"硬约束",是相对于舆论、风俗等"软约束"而言的,这种激励,既有正向的导向作用,又有反向的控制与约束作用。

第一,赏罚方向应该和现时代所要求的道德价值基本一致。"如果道德学不给人证明他们的最大利益在于成为有德行的人,那它就会是一种空洞的科学。"③也就是说,道德奖惩机制必须赏罚分明。这与道德评价机制建设是密切相关的。如果一个社会对道德行为奖惩分明,那就意味着,人们有了基本的善恶价值判断,能够依据奖惩标准来进行行为选择。即人们在善恶价值导向下,可以形成较好的道德环境,旗帜鲜明地扶正除恶。激励是为了让

---

①　高兆明,李萍.现代化进程中的伦理秩序研究[M].北京:人民出版社,2007:267.

②　刘云山在2014年1月4日培育和践行社会主义核心价值观座谈会上的讲话。

③　周辅成.西方伦理学名著选辑:下卷[M].北京:商务印书馆,1987:89.

道德行为产生社会效应,形成一定的道德氛围,最终成为一种常态化的行为方式。

第二,社会生活中人们往往过于重视行为中付出的物质代价,往往要经过一定的理性计算与权衡后选择道德行为的。因此,在健全赏罚制度的过程中,应该通过加大财政投入,在公民道德建设中,通过国家财政扩大公民道德建设的融资环境,完善国家的慈善机构以及公民自发的公益事业,从而在公民道德奖励的物质保障方面做出大的贡献。当然,要在物质保障之外,使民众在精神上获得荣誉感和自豪感也是应该要加强的。与此同时,"人们在道德行为选择时,有成本分析。一个公正的制度设计,应当正视且根据人们的这种心理特点,因势利导。在一个公正的制度体制下,德行是有用的,选择道德的行为不仅是善的、应当的,同时也是最明智的"①。即赏罚不仅需要物质和精神保障,而且赏罚制度本身应该是公正合理的,只有这样才能让民众心悦诚服。保障制度本身公正,不仅对良好社会风气的形成有益,而且是对公民利益的一种合理保护。一个为社会成员提供了良好社会制度和社会秩序的生活环境,能够为社会成员传达一种正面的、积极的价值精神,塑造社会成员的精神世界。日常的生活环境如果能够让民众感受到积极的价值精神,社会主流价值观提倡某种积极的价值准则与道德规范,那么民众是愿意使其成为一种普遍行为的。反之,定会出现知与行的不一、社会主流价值观与民众日常生活认可的道德规范不一的局面。此外,用于道德赏罚的公益资金分配方面,也应该坚持公平、公正、公开透明的方式,即合理"聚财"和合法"散财"方面都应该得到民众的认可,取信于民。与此同时,营造一种德行与荣誉、德行与人的利益相关的道德氛围,使得道德回报和道德补偿方面得到更好的保障,这也是道德提升的重要方面。罗斯就认为:"没有惩罚,就是背

---

① 王敬华.道德选择研究[M].北京:中国社会科学出版社,2008:8.

弃了与侵犯者的信义。"①惩罚是为了给那些作恶之人强化法律的威慑力,且对不道德行为的铲除也有重要意义。不过,恶必罚并不否定给弃恶者重生的机会。

第三,规范制度化,在制度层面进行约束,并建立相应的责任机制。而且以制度的形式建立奖惩机制,使民众的奖励和惩罚都有章可循,更容易激发民众的责任意识。若单纯依靠软约束——道德教育,效果并不十分明显。社会中有一些人,靠说服教育作用甚微,因而就需要通过法律对其行为进行限制。特别是在职业道德与干部职业道德方面进行道德立法,具有现实意义。

### 5.2.2 建设道德信用机制

"信用的基本解释就是要遵守诺言、实践成约,取信于他人。信用既属于道德范畴,又属于经济范畴,良好的社会信用是建立规范的社会主义市场经济秩序的重要保证,因此,要逐步在全社会形成诚信为本、操守为重的良好风尚。"②在社会转型期,中国人的人际交往范围发生了质的变化,主要体现为从熟人圈向陌生人圈的转变。这种转变也改变了传统熟人圈依靠舆论、亲情、道德等乡土民情而产生的信任关系。而陌生人之间的信任,在客观上就要求建立一定的"信用机制",以正式的制度、规范及法律来约束人们相互间的关系。

当然,社会信用机制与一系列的基础设施建设以及公共服务能力是配套的,因为社会信任与一定时期的社会重大事件密切相关。因此,提高社会重大事件的调控能力、解决能力以及突发事件的处理能力,直接关系民众对社会信任的程度,从而影响人们的道德水平。

道德信用机制的建设,还应该包括道德信用监督体系的完善。我们可以借鉴德国信用体系建设的经验,"德国中央银行设有专门掌管社会成员包括

① 戴维·罗斯.正当与善[M].林南,译.上海:上海译文出版社,2008:122.
② 十六大报告辅导读本[M].北京:人民出版社,2002:193.

企业和个人信用的服务机构,它主要从事信用评级、信用管理等业务……所有银行用户的个人信用资料都进入该协会的资料库，一旦客户出现信用问题,如恶意透支信用卡或不及时还款,都会被记入资料库。而有过不良信贷信用记录的客户在今后的生活中会碰到很多困难,如申请贷款时会被拒绝或者抬高利率,要想用分期付款方式购买一些大件商品时也会被商家拒绝"[1]。在职业道德方面,将"信用"作为一种最为重要的市场准入证,一旦出现信用问题和违规操作,轻则重罚,重则永远剥夺其从业资格。借鉴西方国家的道德信用机制建设,让"信用"成为一张通行证,是中国当前努力的方向。

### 5.2.3　优化道德评价机制

转型期道德呈现出多元、多样、多变的特点,而现实生活中对道德的评价标准亦是多元的,这就使得每个人都能从一定角度,为自身行为找到合理性证明和依据。即标准的不统一,使人们在道德判断和选择时,就会呈现出困惑和茫然的状态。吴潜涛教授在《当代中国公民道德状况调查》一书中,通过民众对于"说不清"选项的选择,证明了目前人们的道德评价情况不容乐观,有相当多的人对于现实中的对错、成败现象评价处于是非混淆状态。

**"说不清"的问题及人们的选择情况**

| 说不清的问题 | 人数(人) | 比例(%) |
|---|---|---|
| 目前总体道德水平和改革开放初期相比的状况 | 461 | 7.75 |
| 应该坚持"为人民服务"的人有哪些 | 207 | 3.48 |
| 自己周围的大部分共产党员的道德状况 | 684 | 11.53 |
| 当个人利益与集体利益发生冲突时,所作的选择 | 945 | 15.89 |
| 有人认为在网络生活中可以随心所欲,受访者对这种观点的看法 | 563 | 13.91 |

　　上表引用自吴潜涛的《当代中国公民道德状况调查》,北京:人民出版社,2010:303-304。

　　总之,由于人们在道德评价中处于一种混乱无序状态,因此就会使社会中的高尚的行为得不到赞扬,卑劣的行为没有受到应有的谴责和批评。久而

---

① 陈正良,范骏,康洁.道德建设与区域和谐发展[M].北京:中国环境科学出版社,2006:312.

久之,便会出现世风日下的局面。因此,我们有必要加强道德评价机制的建设,为社会提供一个纯洁的环境和氛围,使道德正常发挥其扬善惩恶的作用。

道德评价是依据一定的道德标准对于社会、他人、自己的行为品质及某种道德现象进行善恶判断的活动。它是道德认知过程的重要依据和判断、推理标准,任何道德判断和推理的发生,都需要依据一定的道德评价标准。道德评价的任务就是判定善恶是非,为社会确立一定的道德标准和准则,使人们形成道德责任感。由于道德评价担负着如此多的重任,因此实现道德知行合一,首先需要确立一个明确的、科学的、全面的、理性的、健全的道德评价标准。但不同的历史时期,善恶的评价标准不同,因此道德评价需要结合特定的历史条件,在历史总链条中来考察行为对于社会的意义,如果能够促进社会的进步,使大多数人幸福,我们对此行为做善的评价,反之,为恶。在现代社会转型时期,价值观的多元、多变、多样性使得一部分人认为整个社会没有统一的道德价值评价标准,实际上,"我们绝对不能在只看到价值观的多元性的同时,看不到主导价值观的存在,否则我们将丧失最基本的善恶认知能力,而社会道德评价的关键就在于要善于在多元的文化价值环境中用社会的主导价值观来引导人们的思想和行为……马克思在谈到这一问题时就指出社会道德评价的客观标准是是否合乎人类社会发展的必然性,是否有利于人类社会的进步和人的全面自由发展,凡是符合社会发展的历史必然性,最终有利于社会进步和人的全面自由发展的事情,都是善,反之,则是恶"①。总之,在当前的社会背景中,对于道德评价机制的建设,应该注意以下问题:

其一,中国处于社会主义发展的初级阶段,道德评价需要与中国社会主义初级阶段的生产力发展相适应。因此,在进行道德评价时,主要看其是否符合社会主义道德规范的要求,是否能够反映社会的发展规律以及人们能

---

① 邹顺康. 论道德评价中的几个基本理论问题[J]. 伦理学研究,2006(6).

否自觉地遵守社会主义的道德规范。

其二,道德评价本身就是依靠舆论、习俗以及信念等力量实现的。它主要包括两种类型:社会性评价与自我评价。社会性评价,主要是发挥社会舆论、传统习俗等对于民众的指导作用,与此同时,要通过外在的教育和宣传,使人民形成正确的道德认知,从而为道德知行合一的实现奠定基础。自我评价,主要是依据个人内心的荣誉感、责任感以及良知等对自己的行为作出判断。社会性评价积聚了传统习俗等外在力量,而自我评价主要是积聚了个人的内在精神力量。两者各有不同的特点,我们应在道德建设中,积极地以正确的舆论引导人,充分发挥社会性道德评价的作用,同时加强个人感受善恶美丑的能力,从而激发内心的道德信念。处于转型期的中国,之所以出现了很多麻木不仁甚至道德冷漠的现象,与社会的道德评价机制倒退以及自我道德评价机制衰退有关系。因此,普遍性的道德评价标准的建立,是当前道德评价机制建设的关键环节。

总之,"任何一种社会实践过程的管理都需要借助健全的社会评价机制的控制和调节,道德建设作为促进道德进步的实践过程自然也是这样"①。但建立道德评价机制,首先应该注意的是将社会提倡的、反对的明确地在道德评价中体现出来,道德评价应该是要发挥导向作用的。因为,正确的言行和道德评价能够形成良好的道德风尚,即正确的褒扬与贬抑能够形成道德荣誉感或者道德压力,从而保障社会良好风气的形成。

### 5.2.4   完善道德监督机制

整个社会风气是由大众的行为构成的。"如果在社会生活中,那些违反社会道德准则的行为由于缺乏有效的监督而逍遥自在, 那么不仅违规者会越来越放肆,还会引起其他一些道德自律意识不强的人起而仿效,以至恶性

---

① 钱广荣. 论道德建设[J]. 道德与文明,2003(1).

循环,污染社会风气。"①可以说,道德的效力高低以及良好社会风气的形成,与道德监督机制的完善不可分离。比如,很多人并非发自内心地孝顺老人,但就是碍于社会舆论、碍于情面,不得不做一些孝顺的事。

实际上,中国古代十分重视道德监督和制裁机制的建设,而且其道德监督制裁措施异常严厉。比如,某一村舍的村民,如果作奸犯科行为暴露,那么他受到投河、沉塘、开除出族谱等惩罚是不可避免的。尽管中国古代的道德监督惩罚措施有很多不合理甚至有违人性之处,但对于当代中国社会转型期道德监督机制的建设具有重要的启发意义,充分调动基层群众的监督力,是我们现阶段可以实现的重要监督手段。我们要建立道德监督机制还因为,道德作为一种客观存在社会约束力量,其最初产生作用的方式和途径对于人而言,都是外在的,他律的,因此根据道德从他律向自律的转化规律,道德监督机制的建设必不可少。皮亚杰、科尔博格等人对于儿童道德发展规律的研究已经证明道德发挥作用的方式需要借助外在的道德监督。

"道德监督以一定的道德评价为基础,以确保道德目标和道德规范得以切实落实的方法和过程。"②道德监督机制的建设是一个系统的、全方位的模式,需要注意三个层面建设。

其一,现阶段最为根本的预防腐败和不道德行为发生的机制就是建立健全道德监督系统和监督体系。充分发挥政府的主导监督力量,并在适当条件下,结合各行业的行业特点,形成法制、舆论等综合监督力量,建立严密的监督网和监督系统,使不道德行为暴露于可控范围内。而监督的对象首先应该是掌握公共权力者的行为。官员、干部在社会的不同行业都起着带头作用,他们的一言一行具有表率作用,可谓"上梁不正下梁歪"。对于党员干部而言,不受监督的权力,就容易出现腐败。这里涉及一个廉政机构的建设问

---

① 尚仲生.当代中国社会问题透视[M].武汉:湖北人民出版社,2002:238.
② 任建东.道德监督刍议[M].道德与文明,1997(6).

题。完善的监督应该包括大众的监督、组织的监督以及舆论的监督三个方面,在中国共产党内部还有党内监督、群众监督以及民主党派和无党派人士的监督等等。但在现实的执行过程中,大众监督还处于较薄弱的环节,组织监督正处于完善阶段,舆论监督正如火如荼地进行着,但仍然需要加以规范和指导。因此,现阶段在加强和规范舆论监督作用的过程中,尤其要提高组织和大众监督系统的完善程度,最终形成三类监督横向协调互补的、覆盖全社会的道德监督机制,使社会形成良好的环境和风气。

其二,道德监督需要借助法律的保障形式。具体而言,就是建立法律监督,从而提高道德的权威及其社会的普遍认可度。实际上,法律所禁止的行为,往往也是道德所反对的,这就决定了道德发挥作用的方式,可以借助法律形式。此外,可以借法律条文具体化的形式,使道德摆脱其抽象的原则特点,通过具体的规范和细则来发挥其道德监督作用,而且法律的强制性在一定程度上也能够对不道德行为进行惩罚。

其三,道德监督还需要借助一定的社会约束力量。主要包括传媒、组织和人际三种监督形式。其中传媒监督主要是发挥舆论的效力,使善恶分明;组织监督主要是充分发挥个体人所在的单位、社团、工会、社区、家庭等组织的力量,使败德行为无藏身之处;人际监督主要是在陌生人环境中发挥作用的监督形式,但这种监督形式实施起来相对比较困难,实施难度较大,需要做好长期奋战准备,因为陌生人环境的监督是当前中国转型期道德问题最为严重的领域之一。除社会约束力量外,人的自我监督亦是需要重视的,每一个人都需要时常自我反省、自我总结,努力提高自身的道德觉悟和道德修养水平。完善道德的监督机制,也是道德自律性和他律性完美结合的体现。

总之,制度规导对于道德建设具有重要意义,但我们要特别注意制度本身的正义性和合理性。严格来说,制度本身的正义和公平性,会使各种制度的奖罚等工具性价值的积极方面得到更好的发挥,同时也能较好地使社会成员确立积极、健康的道德情感和情绪体验,从而形成良好的道德品质。公平、正义的制度本身就蕴含着一种价值精神,而将制度与社会的道德精神相结合,从而形成一种内在的一致性,是我们最希望实现的。

## 5.3 加强道德知行合一的舆论规导

"现在一般根据舆论传播渠道和舆论载体的不同,将舆论分为口头议论和大众传播工具两个方面。"①这里指的主要是通过报刊、广播、电视、书籍、互联网等大众传播工具的形式,对于人和事情进行肯定、否定、批评、表扬、赞美等评价、监督以及引导等。其普及程度高、覆盖面广,同时又能生动直接地反映现实生活的一切事件,易于被民众所接受,能及时有效地为人们的认知环境提供媒介职能。如果我们能够用正确的舆论导向影响民众的情感与行为, 那么社会舆论就会通过影响民众的思想观念与社会风气对社会良好风尚的形成产生重要的影响。所以保证这些媒介的健康与积极性内容,使舆论真正成为道德的守护神、社会的良心,对于道德发展意义非凡。尤其是在当今社会转型期,道德价值观呈现多元、多样、多变的趋势下,社会舆论对于培养践行社会主义核心价值观的意义更为突出。

### 5.3.1 重视重要媒体的导向、监督、公信力和影响力

"党报党刊、通讯社、电台电视台和重要出版社等主流媒体,是我国新闻传播主力军和舆论主阵地。"②它们对社会现象所进行的表达和评价,不但直接还原了事件本身,而且影响着民众的道德判断,是可以引发街头热议和网络热议的主流价值观。尤其是在当今社会舆论手段较为发达的环境下,重要媒体的言论无形中对人们的举止言行以及社会风气产生了影响。健康的道

---

① 罗国杰.道德建设论[M].长沙:湖南人民出版社,1997,507.
② 十八大报告辅导读本[M].北京:人民出版社,2012:265.

德环境会刺激人们在道德上的进取心和积极性,反之,不健康的道德环境则会阻碍人们行善的积极性。即社会舆论的正确或者错位直接影响着社会的整个道德环境,比如,如果好人做好事总是得不到正面的评价,而坏人做坏事也总是得不到应有的舆论谴责, 那么社会舆论便会成为颓废道德的维护者,干扰社会道德的进步。总之,舆论性的评价,不仅是一种理性的是非估价,同时也带有很强的赞善与惩恶情绪,它往往借助语言、表情等外显的形式,引起旁人的关注,最终达到情感涌动和情绪的共鸣,发挥"感情场"的作用。因而,社会舆论需要对那些美的行为,善的举动进行大胆的宣传与肯定;对于假恶丑的行为要进行全面的谴责, 特别应该在一些关系民众正确价值观的树立、关系整个国家集体利益、人心向背的行为和事件方面,给群众一个明确的交代,并且能够给群众一个正确的价值导向。在进行道德评价与事实报道的过程中,要做到准确、到位、客观。不要仅仅关注某些人的隐私,而要在整个社会大背景下,将焦点聚集在其行为是否道德上,作出一个公正的评价,在道德价值导向上树立一个正确的姿态。基于此,在加强社会舆论导向方面,需要加大气力。

### 5.3.1.1　正确价值的导向作用

正确的价值导向,首先应该反映社会发展的客观要求,与国情相适应,反映社会成员的共同利益要求和意愿。价值导向就是为了使民众明于抉择,分清善恶。只有旗帜鲜明,才能激浊扬清,舆论导向对于人的思想和行为的影响不可忽视。有的新闻,可以催人奋进,比如,新闻中播放了中国国家科技奖颁奖典礼,看到这些科学家的贡献,普通民众对于国家的未来充满信心和力量,中国梦不再遥远。但也有的新闻却混淆视听,因此新闻等媒体要有责任心和高度的政治敏感度,有适合当代中国社会转型期的舆论引导机制。[①]

---

① 十八大报告辅导读本[M].北京:人民出版社,2012:265.

"营造良好的思想文化氛围、政策制度氛围和社会风尚氛围,需要不断发挥社会舆论的正面引导作用,通过强化对网络、广播、电视、报刊等大众传播媒体的有效管理,提高媒体自律,加强正面宣传、正面报道、正面教育,壮大主流思想舆论;通过舆论剖析现实,澄清是非,开展道德评价,实行舆论监督;通过集中力量加强和改进网络内容建设,唱响网上主旋律,加强网络社会管理,推进网络规范有序运行。"[①]而弘扬高尚的道德文化,培育健康的社会环境,积极宣传道德行为,让民众感受到社会的温度和人们的良心,从而感染别人,最终营造出一种积极的社会环境,是当前社会应该注意加强的。具体而言,社会舆论对于道德的引导主要表现在以下方面:

### 5.3.1.1.1　引导民众形成正确的道德观念

"舆论是一种拥有'多数意见'权威,并具有'公正'色彩,从而能够对社会成员行为发生重要影响的社会力量。"[②]即社会舆论针对特定的事件、人物和现象进行善恶、卑劣、高尚等评价,这在无形中就告诉了人们何为善,何为恶,从而提高民众的道德认识,形成正确的道德观念。而正确的舆论导向尤其对于未成年人的影响重大,因为他们的思想尚未定型,价值观尚不成熟,此时如果能够让其对民众日常生活中家长里短的小事或国际社会中叱咤风云的大事都得到正确的理解的话,那么根据先入为主的法则,这部分人便能得到正能量的影响,从而使其受到鼓舞。反之,不利于正确道德观念的形成。这里有一个尤为重要的问题是,道德价值的引导与现实社会生活中实际利益的关系问题有可能出现以下两种情况。一种情况是社会所倡导的道德价值精神在实际生活中并不占主导地位,一种情况是在实际的社会大众生活中,民众较为认可的观念和精神是与利益相关的规范和价值要求。而一旦出现不一致,道德价值引导便在很大程度上抵不过利益对人的诱导。因此,引

①　教育部思想政治工作司. 光辉文献·政治宣言·时代号角·行动纲领——十八大报告学习体会[M]. 北京:中国人民大学出版社,2013:64.

②　周克庸. 论社会舆论在思想道德建设中的作用[J]. 理论探索,1997(6).

导民众形成正确的道德观念，必然需要论证现阶段提倡的道德价值的合理性，而论证这种合理性的途径仍然要借助社会合理、公正的分配机制以及民众在日常生活中所感受到的价值引领。"具言之，在社会价值多元化的时代，政府、传媒机构、具有公共责任的知识分子等社会组织或个人，要对社会存在的荣辱颠倒的混乱道德价值观及时给予澄清，以引导社会成员树立正确的道德价值观；对具有典型性和重大性的守德善举或背德的丑恶行径，政府要利用和发挥电视、报纸等传媒的广泛性和快捷性的优势，组织社会团体和民众进行广泛的讨论，针砭丑恶和彰显美德；通过建立不同范围的道德公示制，促使人们注重自身的品性，形成责任意识，尤其要善于在街道或社区，利用熟人社会的舆论监督优势和中国人的'面子'心理，启动人们的荣誉感和耻辱感来褒善责恶。"①

### 5.3.1.1.2　引导民众形成高尚的道德情操

褒扬或者贬斥一种行为，往往能够带领民众产生一定的善恶倾向，积极弘扬正面的、高尚的行为，以高尚的情操陶冶人的心灵，使民众形成高尚的道德情操。但高尚不等于高不可及，它必须是实实在在来自民众中的平凡的事件，这样更容易打动人。正确利用社会舆论的评价作用，在形成高尚道德情操的同时，在内心深处对不道德的行为感到羞愧，对高尚行为感到荣耀。对外而言，充分发挥社会舆论的作用，使其成为一种强有力的道德监督力量，使民众受到感染，使得败坏道德的行为成为人人喊打的过街老鼠。

### 5.3.1.1.3　引导民众坚决贬斥缺德、败德行为

舆论实际上代表了广大民众的呼声，所以它的职责也应该是敢于揭露丑恶的事物，尤其是对腐败问题要予以严厉的谴责。"报纸上的正确批评的作用应该肯定，但是应当注意不要把个别的现象当作普遍的现象，不要把局部的东西夸大为整体"。②此外，舆论要真实，且要关心民众所关心的，想群众

---

① 王淑芹.论公民道德建设的外在机制[J].道德与文明,2008(1).
② 邓小平文选:第 2 卷[M].北京:人民出版社,1994:366.

所想的,而且必须要发挥其导向作用,尤其是在中国社会转型时期,很多道德困惑与难题需要直面和解决,绝不能回避现实,而要在思想上给予民众以指导。同时我们也一定要注意提防那些由于社会舆论的渲染所造成的"知而不行"的事件发生。具体而言,社会舆论尽管在道德建设和道德引导方面具有不可估量的价值,但是我们也需要重视"公众在面对舆论价值宣传的时候,往往都是停留于对价值的认知层面之上,而对价值行为的践行却表现得异常迷茫"①。也就是说,社会舆论所传播和赞扬的价值超出了公民个体的践行能力,这样容易使民众在舆论传播之初产生一种强烈的道德情感和情绪,然而在冷静之后发现践行该道德行为需要付出很大的努力和毅力,从而发生那种道德认知和道德行为无法统一的"知而不行"行为。因而,社会舆论的道德引导以践行为最终目的,什么样的社会舆论能够让民众"身体力行"是我们需要特别注意和思考的重要问题。

#### 5.3.1.2 舆论还是一种软性的监督手段

"舆论监督,意指公众通过舆论这种意识形态,对各种权力组织和其工作人员,以及社会公众人物(包括著名记者)自由表达看法所产生的一种客观效果,是一种自然存在的、客观的、无形的监督形式,其特点如马克思和恩格斯所说,是'广泛的无名的'。"②即舆论并非强制性的制度约束,然而却给舆论客体带来了一种无形的精神压力,如果能够得到民众的称赞,便会有愉快的体验,从而成为行为的动力,反之,就是一种压力。舆论之所以能够具有这么强的约束力,主要在于随着现代传媒技术的发展,舆论的广泛性和权威力愈发明显,广大的民众都能成为舆论监督的主体,无论是通过网络还是自媒体,而这些舆论的传播方式,都能够在很短的时间内获得大量的阅读量和

---

① 徐椿梁,黄明理.道德化、被道德化与道德行为的知而不行——社会舆论道德宣传的价值反思[J].华中科技大学学报,2013(6).

② 吴潜涛.当代中国公民道德状况调查[M].北京:人民出版社,2010:301.

关注度,从而激发一定范围的讨论。因而,当舆论客体的行为引起舆论主体的关注时,只要有网络,有"朋友圈",就能促使舆论客体站在"风口浪尖"上,可以说,只要有人,就能够通过舆论产生有力的监督作用。与此同时,舆论的监督力量还不仅仅体现在舆论主体的广泛性方面,舆论监督还有助于社会道德风气的良善。比如,我们经常在网络上热议的一些话题,往往也会成为日常老百姓生活的谈资,而他们谈论的内容往往能够真实地反映其内心的所思所想,如此种种,经过一段时间的积淀和讨论,便能形成一种正确的价值判断和价值追求。此外,"在网络舆论形成之前,道德的监督功能力量较弱,主要体现在个体的自身监督上,通过良心的守护实现自省,完善自己,网络的介入,使道德的监督功能发生了质的转变,网络舆论能够推动事件的最后解决"①。也就是说,舆论监督,尤其是传统媒体、新媒体和网络的结合,为道德问题的最终解决推波助力。基于此,这种舆论的软性监督,可以说也使老百姓对某类事件有了更为清晰的判断和认识,从而促进社会形成良好的道德风尚。总之,舆论不仅具有促使社会风气良善的作用,而且它也是民众认识世界、判断是非的重要依据,因而它的声音导向对于人心的凝聚具有非常重要的作用。

舆论监督,主要是大众传媒的力量,也包括寻常百姓的谈论,但寻常百姓谈论要起到监督作用,更多的也是借助网络平台来发表意见。因此,从媒体角度看,它的"一言一行"都会对他人的思想和行为产生影响,从而对人的行为起约束或者调节作用。而媒体的监督,主要是通过对社会不良道德现象的曝光,给他人形成一种道德压力。比如,美国人,尤其是美国富人如果怠慢了慈善,就会受到外界舆论的严厉抨击。"对于不热衷于慈善的富豪来说,外界的压力是很大的。洛克菲勒,这个从年轻时就把自己工资的一部分拿来捐献的富豪,在其财富迅速膨胀的时候也受到了这样的压力。当时的人们对于

---

① 王晓丽.网络舆论的道德价值[J].华南理工大学学报,2013(5).

洛克菲勒的财富数额的猜测常常见诸报端，而新闻界对这种狂热起到了推波助澜的作用。另一种声音则是'认为他捐的钱既赶不上卡内基,也比不上他自己财富的增长速度'。他的忠实的伙伴盖茨,也大声疾呼,'您的财产正在像雪球一样越滚越大,您必须跟上它的膨胀速度! 您散发它的速度必须超过它增长得速度! 否则,它会把您和您的子孙后代都压垮的! '"①可见,媒体的职责广泛,它需要在创造经济效益、丰富民众文化生活的同时,关注社会热点,了解民众所想所思,始终以教化民众、传播文明、引导健康的高尚的生活方式为使命。这里需要注意的是,媒体揭发和揭露的前提是对事实认证的清楚明晰。而事实的清晰明确仍然需要舆论、制度以及积极社会环境的相互配合,让无德者无地自容,让道德的权威逐渐增大、增强,都需要媒体舆论的监督。此外,习近平在党的新闻舆论工作座谈会上的重要讲话中谈到,党的新闻舆论工作者的使命是"要承担起这个职责和使命,必须把政治方向放在第一位,牢牢坚持党性原则,牢牢坚持马克思主义新闻观,牢牢坚持正确舆论导向,牢牢坚持正面宣传为主"②。成为传播正能量的主阵地。因而,我们认为舆论监督不仅要求民众积极参与政治、社会生活,更重要的是强调舆论监督媒体的价值观导向责任, 即我们应该意识到,"在公共舆论中真理和无穷错误直接混杂在一起"③。在舆论的表达环节,尤其是电视媒体的评论方面,尤其要做好甄别和积极引导,这直接关系舆论监督民众对于主流媒体和传播工具的信任度,影响主流媒体的权威度。

### 5.3.2　重视乡规民俗的规范力

乡规民俗可以称为风习,包括信仰、故事、传说、民俗、习俗、习惯等。它

① 郑功成.当代中国慈善事业[M].北京:人民出版社,2010:330.
② 2016年2月19日,习近平总书记在党的新闻舆论工作座谈会上的讲话。
③ 黑格尔.法哲学原理[M].范扬,张企泰,译.北京:商务印书馆,1961:333.

作为一种强大的社会控制力量,主要依靠的是习惯势力、传统的信仰及风土民情的影响来发挥作用。而中国社会实际上就是乡土性的社会结构,因而,费孝通先生在《乡土中国》一书中提出了"乡规民约是指在特定的乡村社区,乡村居民实现自我管理、自我服务、自我约束而共同商量、共同讨论、共同制定出来,每个乡村居民都必须并自觉遵守和执行的行为规范"①。具体到乡规民俗方面,它与乡土民约一样,在农村仍然对人们的生活习惯、道德观念和价值观具有十分重要的影响, 可以说它在一定的时间内和一定范围内具有像法律一样的约束功能,能对民众的日常生活产生规范效应,但它又不仅仅限于法律式样的影响,还是一种软性的控制系统,能在潜移默化中影响、规范、控制、调整民众的生活日用。正如法国思想家卢梭对于习惯和民俗力量的评价:"既不是铭刻在大理石上,也不是铭刻在铜表上,而是铭刻在公民的内心里;它形成了国家的真正宪法;它每天都在获得新的力量;当其他的法律衰老或者消亡的时候,它可以复活那些法律或代替那些法律,它可保持一个民族的创新精神, 而且可以不知不觉在以习惯的力量来代替权威的力量。"②总之,"民俗作为一种强大的社会力量,其努力将人们的言行和思想观念纳入规范的维度之中"③,而经过漫长的历史发展,不同地方的不同习俗仍然在顽强地存在于民众的日常生活中, 而且对于民众的生活习惯和道德行为具有约束意义,因此我们要重视乡规民俗的规范力。尤其是要学会利用好良性乡规民俗对于民众的规范和约束作用,甚至将这种传统的方式制度化,促使社会形成良好的风气和社会氛围。

民俗风习在一定程度上与道德规范有一定的相关性, 它也告诉人们应该做什么,是一种关于在何时何地"应该做"和"不应该"做什么的规范,且风

---

① 费孝通.乡土中国[M].北京:北京大学出版社,1998:8.
② 卢梭.社会契约论[M].何兆武,译.北京:商务印书馆,2003:70.
③ 万建中.民俗的力量与政府权力[J].北京行政学院学报,2003(5).

习的影响范围远不止衣、食、住、行，它贯穿于社会生活的方方面面，甚至包括宇宙生灵。随着生产力的发展，那些充满邪魔色彩的、愚昧荒谬的神秘主义风习正在被社会淘汰，而且已经成为一种规律。中国的风俗民情随着地域的辽阔和民族的众多而各不相同，但它们往往都是通过礼俗和人伦道德的秩序规范来纯化社会风气以劝善除恶的。

乡规民俗，是村民和乡民在长期共同生活中，用于调节权利义务关系的行为规范。它不是国家制定的，但在一定程度上属于强制性的道德约束。即经过潜移默化，它的影响力和执行力对于本村人员具有强制性的"制度约束"，民间法就是其典型的表现，它是乡民心中的自然法。可见，充分发挥乡规民俗的积极作用，对于维护乡村的道德秩序具有重要意义。对于农民占人口大多数的中国而言，充分利用好乡规民俗，对于整个社会风气良善也具有积极作用。但我们要注意改造乡规民俗中落后的部分，比如对于其中神秘、迷信的部分要坚决予以打击。但对于那些具有美德意义的，关涉农业生产的、关涉尊老爱幼的、敬贤保德等伦理道德方面的内容，对于国人道德水平的影响将是终生受用的。"民俗含有丰富的德育内容，人生礼仪中的生育礼俗、婚嫁礼俗和丧葬礼俗、岁时节日民俗中有关节日来历和节日庆贺的习俗惯制以及信仰祭祀民俗，集中地反映了人们的伦理观念、道德观念和价值观念。"①尤其是古代的一些禁忌，其中所蕴含的天人合一思想对于生态伦理学的发展亦有积极的意义。

总之，道德舆论，作为支撑道德生活的重要部分，它的功能体现在其导向性的渐进力方面。道德舆论作为一种对社会价值评判的活动，内隐着规范、价值等客观与主观两环节，它公开地以鲜明的、近乎权威的方式对社会道德进行评判，一方面，传递着善恶的价值判断，使人们对道德世界有一个真正的认知，一方面也敦促个人调节好自身的行为，潜移默化中影响大众的

---

① 姜文华. 论民俗教育的基本特征[J]. 云南教育学院学报，1992(2).

道德心理与行为取向。道德舆论,同时也有广阔的传播力,它以流动的方式,在大众心理的推动下,在社会中蔓延开来,并进行无限地传播扩散,它网罗了一切视听,对人们道德认知与道德行为的正确取向,起着持久和广泛的引导作用。所以,道德舆论既是一种制裁手段,也是一种控制手段,它需要民众的广泛参与。现代社会为舆论畅通开辟好了通道,随着大众参与意识的提高,舆论将发挥越来越重要的作用。

当代中国社会转型期,道德领域的诸多变化,从根本上来说,表现为转型期中国人价值观的多元、多样、多变的特点。生活在不同境遇中的民众,对于多元价值观在理解与判断上差异明显,甚至呈现出激烈的对立与冲突局面。这种多元价值观的冲突,造成了中国"道德失范"、道德知行难一的现状。"我国当前的社会转型是自觉结构牵动自发结构的转型,是在中国共产党坚定的领导下的有着明确目的与步骤的社会变革与社会发展。在这一社会变革过程中,虽然免不了会一定程度地出现一般的社会转型过程中共同的现象——道德失范,但它也同时存在着使我国的社会道德生活迅速走向有序与清明的有利社会条件——社会变革的目的性、主动性,以及领导组织者的坚决有力。只要我们能充分利用这些有利的条件,在社会道德生活中突出社会主义市场经济价值观的主导地位,调动社会一切积极因素,展开全民性的道德理念以及道德情感教育;在道德赏罚中充分运用社会主义法律这一强有力的手段,充分发挥组织、集体在道德赏罚中的主导地位的作用;同时,在社会宣传与道德舆论方面充分发挥公共媒体的积极作用,我国社会道德生活由失范走向有序,走向清明,其实并非难事。"①也就是说,我们不能由此而否定中国道德的进步现象。

人们的道德观念是由现有的经济关系与经济制度决定的。而中国现阶段所面临的问题主要是在社会转型这个大背景下发生的,与中国市场经济

---

① 金木苏.道德赏罚论[M].长沙:湖南大学出版社,2007:282.

的发展截然不可分。可以说"道德挑战"与中国市场经济的发展正处于"青春期",不够成熟和完善,新旧经济体制等正处于激烈的解体变更与逐渐定型期相关。但现阶段多元价值观以及道德的失范最终会随着中国社会转型期市场经济的的逐步深化发展而渐趋统一或者说渐趋定型。中国社会转型期完成后,国人对于传统道德价值观和西方的价值观会有更加理性的评价和理解。现实生活中,许多领域中都存在那么一些人,没有道德责任心、没有道德意识,对道德呈现一种淡漠的态度,在道德知行问题上出现较为严重的道德冲突。但我们相信,转型期毕竟是一种过渡期,道德多元化的趋势必将在经历一定时期的爆发后,通过逐渐调整、适应、整合从而达成一致的共识。而且随着转型期的深化发展,国人最终会自发形成统一的价值观,能够在社会主义核心价值观的引导下,度过道德发展的困难期。中国定会在不远的将来形成统一的、以共同利益为基础的道德价值体系。转型期道德价值观的多元、多样、多变的趋势,也必定会在中国逐渐步入正轨的转型时期,充分展示其个性与创造性,而且也会创造出更多的生活态度和选择方式。

中国传统的道德建设,包括中国传统的道德教育中,尤为强调个体的道德自律和道德修养。从孟子的"养浩然之气"到王守仁的"致良知",无不是对个体主体性的强调。但这只是一种扬善的方式,实际上,法律规范等罚恶的机制和制度建设,亦是对扬善的配合和补充。因为,任何道德规范以及法律法规,都是对人的行为的约束,都是对人提出的要求,所以,光靠自觉来控制自身的行为,显然是不够的。即除了强调自律外,还需要健全硬性的法律法规以及外在的社会舆论等来保障实施。"一个社会道德水平普遍提升的主要途径是把社会治理结构奠立在真实的伦理关系的基础上,根据现实的伦理精神去进行制度设计和制度安排。"①因人们的行为选择与自身的利益需求密切相关,所以通过对道德主体的利益调控,即在赏罚和评价的外在约束

---

① 肖群忠.道德究竟是什么[J].西北师范大学学报,2004(6).

下,肯定那些道德行为,否定并批评那些不道德的行为,赏罚相结合,最终将道德的他律变成内在的动力,也是值得我们思考的重要方式。此外,我们强调个体综合素质的提升,强化自身的道德修养,向社会向他人学习,从而不断地总结与反省自己。"任何社会都存在多种多样的价值观念和价值取向,要把全社会意志和力量凝聚起来,必须有一套与经济基础相适应和政治制度相适应并能形成广泛社会共识的核心价值观……习近平同志指出:人类社会发展的历史表明,对一个民族、一个国家来说,最持久、最深层的力量是全社会共同认可的核心价值观。如果没有核心价值观,一个民族、一个国家就会魂无定所、行无所依"①。尤为重要的是,在中国社会转型期多元价值观的影响下,应强化社会主义核心价值观的导向作用。而我们对于社会主义核心价值观本身应该抱有一种积极的态度,正确认识我们的核心价值观。"每一个民族、每一个国家都有表征自己精神内核和独特气质的文化符号,即核心价值观;价值观自信是一个国家文化软实力的核心内容,是最硬的软实力。实现中华民族伟大复兴的中国梦,不仅物质上要强大,思想文化和价值观也要自觉、自信、自强。价值观上的自觉、自信、自强,是中国梦的题中应有之义,也是中华民族自立自强的根本标志。"②总之,中国社会转型期是中国经济社会发展的特殊阶段,在这一时期,我们应该相信,道德知行合一不是一蹴而就、一劳永逸、一次性便可完成的,它总归要经历一些阵痛和挫折。对于任何人来说,个体人的品格建构都需要经过一个不断成长,变化的过程;对于个体人而言,其道德认知与道德行为也并非总是处于相对稳定的状态下,并非一成不变。我们需要明确的是,在由德知向德行的过渡中,内部的道德心理与外部的道德环境处于相对稳定和统一的状态中。但这种稳定的内部和外部环境,会随着人们在不同生活环境中,不断经过理性、情感、意志、

---

① 中共中央宣传部.习近平总书记系列重要讲话读本[M].北京:学习出版社,人民出版社,2016:189.

② 陈曙光.价值观自信是保持民族精神独立的重要支撑[J].求是,2016(4).

良心等的判断,甚至磨难后,产生新的道德认知和判断,从而经过新的整合后,不断调节自身的行为,实现新的平衡和稳定。因此,成人之道需要不断地努力、反省、甚至需要不断地超越自我。人的道德境界提升是永无止境的过程,需要终身为之努力奋斗。

# 参考文献

## 一、马克思主义经典

1. 马克思恩格斯全集：第1—42卷[M]. 北京：人民出版社，1953，1957，1962，1965，1982，1995，2002.

2. 马克思恩格斯选集：第1—4卷. 北京：人民出版社，1991，2012.

3. 马克思恩格斯文集：第1—5卷. 北京：人民出版社，2009.

4. 资本论：第1卷[M]. 北京：人民出版社，2004.

5. 列宁全集：第25卷[M]. 北京：人民出版社，1988.

6. 列宁选集：第1—4卷[M]. 北京：人民出版社，1995.

7. 列宁专题文集——论无产阶级政党[M]. 北京：人民出版社，2009.

8. 毛泽东选集：第1卷[M]. 北京：人民出版社，1991.

9. 邓小平文选：第3卷[M]. 北京：人民出版社，1993.

10. 江泽民文选：第3卷[M]. 北京：人民出版社，2006.

## 二、中文著作类

1. 阿尔汉格尔斯基. 马克思主义伦理学的对象、结构、基本方面[M]. 杨远，石毓彬译. 北京：中国社会科学出版社，1990.

2. 阿尔汉格尔斯基. 伦理学研究方法[M]. 贾春增，赵春福，译. 北京：中国广播电视出版社,1992.

3. 安云凤. 新编现代伦理学[M]. 北京:首都师范大学出版社,2001.

4. 爱弥尔·涂尔干. 道德教育[M]. 陈光金,沈杰,朱谐汉,译. 上海:上海人民出版社,2001.

5. 北京大学哲学系外国哲学史教研室编译. 十六—十八世纪西欧各国哲学[M]. 北京:商务印书馆,1975.

6. 北京大学哲学系外国哲学史教研室编译. 西方哲学原著选读:上卷[M]. 北京:商务印书馆,1981.

7. 北京马克思主义理论研究与传播基地编著. 社会主义核心价值体系建设与首善之区的实践研究文集[M]. 北京:中共中央党校出版社,2007.

8. 陈英和. 认知发展心理学[M]. 杭州:浙江人民出版社,1996.

9. 陈晏清. 当代中国社会转型论[M]. 太原:山西教育出版社,1997.

10. 陈根法. 心灵的秩序——道德哲学理论与实践[M]. 上海:复旦大学出版社,1998.

11. 陈新汉,冯溪屏. 现代化与价值冲突[M]. 上海:上海人民出版社,2003.

12. 陈正良,范骏,康洁. 道德建设与区域和谐发展[M]. 北京:中国环境科学出版社,2006.

13. 陈国权. 社会转型与有限政府[M]. 北京:人民出版社,2008.

14. 陈先达,杨耕. 马克思主义哲学原理:第3版[M]. 北京,中国人民大学出版社,2010.

15. 戴维·罗斯. 正当与善[M]. 林南,译. 上海:上海译文出版社,2008.

16. 方克立. 中国哲学史上的知行观[M]. 北京:人民出版社,1982.

17. 费尔巴哈. 费尔巴哈哲学著作选集[M]. 荣震华,等译. 北京:商务印书馆,1984.

18. 傅云龙. 中国知行学说述评[M]. 北京:求实出版社,1988.

19. 冯俊,龚群. 东西方公民道德研究[M]. 北京:中国人民大学出版社,2011.

20. 耿洪江. 西方认识论史稿[M]. 贵阳:贵州人民出版社,1992.

21. 高兆明,李萍. 现代化进程中的伦理秩序研究[M]. 北京:人民出版社,2007.

22. 高兆明. 荣辱论[M]. 北京:人民出版社,2010.

23. 高国希. 道德哲学[M]. 上海:复旦大学出版社,2007.

24. 高德胜. 道德教育的时代遭遇[M]. 北京:北京教育科学出版社,2008.

25. 黑格尔. 小逻辑[M]. 贺麟,译. 北京:商务印书馆,1980.

26. 黑格尔. 精神哲学[M]. 杨祖陶,译. 北京:人民出版社,2006.

27. 黑格尔. 法哲学原理[M]. 北京:商务印书馆,2010.

28. 黄希庭. 人格心理学[M]. 杭州:浙江教育出版社,2002.

29. 黄富峰. 道德思维论[M]. 北京:中国社会科学出版社,2003.

30. 韩震. 社会主义核心价值体系研究[M]. 北京:人民出版社,2007.

31. 韩震. 西方哲学史[M]. 北京:北京师范大学出版社,2012.

32. 洪远朋. 利益关系总论——新时期我国社会利益关系发展变化研究的总报告[M]. 上海:复旦大学出版社,2011.

33. 焦国成. 中国古代人我关系论[M]. 北京:中国人民大学出版社,1991.

34. 金木苏. 道德赏罚论[M]. 长沙:湖南大学出版社,2007.

35. 教育部思想政治工作司. 光辉文献·政治宣言·时代号角·行动纲领——十八大报告学习体会[M]. 北京:中国人民大学出版社,2013.

36. 康德. 实践理性批判[M]. 韩水法,译. 北京:商务印书馆,2000.

37. 康德. 道德形而上学原理[M]. 苗力田,译. 上海:上海人民出版社,2005.

38. 科尔伯格. 道德发展心理学[M]. 郭本禹,译. 上海:华东师范大学出版社,2004.

39. 罗国杰. 马克思主义伦理学[M]. 北京:人民出版社,1982.

40. 罗国杰. 伦理学[M]. 北京:人民出版社,1989.

41. 罗国杰. 道德建设论[M]. 长沙:湖南人民出版社,1997.

42. 罗国杰主审,李萍主编. 伦理学基础[M]. 北京:首都经济贸易大学出版社,2004.

43. 罗国杰. 中国伦理思想史[M]. 北京:中国人民大学出版社,2008.

44. 罗国杰. 中国传统道德[M]. 北京:中国人民大学出版社,2012.

45. 卢梭. 论人类不平等的起源和基础[M]. 李常山,译. 北京:商务印书馆,1982.

46. 亚里士多德全集:第8卷[M]. 苗力田,译. 北京:中国人民大学出版社,1992.

47. 李皓. 市场经济与道德建设[M]. 济南:山东人民出版社,1997.

48. 梁启超. 新民说[M]. 郑州:中州古籍出版社,1998.

49. 李永丰. 改革的轨迹——从三中全会到十六大[M]. 北京:中国文史出版社,2003.

50. 李萍. 公民日常行为的道德分析[M]. 北京:人民出版社,2004.

51. 李德顺,孙伟平. 道德价值论[M]. 昆明:云南人民出版社,2005.

52. 李德顺. 价值论[M]. 北京:中国人民大学出版社,2013.

53. 罗伯特·索尔索,金伯利·麦克林,奥托·麦克林. 认知心理学[M]. 北京:北京大学出版社,2005.

54. 卢斌. 当代中国社会各利益群体分析[M]. 北京:中国经济出版社,2006.

55. 梁金霞. 中国德育向公民教育转型研究[M]. 北京:知识产权出版社,2009.

56. 刘玉生,杜振汉. 德性人生——个人生活伦理引论[M]. 厦门:厦门大学出版社,2009.

57. 李彬. 走出道德困境——社会转型期的道德生活研究[M]. 长沙:湖南师范大学出版社,2011.

58. 李国山,王建军,贾江鸿,郑辟瑞. 欧美哲学通史精编本[M]. 天津:南开大学出版社,2012.

59. 李培林. 社会转型与中国经验[M]. 北京:中国社会科学出版社,2013.

60. 马俊峰. 评价活动论[M]. 北京:中国人民大学出版社,1994.

61. 蒙培元. 情感与理性[M]. 北京:中国社会科学出版社,2002.

62. 欧阳教. 德育原理[M]. 台北:文景出版社,1988.

63. 培根论说文集[M]. 北京:商务印书馆,1958.

64. 皮亚杰. 儿童心理学[M]. 吴福元,译. 北京:商务印书馆,1980.

65. 皮亚杰. 儿童的道德判断[M]. 傅统先等,译. 济南:山东教育出版社,1984.

66. 齐格蒙特·鲍曼. 生活在碎片之中[M]. 郁建兴,周俊,周莹,译. 上海:学林出版社,2002.

67. 秦树理. 公民道德导论[M]. 郑州:郑州大学出版社,2008.

68. 斯宾诺莎. 伦理学[M]. 贺麟,译. 北京:商务印书馆,1983.

69. 时羽,梅子编选. 道德建设新论——八十八位知名学者党政领导纵论新时期道德理论和实践[M]. 北京:中共中央党校出版社,1996.

70. 十六大报告辅导读本[M]. 北京:人民出版社,2002.

71. 宋希仁. 西方伦理思想史[M]. 北京:中国人民大学出版社,2004.

72. 石峻. 石峻文存[M]. 北京:华夏出版社,2006.

73. 宋林飞. 中国转型社会的探索[M]. 北京:中国社会科学出版社,2012.

74. 十八大报告学习辅导百问[M]. 北京:党建读物出版社,2012.

75. 陶行知. 中国教育改造[M],上海:东方出版社,1996.

76. 唐凯麟,龙兴海. 个体道德论[M]. 北京:中国青年出版社,1993.

77. 魏英敏. 伦理学简明教程[M]. 北京:北京大学出版社,1984.

78. 魏英敏. 新伦理学教程[M]. 北京:北京大学出版社,2012.

79. 威廉·k. 弗兰克纳. 善的求索[M]. 黄伟合,包连宗,马莉,译. 沈阳:辽宁人民出版社,1987.

80. W. D. 拉蒙特. 价值判断[M]. 马俊峰,等译. 北京:中国人民大学出版社,1992.

81. 王国银. 德性伦理研究[M]. 长春:吉林人民出版社,2006.

82. 王海明. 伦理学原理:第3版[M]. 北京:北京大学出版社,2009.

83. 王敬华. 道德选择研究[M]. 北京:中国社会科学出版社,2008.

84. 威廉·葛德文. 政治正义论[M]. 何慕李,译. 北京:商务印书馆,2009.

85. 吴潜涛. 当代中国公民道德状况调查[M]. 北京:人民出版社,2010.

86. 吴瑾菁. 道德认识论[M]. 北京:社会科学文献出版社,2011.

87. 王俊秀,杨宜音. 社会心态蓝皮书——中国社会心态研究报告(2012—2013)[M]. 北京:中国社会科学文献出版社,2013.

88. 休谟. 人性论[M]. 关文运,译. 北京:商务印书馆,1981.

89. 休谟. 道德原则研究[M]. 曾晓平,译. 北京:商务印书馆,2001.

90. 夏伟东. 道德本质论[M]. 北京:中国人民大学出版社,1991.

91. 肖群忠. 伦理与传统[M]. 北京:人民出版社,2006.

92. 席彩云. 当代社会公德教育研究[M]. 武汉:湖北人民出版社,2008.

93. 席勒. 审美教育书简[M]. 张玉能,译. 南京:译林出版社,2009.

94. 徐家林. 社会转型论——兼论中国近现代社会转型[M]. 上海:上海人民出版社,2011.

95. 雅可布松. 情感心理学[M]. 李春生,等译. 哈尔滨:黑龙江人民出版社,1988.

96. 杨国枢. 中国"人"的现代化[M]. 台北:台湾桂冠图书公司,1989.

97. 姚新中. 道德活动论[M]. 北京:中国人民大学出版社,1990.

98. 尼各马可伦理学:第2卷[M]. 北京:中国社会科学出版社,1990.

99. 亚里士多德选集. 伦理学卷[M]. 北京:中国人民大学,1999.

100. 亚里士多德. 尼各马可伦理学[M]. 廖申白,译. 北京:商务印书馆,2003.

101. 杨国荣. 伦理与存在——道德哲学研究[M]. 北京:北京大学出版社,2001.

102. 杨国荣. 大学哲学[M]. 上海:华东师范大学出版社,2013.

103. 亚当·斯密. 道德情操论[M]. 蒋自强,钦北愚,等译. 北京:商务印书馆,1998.

104. 尚仲生. 当代中国社会问题透视[M]. 武汉:湖北人民出版社,2002.

105. 杨韶刚. 西方道德心理学的新发展[M]. 上海:上海教育出版社,2007.

106. 叶庆丰. 中国特色社会主义重大问题深度解析[M]. 北京:人民出版社,2008.

107. 俞世伟,白燕. 规范·德性·德行——动态伦理道德体系的实践性研究[M]. 北京:商务印书馆,2009.

108. 周辅成. 西方伦理学名著选辑:上卷[M]. 北京:商务印书馆,1964.

109. 周辅成. 西方伦理学名著选辑:下卷[M]. 北京:商务印书馆,1987.

110. 朱德生,冒从虎,雷永生. 西方认识论史纲[M]. 南京:江苏人民出版社,1983.

111. 章海山. 西方伦理思想史[M]. 沈阳:辽宁人民出版社,1984.

112. 章海山. 当代道德的转型和建构[M]. 广州:中山大学出版社,1999.

113. 赵汀阳. 论可能生活[M]. 北京:生活·读书·新知三联书店,1994.

114. 竹立家. 道德价值论[M]. 北京:中国人民大学出版社,1998.

115. 张志伟. 西方哲学史[M]. 北京:中国人民大学出版社,2002.

116. 章辉美. 社会转型与社会问题[M]. 长沙:湖南大学出版社,2004.

117. 郑功成. 当代中国慈善事业[M]. 北京:人民出版社,2010.

118. 张秀. 多元正义与价值认同[M]. 上海:上海人民出版社,2012.

119. 黄岩. 旁观者道德研究[M]. 北京:人民出版社,2010.

三、期刊

1. 岑国桢. 论道德习惯及其培养[J]. 上海师范大学学报,1986(3).

2. 陈瑛. 改造和提升小农伦理——再读马克思的《路易·波拿巴的雾月十八日》[J]. 伦理学研究,2006(2).

3. 龚群. 价值自我论[J]. 中国青年政治学院学报,1995(3).

4. 高德胜. 女性主义伦理学视野下道德教育的性别和谐[J]. 教育研究,2006(11).

5. 卢家楣. 对气质的情绪特性的探讨[J]. 心理科学,1995(1).

6. 卢风. 现代人为什么不重视美德[J]. 道德与文明,2010(2).

7. 马进. 论道德行为形成的四要素、四阶段模式[J]. 道德与文明,2009(2).

8. 钱广荣. 论道德建设[J]. 道德与文明,2003(1).

9. 秋石. 正确认识我国社会现阶段道德状况[J]. 求是,2012(1).

10. 秋石. 正视道德问题,加强道德建设——三论正确认识我国社会现阶段道德状况[J]. 求是,2012(7).

11. 谭中亚,曾钊新. 简论道德推理[J]. 道德与文明,1996(4).

12. 唐士其. 主体性、主体间性及道德实践中的言与行——哈贝马斯的论辩伦理与儒家道德学说之比较[J]. 道德与文明,2008(6).

13. 吴俊,木子. 道德认知辨析及其能力养成[J]. 道德与文明,2001(5).

14. 吴潜涛. 社会主义核心价值体系的科学内涵[J]. 道德与文明,2007(1).

15. 王淑芹. 论公民道德建设的外在机制[J]. 道德与文明,2008(1).

16. 杨国荣. 良知与德性[J]. 哲学研究,1996(8).

17. 易法建. 论道德认知[J]. 求索,1998(3).

18. 晏辉. 论作为整体伦理之危机(上)[J]. 探索与争鸣,2012(5).

19. 肖群忠. 道德究竟是什么[J]. 西北师范大学学报,2004(6).

20. 周文霞. 社会变革时期的道德批判与道德建设[J]. 中国人民大学学报,1994(3).

21. 张明仓. 知行矛盾论-当前德育难题的一种教育学沉思[J]. 中州学刊,1999(1).

## 四、工具书

1. 臧克和,王平校订. 说文解字新订[M]. 北京:中华书局,2002.

2. 宋希仁,陈劳志,赵仁光. 伦理学大辞典[Z]. 长春:吉林人民出版社, 1989.

3. 陈瑛,许启贤. 中国伦理大词典[Z]. 沈阳:辽宁人民出版社,1998.

4. 冯契. 哲学大辞典[Z]. 上海:上海辞书出版社,2001.

5. 辞海编辑委员会. 辞海[Z]. 上海:上海辞书出版社,1989.

6. 朱智贤. 心理学大词典[Z]. 北京:北京师范大学出版社,1989.

7. 阮元. 经籍纂诂[Z]. 成都:成都古籍出版社,1982.

## 五、外文类

1. Daniel Bell, *The Coming of the Post-Industrial Society:A Venture in Social Forecasting*, New York, Basic Books, 1999.

2. Callahan, Daniel, and Bok, *Ethics Teaching in Higher Education*, New York, Plenum Press, 1980.

3. Kohlberg, *The Development of Modes of Moral Thinking and Choice in the years, 10 to 16.* Unpublished Dissertation, University of Chicago, Illinois, 1958.

4. Gertrud Nunner-Winkler, Marion Meyer-Nikele, DorisWohlrab:Gender Differences in Moral Motivation, *Merrill-Palmer Quarterly*, 53(1), 2007, 26.

5. Karina Schumann, Michael Ross, Why Women Apologize More Than Men Gender Differences in Thresholds for Perceiving Offensive Behavior, *Psychological science*, 21(11), 2010, 1649.

## 六、古籍类

1. 杨伯峻. 论语译注[M]. 北京:中华书局,2004.

2. 杨伯峻. 孟子译注[M]. 北京:中华书局,2005.

3. 黎翔凤. 管子校注[M]. 北京:中华书局,2006.

4. 孙通海. 庄子[M]. 北京:中华书局,2007.

5. 周振甫. 周易译注[M]. 北京:中华书局,2005.

6. 王文锦. 礼记集解[M]. 北京:中华书局,2001.

7. 高亨. 老子正诂[M]. 上海:开明书店,1948.

8. 张觉校. 韩非子校注[M]. 长沙:岳麓书社,2006.

9. 王先谦. 荀子集解[M]. 北京:中华书局,1996.

10. 谭家健,孙中原. 墨子今注今译[M]. 北京:商务印书馆,2009.

11. 苏舆. 春秋繁露义证[M]. 北京:中华书局,2002.

12. 董仲舒. 春秋繁露[M]. 北京:中华书局,1992.

13. 许慎撰. 说文解字[M]. 上海:上海古籍出版社,1981.

14. 王充. 论衡[M]. 上海:上海人民出版社,1974.

15. 张载. 张载集[M]. 北京:中华书局,2006.

16. 周敦颐. 周濂溪集[M]. 北京:中华书局,1985.

17. 程颐,程颢. 二程集[M]. 北京:中华书局,2004.

18. 朱熹. 四书章句集注[M]. 北京:中华书局,2003.

19. 朱熹. 朱熹集[M]. 成都:四川教育出版社,1997.

20. 黎靖德. 朱子语类[M]. 北京:中华书局,2004.

21. 张栻. 张栻集[M]. 长沙:岳麓书社,2010.

22. 王阳明. 传习录[M]. 郑州:中州古籍出版社,2004.

23. 王阳明. 王阳明全集[M]. 上海:上海古籍出版社,2006.

24. 戴震. 孟子字意疏证[M]. 北京:中华书局,2006.

25. 陆九渊. 陆九渊集[M]. 北京:中华书局1980.

26. 王夫之. 四书训义[M]. 北京:北京出版社,2000.

27. 王夫之. 读四书大全说[M]. 北京:中华书局,1975.

28. 黄宗羲. 明儒学案[M]. 北京:中华书局,1997.

29. 黄宗羲. 宋元学案[M]. 北京:中华书局,1986.

30. 李贽. 焚书[M]. 北京:中华书局,1975.

31. 李贽. 初潭集[M]. 北京:中华书局,1974.

32. 颜渊. 颜渊集[M]. 北京:中华书局,1987.

# 后 记

　　这本书稿的成型是在本人博士毕业论文的基础上修改完善的,可以说,论文写作过程充满了艰辛,而书稿的完善过程也非坦途。感谢师长、亲朋对我成长的鼓励和支持,感谢你们无悔的付出。

　　感谢恩师——夏伟东教授。博士论文的选题、研究与展开,无不浸润着恩师的汗水和心血。毕业论文从最初一万字的初稿到二十多万字的终稿,每字每句都经过恩师的严格把关和细心修改。看着密密麻麻二十多万字的修改稿,感恩的同时,也被恩师严谨认真的治学态度所感动。此外,恩师对课题研究方向的明确和研究思路的拓展给予了我未来学术道路最有力的引导和启迪。恩师严谨认真的治学风格、淡泊清廉的学术作风、严于律己的生活态度、平易近人的精神品格,为我树立了一生学习的榜样。

　　感谢恩师——杨秀香教授。杨教授在我攻读硕士的三年时间里,源源不断地给予我支持和鼓励。甚至在我读博期间,经常通过长途电话为我生活和学习指点迷津。杨教授潜心学问,倾其一生于学术事业,在恩师身上我深刻地理解了"春蚕到死丝方尽,蜡炬成灰泪始干"的真正含义。

　　感谢家人——爸爸、妈妈、公公、婆婆、丈夫、孩子。他们是我前进道路上永远的坚强后盾。每当犹豫、徘徊想要放弃时,他们总会用最亲切的语言开导我,鼓励我,论文的顺利完成离不开他们的关心和支持。尤其要感谢我的先生张广博士,在我论文写作初始,他以严密的逻辑思维为我清理思路;在论文攻坚阶段，是他给了我最大的理解和支持，让我能够顶住压力，完成最后的写作任务。感谢我的孩子，在论文结项过程中一直配合我的工作，尽管怀孕前期经历了很多的艰难和委屈，但论文结项的最后环节，怀孕并没有让我身体继续出现大的异样和辛苦，从而使我能够顺利地完成计划。总之，家人的支持将是我未来学术道路最为强大的动力，感谢他们。

感慨自己的学习生涯，一路坦途。感慨人生一路都有贵人相助。感慨中国人民大学有一批德艺双馨的老师，感谢葛晨红教授、焦国成教授、曹刚教授、肖群忠教授、龚群教授、李茂森副教授长久以来对我的关心和支持；感谢同门张霄师兄、沈永福师兄、马晓颖师姐、李凌师兄、李怡静师妹对我论文写作的建议和帮助；感谢同寝姐妹，肖琳博士、李冉博士、揭芳博士、邱晔博士、亓娇博士陪我度过了宝贵的三年学习生涯，感恩她们的友情，是她们促成了宿舍积极向上的学风；感谢伦理学专业的学友赵昆博士、赵芳博士、姚云博士、尹强博士、费丹丹博士、揭芳博士、于莲博士让我拥有了一个愉快的学习生活体验；感恩2011级哲学院所有可爱的同学陪伴。

感谢中共天津市委党校哲学教研部的李荣亮老师、党史党建教研部的邱晓星老师对于该项目第一章和第五章的论文搜集资料和写作环节的大力支持。感谢天津市哲学社会科学规划办公室给予我的出版支持，谢谢你们对我学术能力的肯定。

此书献给在我成长道路上，所有关心、支持、陪伴、鼓励我的老师、家人、同学和朋友们！

白燕妮

2016年6月